视频监控系统操作与维护

罗世伟　主编

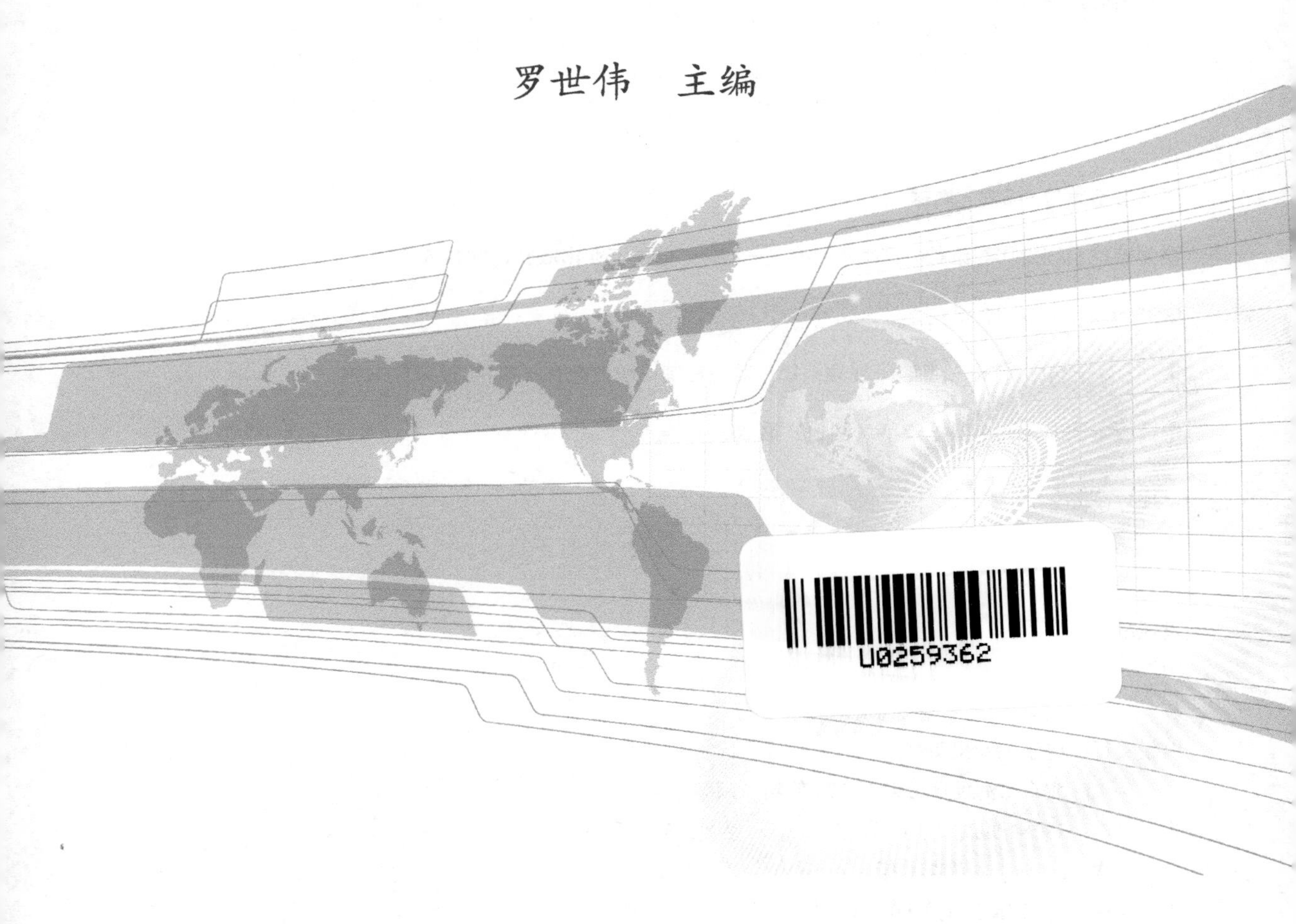

電子工業出版社
Publishing House of Electronics Industry
北京 • BEIJING

内 容 简 介

本教材从能力培养的角度入手，通过形象化的手段与图说方式，深入浅出地阐明了各种类型视频监控系统的选择、安装与使用方法。对相关的数字视频编/译码原理、标准，新型的 LCD、PDP 显示设备，网络技术基础知识等，做了适当的解释与介绍，并介绍了多媒体视频监控系统、基于网络视频监控系统的实际案例和运用硬盘录像技术对传统视频监控系统改造方案。

本教材既可作为高、中等职业技术学院（校）及从事此行业销售、设计、安装、维护人员的教学与岗位培训教材，也可作为广大安防系统使用、操作、维护及计算机系统集成人员在职进修与资料查询的工具书。

图书在版编目（CIP）数据

视频监控系统操作与维护 / 罗世伟主编. —北京：电子工业出版社，2019.6

ISBN 978-7-121-24766-8

Ⅰ. ①视… Ⅱ. ①罗… Ⅲ. ①视频系统—监视控制—职业教育－教材 Ⅳ. ①TN94

中国版本图书馆 CIP 数据核字（2014）第 268617 号

责任编辑：裴　杰
印　　刷：北京七彩京通数码快印有限公司
装　　订：北京七彩京通数码快印有限公司
出版发行：电子工业出版社
　　　　　北京市海淀区万寿路 173 信箱　邮编　100036
开　　本：787×1 092　1/16　印张：12.5　字数：320 千字
版　　次：2019 年 6 月第 1 版
印　　次：2025 年 2 月第 10 次印刷
定　　价：29.80 元

凡所购买电子工业出版社的图书，如有缺损问题，请向购买书店调换。若书店售缺，请与本社发行部联系，联系及邮购电话：（010）88254888，88258888。

质量投诉请发邮件至 zlts@phei.com.cn，盗版侵权举报请发邮件至 dbqq@phei.com.cn。

本书咨询联系方式：（010）88254592，bain@phei.com.cn。

前言 PREFACE

在中国共产党第二十次全国代表大会的报告中指出：必须坚持守正创新。我们从事的是前无古人的伟大事业，守正才能不迷失方向、不犯颠覆性错误，创新才能把握时代、引领时代。我们要以科学的态度对待科学、以真理的精神追求真理，坚持马克思主义基本原理不动摇，坚持党的全面领导不动摇，坚持中国特色社会主义不动摇，紧跟时代步伐，顺应实践发展，以满腔热忱对待一切新生事物，不断拓展认识的广度和深度，敢于说前人没有说过的新话，敢于干前人没有干过的事情，以新的理论指导新的实践。

随着科学技术的日新月异与经济实力的不断发展，数字化、智能化社会体系已经成为引领安防领域发展的源泉。随着科学技术与经济实力的不断发展，越来越多的行业从各自不同的需求出发，都会使用到各种类型的视频监控系统，社会对此行业人才的需求也越来越大。为此，在电子工业出版社的组织下，在重庆文化广播电视局、重庆邮电学院、重庆市电信局的大力配合下，我们编写了《视频监控系统操作与维护》这一实用型教材。

本教材从能力培养的角度入手，深入浅出地阐明了各类型视频监控系统的架构与原理，用形象化的讲述手段与图说方式介绍了各类型视频监控系统的选择、安装与使用方法。并对与其相关的数字视频编/译码原理、标准，新型的 LCD、PDP 显示设备，网络技术基础知识等一一作了适当的讲述。此外，还介绍了多媒体视频监控系统、基于网络视频监控系统的实际案例和运用硬盘录像技术对传统视频监控系统改造方案。

本教材的参编人员有罗世伟、邹开耀、余永洪等。左涛编写第一章的概述部分，并参加本教材的部分统稿工作；邹开耀编写第二章有关摄像机与第三章有关监视器部分内容，并参加本教材的部分统稿工作；余永洪参加了第六章网络安全及网络传输部分内容的编写；罗世伟编写其余部分，并且负责全书统稿工作。

在本教材的编写过程中，得到了重庆市高新区公安局、重庆邮电学院领导的大力支持，厦门大学计算机系余永洪老师，在本教材网络安全及图形处理方面作了大量工作；重庆市电信局数据公司经理、高级工程师王永役，为本教材提供了大量网络传输方面的珍贵资料；CQTV 的白羽工程师特别为本教材作了光纤设备现场安装、连接技能演示，并且提供了珍贵图片资料。

此外，本教材还得到了清华同方、汉方数码公司的热忱支持；中国一澳大利亚职业教育合作项目澳方专家佩莱先生，不仅对本教材提出了许多中肯的意见与建议，还亲自为本教材作序。在此，我们向以上各位表示最真诚的谢意。

由于时间仓促及作者的水平有限，再加上监控系统涉及面过于广泛、技术更新太快，本教材难免会出现许多不足甚至错误，欢迎各位前辈、同行及读者指导或提出批评建议，请联系 cqlsw1696@126.com，以便作者及时纠正改进。

编　者

目录 CONTENTS

项目 1　认识视频监控系统……1

任务 1　认识中小型视频监控系统……1
任务 2　认识大型视频监控系统……4
任务 3　认识网络视频监控系统……6
3.1　视频监控在技术防范体系中的地位……8
3.2　电视技术推动视频监控技术进步……8
3.3　视频监控系统的应用现状……9
3.4　数字化技术的进步时刻推动视频监控系统的发展……11
想一想、练一练 1……12

项目 2　前端设备的操作与维护……14

任务 1　认识各类型镜头……14
1.1　光学成像原理与过程……14
1.2　镜头的参数……15
1.3　认识固定光圈定焦镜头……17
1.4　认识手动光圈定焦镜头……18
1.5　认识自动光圈定焦镜头……18
1.6　认识手动变焦镜头……19
1.7　自动光圈电动变焦镜头……19
1.8　认识电动三可变镜头……20
1.9　认识针孔镜头……21
1.10　认识一体机专用镜头……22
任务 2　镜头的选择与维护……22
2.1　选择镜头……22
2.2　镜头的日常维护方法……25
任务 3　认识各类型摄像机……26
3.1　了解摄像机的类型……26
3.2　认识摄像扫描制式……26
3.3　认识 CCD 摄像机……29
3.4　认识黑白 CCD 摄像机整机电路……37

3.5 认识彩色 CCD 摄像机结构及电路原理……37
3.6 认识彩色 CMOS 摄像机……43
3.7 认识数字信号处理摄像机……44
任务 4 摄像机的安装与调试……45
4.1 安装摄像机……45
4.2 电源与信号线的连接……46
4.3 调整镜头光圈及对焦……47
4.4 调整背焦距……47
4.5 调整摄像机白平衡……48
任务 5 摄像机日常维护方法……49
5.1 监控系统摄像机的常见故障现象与处置……50
5.2 防护罩……50
任务 6 云台的操作与维护……51
6.1 了解云台的结构……52
6.2 认识各类型云台……52
6.3 云台的安装……55
6.4 云台的日常维护……60
任务 7 红外灯的选用……62
7.1 认识各类型红外灯……62
7.2 红外灯的选择……63
想一想、练一练 2……65

项目 3 中心控制端设备的操作与维护……67

任务 1 监视器……67
1.1 了解监视器的特点……68
1.2 认识各类型监视器……68
1.3 监视器安装与调试……71
1.4 处置 CRT 监视器日常故障……72
1.5 液晶显示器日常故障的处置……76
任务 2 图像记录设备……77
2.1 24 小时录像机……78
2.2 24 小时录像机的使用……79
任务 3 系统主机……84
3.1 什么是系统主机……84
3.2 认识系统主机……84
3.3 认识系统主机的通信分系统……87
3.4 控制键盘……91
3.5 选择、安装系统主机……92
任务 4 云台镜头控制器……94
4.1 认识各类型云台控制器……94

4.2 解剖云台控制器控制线路 94
4.3 云台控制器的操作 95
任务 5 多功能控制器 95
5.1 认识多功能控制器 95
5.2 多功能控制器的使用 96
任务 6 视频处理设备 97
6.1 视频监控系统中的视频处理设备 97
6.2 各类型视频处理设备故障的处置 103
任务 7 各类型解码器 104
7.1 认识各类型解码器 104
7.2 认识解码器及其外接线图 104
7.3 处置解码器常见故障 105
想一想、练一练 3 106

项目 4 传输系统设备的安装与维护 107

任务 1 认识各类型传输电缆 108
1.1 传输电缆的选用 108
1.2 音频、通信与控制电缆的选用 110
1.3 供电方式与电源线的选择 112
1.4 单同轴电缆传输设备 112
任务 2 双绞线视频传输设备 114
任务 3 视频传输设备日常故障的处置 117
任务 4 认识射频传输设备 118
任务 5 光纤传输 120
5.1 光纤传输的特点 120
5.2 认识光纤传输设备与光纤通信 121
5.3 光纤与光缆 124
5.4 光缆的连接 126
5.5 光纤传输设备的维护 129
想一想、练一练 4 130

项目 5 多媒体视频监控系统的操作与维护 131

任务 1 压缩图像 132
任务 2 认识多媒体监控系统 140
任务 3 多媒体监控系统软件的设置 144
任务 4 硬盘录像机操作与维护 149
4.1 了解硬盘录像的特点 149
4.2 认识硬盘录像机的功能 150
4.3 掌握硬盘录像机的参数 151
4.4 认识各类型硬盘录像机 153

4.5 认识嵌入式硬盘录像机的架构……155
任务 5 硬盘录像机的安装与操作……157
5.1 安装和初始化……158
5.2 主界面及系统设置……158
5.3 硬盘录像机的常见故障及排除……169
想一想、练一练 5……173

项目 6 网络视频监控系统的操作与维护……174

任务 1 网络摄像机……175
1.1 认识网络摄像机……175
1.2 认识网络摄像机的基本原理……178
1.3 网络摄像机安装……178
任务 2 认识网络传输设备……179
2.1 认识各种网络传输设备……179
2.2 网络视频传输实例……182
任务 3 网络视/音频传输与控制……183
3.1 认识网络视/音频传输……183
3.2 视频网关的使用与操作……183
3.3 网络控制方法……185
任务 4 网络视频监控系统维护总体……186
4.1 视频监控系统的日常维护与保养……186
4.2 维护供电环境的方法……187
4.3 维护电子设备的方法……188
4.4 常用的维修方法……188
任务 5 网络监控系统实例……189
想一想、练一练 6……191

项目 1

认识视频监控系统

知识目标

1．认识视频监控系统的类型和基本结构。
2．了解视频监控系统的现状及发展前景。

技能目标

1．会画各种类型的视频监控系统拓扑图。
2．能够区别不同类型的视频监控系统。

任务 1　认识中小型视频监控系统

知识链接：什么是视频监控系统

视频监控系统主要由前端设备、传输系统、后端设备三部分组成，如图 1-1 所示。前端设备主要由摄像机、云台及辅助设备构成。后端设备分为中心控制设备和分控制设备。前、后端设备通过多种形式的传输系统连接。显示与记录部分所组成的系统，使管理人员在控制室中能观察到前端监控区域内的所有活动情况并提供实时、动态图像及声音信息。同时对这些图像及声音信息进行有效地保存记录。如果需要，管理人员在控制室对前端设备实施操作控制，以达成进一步观察、监视与控制的目的。

一般来说，中小型视频监控系统规模不大，功能也相对简单，但其适用的范围非常广，所监视的对象也不仅仅限于一般的人、商品、货物、车辆，有些系统还须监视天然气罐、加油站的油罐等危险物品，还有些系统则需要对工厂的烟囱及排污管道进行监视。视频监控系统可以自成体系，也可以与防盗报警系统或出/入口控制系统组合，构成综合保安监控系统。一般来说，由于经费和需求方面的因素，中小型视频监控系统的摄像监视点少于 32 点。

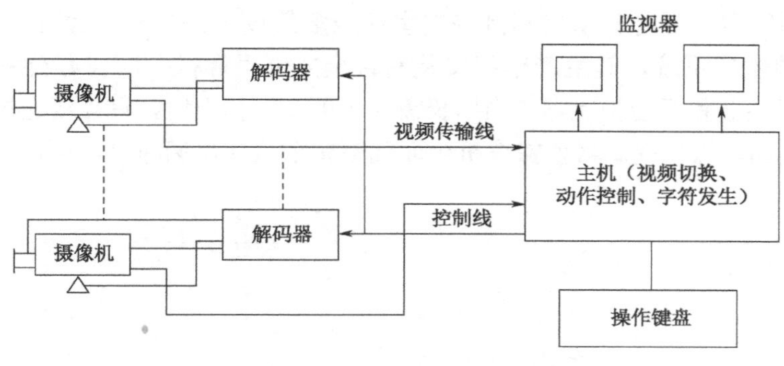

图 1-1　中小型视频监控系统拓扑图

1．定点监控系统架构

所谓定点监控系统，就是在监视现场安置配接定焦镜头的定点摄像机，再由同轴电缆将视频信号传送到监控室内的监视器的系统。含较多台摄像机的定点监控系统，还应该采用多路切换器、画面分割器与系统主机进行监控。图 1-2 所示为装备在大楼中的安保型定点监控系统，以监视盗窃现象的发生。除在各楼层的 12 个出口处安装定点摄像机外，还设置了 3 台四画面分割器和 24 小时实时录像机。

另外，图 1-3 所示为装备于旅馆的定点监控系统。其中，1～6 层客房通道的两端各安装一台定点黑白摄像机，加上大门口、门厅、后门、停车场 4 个监视点的摄像机，共计 16 台摄像机，再配置 16 画面分割器、普通大屏幕彩电和长时效录像机。

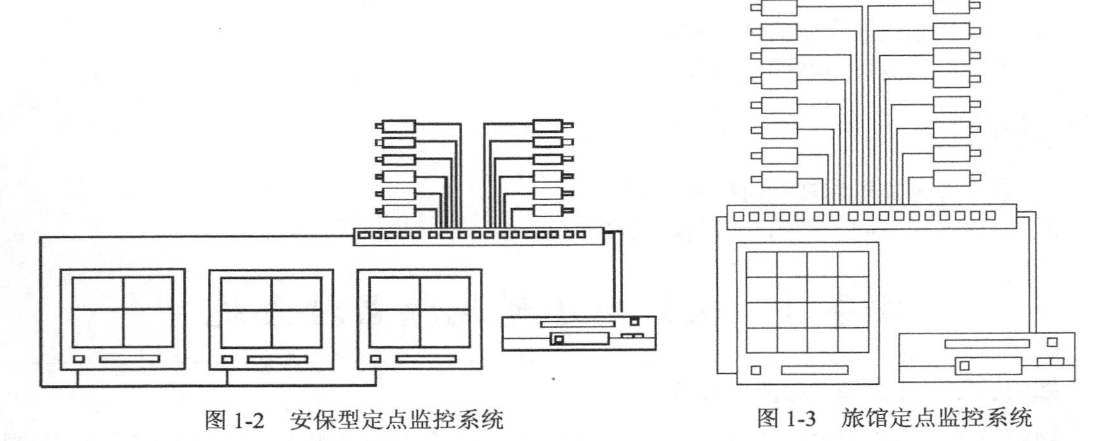

图 1-2　安保型定点监控系统　　图 1-3　旅馆定点监控系统

图 1-4 所示为某商场的视频监控系统，该商场的营业面积总计约 9 000 m^2，一共安装 48 台定点黑白摄像机，并分为 3 组，用同轴电缆与各自对应的 16 画面分割器、黑白监视器、24 小时录像机连接。

2．认识全方位监控系统

所谓全方位监控系统，是将前述定点监控系统中的定焦镜头换成电动变焦镜头，并增加可上下、左右运动的全方位云台（云台内部有两台电动机），使每个监视点的摄像机可以进行上下、左右的扫视，其所配镜头的焦距也可在一定范围内变化（监视场景可拉远或推进）。很显然，云台及电动镜头的动作需要由控制器或与系统主机配合的解码器来控制。

与定点监控系统相比，全方位监控系统的前端增加一个全方位云台及电动变焦镜头，控制室增加一台控制器。另外，从前端到控制室还应多敷设一条多芯（12 芯）控制电缆。例如，某小企业的监控系统，其生产车间安装两台全方位摄像机，厂长办公室配置一台普通电视机、一台切换器和两台控制器。当厂长需要了解车间情况时，只需要通过切换器选定某一台摄像机的画面，操作控制器使摄像机全面观察整个监控现场即可，也可以对某个局部进行定点监视。

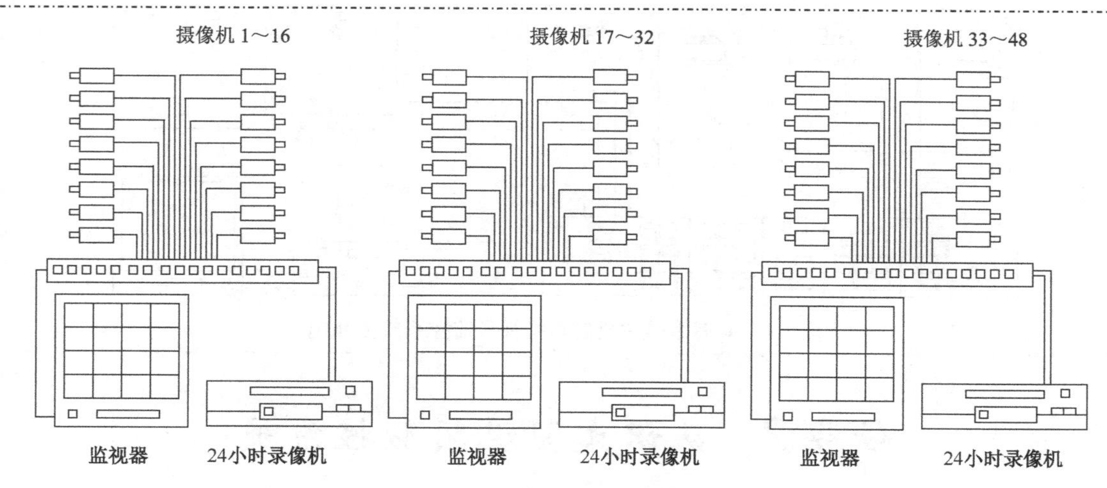

图 1-4　某商场的视频监控系统

当然，实际应用中并不完全是每一个监视点都按全方位配置，通常仅在整个监控系统中的几个特殊的监视点才配备全方位设备。例如，在前述的某旅馆的定点监控系统中，也可在监视停车场情况的定点摄像机基础上，通过更换电动变焦镜头、增加全方位云台的方法，将其升级为全方位摄像机；再在控制室内增加一台控制器，这样就扩大了对停车场的监视范围，既可以对整个停车场进行扫视，也可以监视某个局部，当推近镜头时，还可以看清车牌号码。图 1-5 所示为在定点监控系统中增加一个全方位监视点的系统结构。

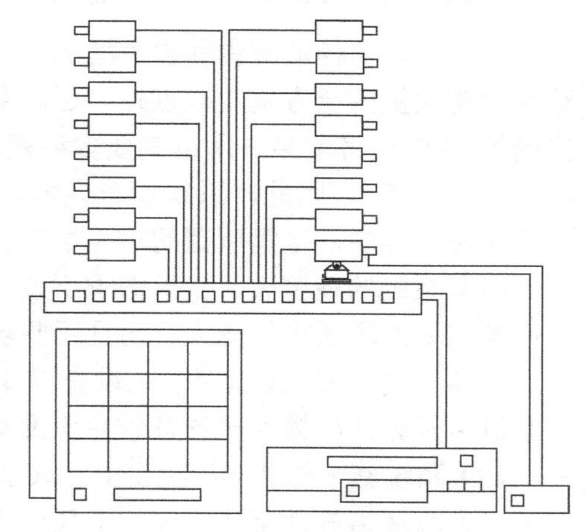

图 1-5　增加一个全方位监视点的定点监控系统结构

3. 典型视频监控系统架构

当监控各级的全方位摄像机数量达到 3～4 台以上时，虽然用一台 4/6 路控制器也能实现对全方位摄像机的控制，但是所需控制线缆较多，每一路至少需要一根 10 芯电缆，且由于电缆过长，会导致云台及电动镜头动作迟缓甚至无响应，整个系统将显得零乱。这时，就应该考虑使用小型系统主机。一般情况下，整个系统的造价会随着使用系统主机而上浮，因为系统主机的造价比普通切换器高，与之配套的前端解码器的价格也比普通单路控制器高一些。但从布线考虑，各解码器与系统主机之间是总线方式连接，因此，系统中只需要一根两芯通信电缆。另外，集成式的系统主机大都有报警探测器接口，可方便地将防盗报警系统与视频监控系统整合在一起。当有探测器报警时，该主机还可自动地将主监视器画面切换到发生警情的现场摄像机所拍摄的画面，如图 1-6 所示。由于此系统比较完整地包括视频监控系统的标准配置，因此，形象地称它为典型视频监控系统。

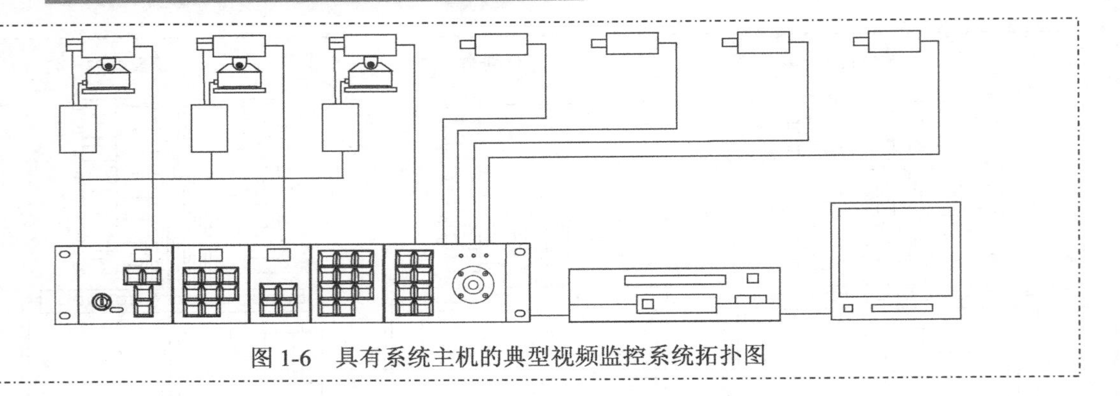

图 1-6　具有系统主机的典型视频监控系统拓扑图

任务 2　认识大型视频监控系统

知识链接　什么是大型视频监控系统

由于需要监控的范围和内容增加，大型视频监控系统的监视点的数量也会相应地增加，除包含有大量的全方位监视点外，还常常与防盗报警系统集成在一起。因为汇集在中心控制室的视/音频信号增多，所以需要多种视/音频设备进行组合，很多系统还需要多个分控制中心（或分控点），因此，系统相对庞大。按基本的原理，大型视频监控系统与中小型视频监控系统是一样的，这里所谓的“大型”有两个意义。

（1）系统的规模大。由于需求所致，一般前端摄像机与中心控制端设备的数量都很多，中心控制端的场面也很庞大，而且还要求拥有巨大的监视墙，以同时显示出大小不等的几十个实时监控现场图像。此外，还设有很多相关分控系统，甚至包含联动消防喷淋、防盗报警、门禁刷卡及公共广播（背景音乐）等设备，所以其造价一般都为几百万元甚至上千万元。

（2）系统施工作业难度大。由于该系统的结构非常复杂，因此工程难度高，作业难度大，传输条件与环境条件恶劣，仅仅十几个点的监控系统比超市、写字楼的几十甚至上百个点的监控系统的作业难度还大，有的系统还要求为将来的网络多媒体系统预留接口，或者要求采用综合布线方式对其传输部分进行施工。这就进一步增加了系统的施工作业难度。

1. 认识多主机、多级视频监控系统

传统的视频监控系统基本上采用单台主机，即使是大型系统，也不过是增加摄像机与分控系统的数量。但对于某些特殊应用场合，单台主机加若干台分控器的实现方法无法满足需求。例如，某大型综合学校的监控系统，在每一个相对独立的教学区（教学楼）都安装了一套视频监控系统，各教学区内有独立的监控室，管理人员可以对本系统进行任意操作控制。而整个学校还建立了一个大型监控系统，将各教学区的子系统组合在一起，并设立大型视频监控中心，在该中心可以任意调看某一教学区中某一个摄像机的图像，并对该摄像机的云台及电动变焦镜头进行控制，即由各教学区的多台主机共同组成大型视频监控系统。

图 1-7 所示为多主机、多级视频监控系统的应用实例拓扑图。

图 1-7 中，各主机的内部结构和工作原理相同，故相对于普通的矩阵主机而言，此种多主机系统的各个主机都增加了地址标识码，以供上一级主机选调，各摄像机摄取的图像则由二级及二级以上切换，再选调到主控制中心的监视器上。

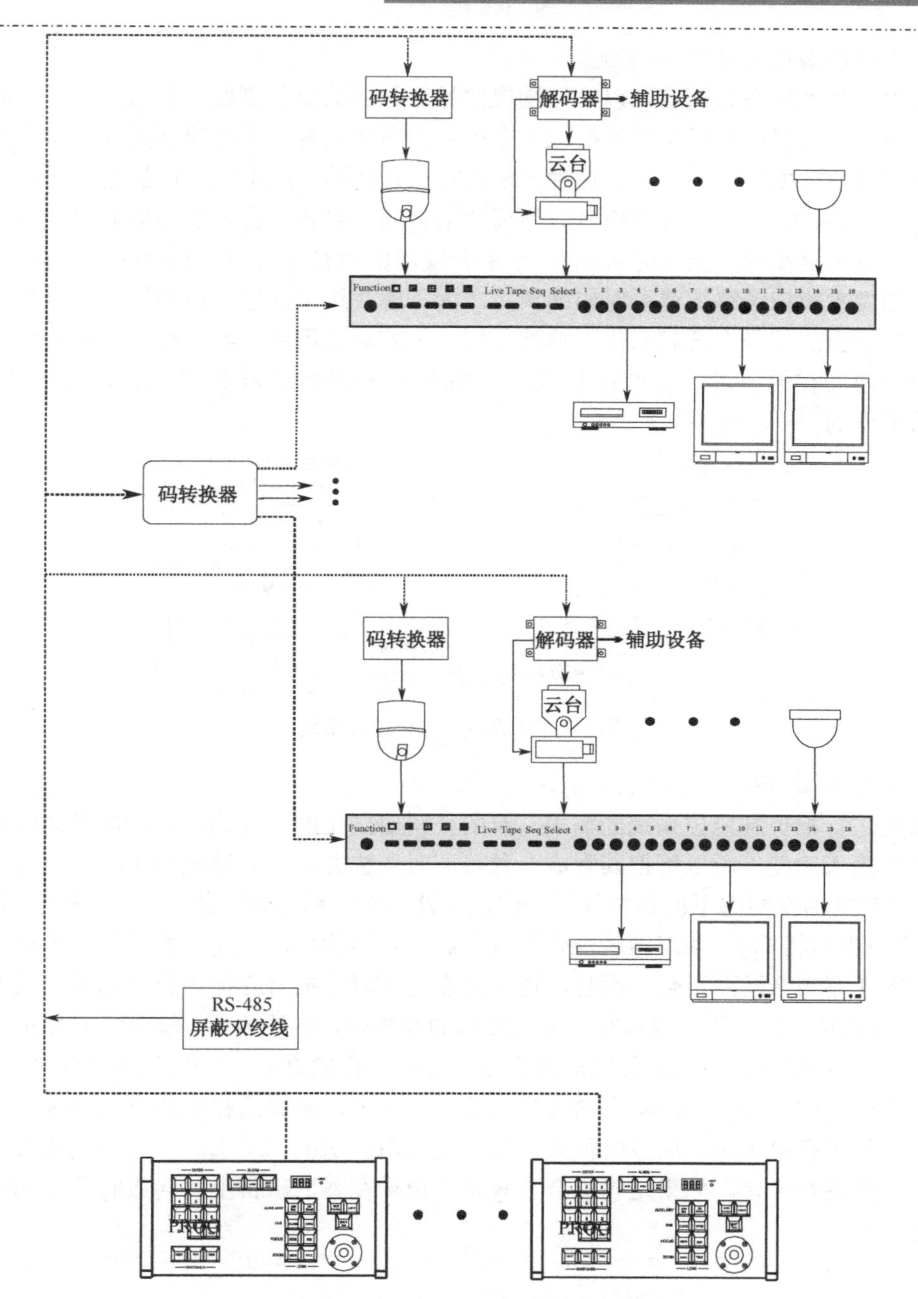

图 1-7　多主机、多级视频监控系统的应用实例拓扑图

2. 认识视/音频监控系统

某些视频监控系统（如收费站与银行的监控系统）需要对现场声音进行监听，这样整个系统的结构，实际上是由图像和声音两部分构成的。由于增加了声音信号的采集子系统，所以系统的规模相当于比纯定点图像监控系统增加一倍，且在运行中还须实现视/音频信号同步。虽然对于摄像机、录像机、监视器的一对一结构而言，仅需增加监听头与音频线，即实现视/音频信号的同步显示、监听和记录，然而对于带切换监控的系统来讲，多路声音同时输出时，人耳是无法分辨的。在实际中，有以下两种方法可解决这个问题。

(1) 多路图像信号共用一路声音

对收费站的监控系统而言，以4路图像信号进入四画面分割器，其输出接至录像机及监视器，再用一个高灵敏监听头同时拾取4个柜台的声音信号，不经四画面分割器而直接进入录像机及监视器，如图1-8所示。这种方法的特点是简单、成本低（用的是普通四画面分割器），但由于监听头距4个收费柜台的距离并不相同，对各柜台声音的拾取强度也不相同，因而不论观察哪路图像，会同时听到4个柜台发出的声音（且每个柜台的声音有高有低），仅能通过图像来辨识该路图像所对应的声音。为了解决这个问题，需在每个柜台都安装监听头，再将其输出的信号混合起来作一路信号用。但实际应用中，4个柜台并不全都在交易过程中同时发出同样的声音，且也有男/女声、粗/细声的多种不同声纹特征，因此多路声音是比较容易辨识的。

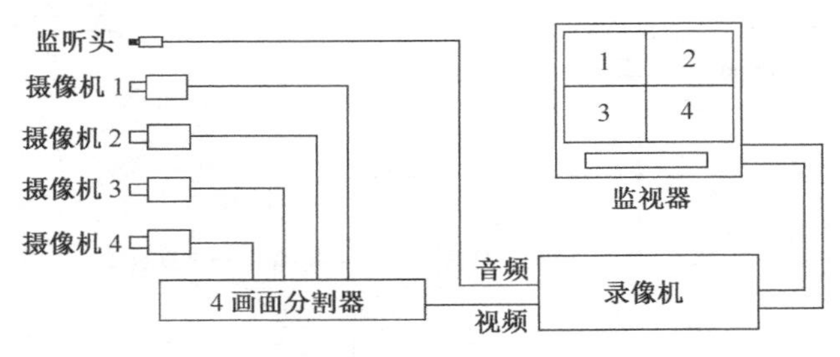

图1-8 低成本全方位监控系统

(2) 采用4路声音功能场切换器

为满足银行柜员制监控系统的需求，有的公司研制生产了4路声音功能场切换器，它具有4路声音接入功能，所以可把其看成一种可同时监视并记录4路图像/声音的方法。然而，4路声音功能场切换器并不能单独处理并输出4路声音，而将输入的第1、2路声音混合以L（左）声道输出；将第3、4路声音混合以R（右）声道输出。因此，相对于前一种方法，只是将输入的4路声音两两混合，而且，还必须在记录时用拥有立体声记录功能的录像机；在监视/录像回放时，也必须使用具有立体声接口的监视器，不然的话，输出的L/R声道声音信号，为方便使用单声道监视器/录像机的监视与记录，将被迫再一次混合为一路。

在实际应用中，调节FS38上的各声音输入电位器，可有选择地监听某路选定的声音，若将其输出记录在磁带中，回放时便只能通过左、右声道的“二选一”功能去监听1、2路或3、4路的混合声音。如果是以混合方式将其记录在普通磁带上，回放时只能同时听到4路混合的声音。

任务3 认识网络视频监控系统

知识链接

现在，随着计算机的普及，网络通信技术步入实用化阶段，并随着DSP图像压缩处理、传输技术及MPEG 4数字标准的应用，视频监控系统也进入了崭新的数字化时代，出现了基于网络技术的数字视频监控系统。为方便大家学习，把基于网络技术的数字视频监控系统大体分为两种：一种是基于局域网的数字视频监控系统；另一种是基于广域网的远程数字视频监控系统。

1. 基于局域网的视频监控系统架构

从系统的物理结构看，同一区域内或不同区域间的不同类型的网络终端设备，都已通过上述不同种类、不同规模的网络实现了物理连接；这也是基于网络的视频监控系统的物理基础。各独立的视频监控设备通过嵌入式网络接入设备，也可以通过联网的计算机接入网络，监控摄像机的图像则可以通过网络，以数字流媒体的形式传输到控制中心或其他授权的分控计算机，而从控制中心或分控计算机发出的控制指令也可以通过网络传输到监控前端的各受控设备。

基于局域网的数字视频监控系统如图 1-9 所示，在任一监控站点上，各路摄像机、监听头、报警控头、解码器等前端设备都连接到该站点的本地数字网络监控主机上，并通过该主机连接到局域网上。这样，除了作为主控的本地数字网络可以监视、监听该站点的图像、声音并对各前端设备实施控制外，局域网上的其他计算机也可以监视该站点的各路图像、声音，并对各前端设备实施控制。

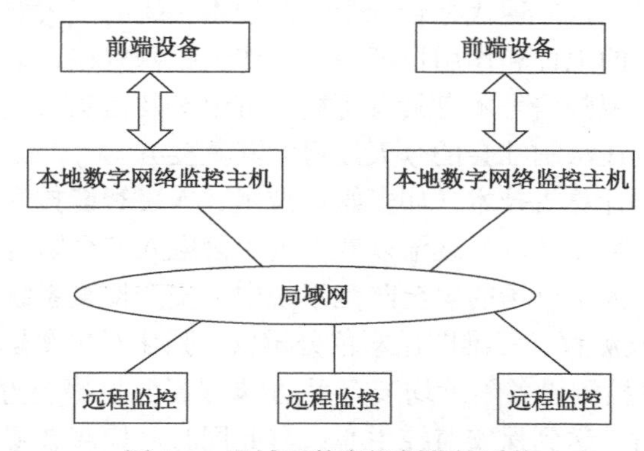

图 1-9 局域网数字视频监控系统

2. 基于广域网的远程视频监控系统架构

其实现方法有两种：一种方法是利用互联网，使用任何一台授权分控计算机通过互联网络，借以实现对整个大型网络监控系统的远程监控；另一种方法是通过授权分控的计算机直接由 Modem，经过光纤基于 ADSL、DDN 和卫星接入等无线网桥专线直接访问选定站点的监控主机，这样就构成了基于广域网的远程数字视频监控系统，其基本架构如图 1-10 所示。

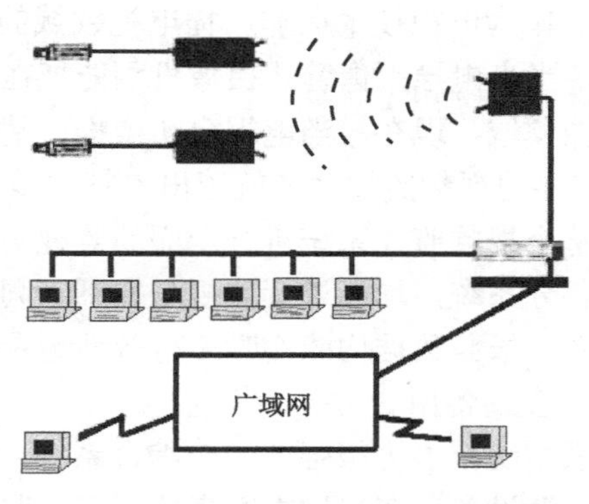

图 1-10 广域网远程数字视频监控系统

3.1　视频监控在技术防范体系中的地位

由于历史、宗教、意识形态、经济差异等多种错综复杂的因素，当今社会伴随财富、人口增长的同时，恐怖与刑事犯罪日趋猖獗；随着高新技术的发展，恐怖、犯罪的手段日渐现代化、智能化。这已经成为国际性的社会问题。为此，各国政府根据其国力现状，纷纷强化社会公共安全防范体系的建设与巩固（从近几年来安防会的空前盛况即可看出）。

另一方面，随着房地产行业的发展，以别墅、高档小区为代表的智能建筑的热销，牵引包括视频监控、门禁系统、楼宇可视对讲系统在内的楼宇智能安防设备的强烈需求。同时，由于数字化、网络化的高速发展，在其信息化改造与建设中，各行各业从各自的生产、管理、教育与人、物、信息流动等角度出发，充分认识到包括视频监控在内的安防设备的重要性，纷纷开始对包括视频监控系统在内的网络进行改造与建设。

技术防范是社会公共安全防范体系的重要组成部分之一，由于其防范效果最佳，越来越受到各国的高度重视。技术防范的范围涉及入侵报警、电子巡更、视频监控、出/入口控制、楼宇可视对讲等多种领域，而视频监控系统又是技术安全防范体系的重要组成部分，它与入侵报警系统、门禁系统共同构成现代综合安全防范技术系统的三大要素。特别是近年来，视频监控系统在安防领域中的地位和作用日渐突出，作为报警复核、动态监控、过程控制和信息记录的有效手段：图像视频信号本身具有可视、可记录及信息量大等特点，并能提供“眼见为实”的证据（这一点在法制社会的今天显得尤其重要）。

近年来，电视技术与计算机技术（如多媒体技术、人工智能技术、信息处理技术、流媒体技术、卫星通信技术等高新技术）逐渐以嵌入式手段融入安全防范体系中，其发展的势头非常迅猛。例如，在国际大型机场的安全防范系统中，安全检查系统从 20 世纪 90 年代初已经装备微放射量 X 射线检测仪、三维图像彩色分辨仪，强化对可塑爆炸物、毒品的微量元素吸取的检测技术。在这些检测设备附近均装有手动/脚踢紧急报警装置。当安检人员检测到可疑物品时，马上将报警信号送到保安监控中心；与此同时，检测装置附近的摄像机将按预先编制好的程序自动摄取现场图像，以向监控中心提供实时图像、声音及其相关数据显示。

3.2　电视技术推动视频监控技术进步

电视技术与视频监控技术是一对“孪生兄弟”，前者广泛运用在广播电视领域，后者工作在安全防护系统中。一般来说，视频行业的新技术都先应用于前者，然后再“嫁接”给后者。例如，电视技术在 20 世纪初出现以来，便处于不断发展的状态中，从黑白电视到彩色电视，从模拟电视到数字电视，从一般清晰度电视到高清晰度电视（HDTV），每个阶段都伴随着时代发展的最新技术。而作为电视技术在非广播电视领域的重要分支——视频监控系统得到同样飞速的发展。例如，当光电导摄像管式摄像机刚能把在演播室拍摄的电视图像经电波传播时，就已用于安全监控领域。现在，当电视台初步推广基于网络的非线性编辑及新闻网络编播系统时，同样基于网络的视频监控系统就迈出追赶的步伐：安检人员用鼠标单击 PC 桌面控制按钮，便可迅速对整个视频监控系统进行全面的监视与控制。这样，无论是本系统前端还是由网络传输的远端各分系统，均能进行监视与控制。同时，整个视频监控系统监视的所有清晰图像、可辨的声音、报警数据均能实时、有效地记录在计算机的数字式硬盘录像机（DVR）中，为将来必要的查询备用。

视频监控系统是安防体系中防范能力极强的一个综合系统，它能够利用遥控摄像机及其电动镜头、云台及红外灯等辅助设备，在监控中心直接观察被监控场所的各种情况，以便及时发现和处理异常情况。整个系统包括摄像、传输、显示和控制 4 个部分，涉及电学、光学和机械学等相关学科。

综上所述，电视技术的发展同时牵引着视频监控技术前进的步伐，由于现行视频监控系统的图像质量仍然停留在 PAL 制式的 1625 行/50 场、画面宽高比为 4∶3 与 16∶9 的普通水平，因此其清晰度受到现有制式的限制。随着数字电视及全数字高清晰度电视的普及，在不久的将来，高清晰度电视技术将迅速融入，监控系统的图像清晰度相对于现有的图像清晰度可提高 4 倍。到那时，当摄像机在宽视场范围内监视高速公路路况时，就不会再因监控画面中的肇事车辆牌号不清楚而束手无策了。

3.3 视频监控系统的应用现状

1. 欧美视频监控系统的应用

安全防范设备在美国的应用非常广泛，其层次也很高，有很多值得借鉴的地方。根据美国联邦调查局（FBI）公开统计报告中的相关资料证实，在美国，几乎每半分钟便产生一起恶性案件，而盗窃等与财产有关的案件每 3 秒便有一起。因此，视频监控系统作为预防犯罪的有力武器，在美国得到了广泛的应用，几乎所有的银行、商店、加油站、美术馆、图书馆、ATM 机、机场、公交/地铁站、写字楼、停车场、宾馆、医院、学校等，都安装有视频监控系统。

在欧洲，无论是高楼大厦，还是路口车站，甚至地下铁道、站台等地方也都设置了视频监控系统。金融街、金融市场、政府重要部门等也引进了视频监控设备，夜间警戒是以视频监控为中心，把高精度小型摄像机安装在路灯上，实行 24 小时持续监控，监视信号直接传到警察局通信指挥中心。据抽样调查，在公共场所普及这种安全措施后，犯罪率减少了 50%，特别是 2005 年在英国发生的地铁爆炸案件中，视频监控系统准确、有效地将恐怖分子的面貌与犯罪行动记录下来，为此案的侦破起到了重要作用。

2. 我国视频监控系统的现状与规范

我国的视频监控系统起步也很早，20 世纪 50 年代起，就在重要的部门秘密安装与使用了视频监控系统。至 80 年代后期，陆续制定了一系列安全技术防范标准，如《入侵探测器通用技术条件》（GB10408.1—1989）、《视频入侵报警器》（GB15207—1994）、《报警图像信号有线传输装置》（GB/T75—1994）、《文物系统博物馆安全防范工程设计规范》（GB/T16571—1996）、《银行营业场所安全防范工程设计规范》（GB/T16676—1996）等安全防范工程规范。不过就总体而言，我国的视频监控系统尚处于比较低级的阶段。为此，中国安全防范产品行业协会于 2000 年制定了《中国安全防范产品行业“十五”发展规划》（2001—2005），力争在“十五”期间加快高科技安防产业的发展。《中国安全防范产品行业“十五”发展规划》总共 8 个专题，详细阐述了各专题的主要任务和目标、当前主要问题、技术发展方向与课题、产业化与名优产品、主要措施 5 个方面。其中，专题 6 即视频监控防范系统，该专题的主要任务中明确指出要“发展自动跟踪和锁定系统、远距离多路报警图像传输信号系统（包括窄带视频传送报警图像系统、可视电话传送）和多媒体技术传送及接收图像系统，提高监控产品质量；研制有自主知识产权的系统产品，开拓应用领域，提高国内产品的市场占有率”。

原国家质量技术监督局和公安部在 2000 年 6 月联合颁布的《安全技术防范产品管理办法》，也对我国的视频监控系统规范化进程起到良好的监督、促进作用。

3．视频监控系统的现状与前瞻

首先说明一点，由于一般的视频监控系统自成体系且大都采用闭路结构，所以，视频监控系统以前又被称为闭路电视监控系统（CCTV）。不过，由于此系统主要针对视频信号、数据进行处理与控制，对音频信号的处理与控制相对较少，且对图像的质量要求相对高于广播电视；另一方面，也可以通过无线微波传输模拟视/音频及控制信号；也存在经过无线网桥传输数字视/音频及控制信号的局部开路视频监控系统。因此，再将其称为CCTV是不恰当的，准确的名称应该是视频监控系统。按其结构与控制特点，视频监控系统又分为传统视频监控系统、多媒体视频监控系统、基于网络的视频监控系统，后者还有基于局域网与广域网之分。而基于广域网的监控系统的典型为远程数字视频监控，它以流媒体传输模式由以太网络、SDH和HFC等网络进行多媒体数字信号传输，广泛应用在远程电视、电话会议、教学及远程医疗等领域中。

（1）图像摄取技术领域的现状与前瞻

近几十年来，视频监控系统的迅速发展，得益于图像信号的采集（生成）和传送这两项关键技术的突破。早期的图像采集由光电导摄像管式的摄像机来实现，体积大而笨重，多应用于宽敞的电视演播室内，而以LSIC（大规模集成电路）技术为基础的CCD摄像器件适合于大批量生产，宜于质量和成本控制，因而一经问世即成为摄像器件的主流。除人所共知的一些优点外，CCD摄像机的低价格和长寿命改变了摄像机和视频监控系统以往那种价格昂贵、难于维修的缺憾，对视频监控系统的普及起到了极大的推动作用。

CCD摄像机目前已处于成熟期，灵敏度、图像分辨率、图像还原性等指标均已达到很高的水平。大多数摄像机都具有电源锁相、电子快门、背光补偿等基本功能，新型摄像机还大都采用了DSP（数字信号处理）技术，进一步提高了整体性能。彩色摄像机具有鲜明的色彩，图像视觉效果良好，而且其分辨率并不比黑白摄像机低，因而在视频监控系统中的应用率不断提高。虽然在红外夜视情况下，彩色摄像机尚不能与黑白摄像机相比，但彩色-黑白日夜两用型摄像机的问世则弥补了彩色摄像机在这方面的不足。另外，摄像器件成像面（CCD的感光靶面）的小型化，由较早的1 in、2/3 in到1/2 in、1/3 in，直至全新的1/4 in型，并没有使图像分辨率和灵敏度下降，并且使其体积小、重量轻、低价格、高可靠性的特点更加突出。将来，各种非光学的摄像机，如采用碲镉汞材料的前视红外焦平面技术的热成像摄像机将从军事领域移植过来，应用在高档的、特殊的视频监控系统中，它以探测目标与背景的温差成像，不受烟雾、黑暗等恶劣环境的影响，还不像红外灯那样暴露自己，特别适宜应用在特殊要求及带有消防分系统的视频监控系统等领域中。

（2）图像传输技术领域的现状与前瞻

由于大多数视频接收设备仍采用模拟方式，且模拟信号在近距离传输时是最具实时性、最经济的，因此，视频基带信号仍为传统的输出方式；现在生产的彩色摄像机已拥有亮色分离（Y/C）输出功能；用于桌面视频会议、可视电话的DSP摄像机也已有并口型/USB出口型，可直接接入计算机的并口/USB接口。虽暂时未规范输出接口，但由于DSP技术广泛应用于摄像机中，由DSP处理的信号完全用某种格式的数字信号形式输出，而且广播/电视设备已经用到串行数字接口和IEEE1394标准接口，所以，拥有数字视频输出接口的视频监控用摄像机将不是梦想。

事实上，以恰当方式实现远程、低失真的视频信号传送，是保证视频监控系统基本质量、应用范围的关键。一直以来，采用同轴电缆的基带信号传输是基本的应用方式，它具有简单可靠、附加设备少的特点，同时又是限制视频监控应用范围的技术障碍。而模拟方式的传输要保证宽带信号具有高的 S/N（信噪比）和低失真是十分困难的，为增加传输距离所采取的补偿又会引入新的失真（这一点对于宽带视频信号尤为突出）。

光纤传输技术是通信领域划时代的革命性技术，一经出现便很快被应用在视频传输领域中。采用光纤传送视频信号，使无中继传输距离从同轴电缆的几百米提高到几十千米，还拥有极高的图像质量，使多路传输和双向传输变得十分容易，为扩展视频监控的应用范围和控制距离起到关键作用，也为远程（网络教学、高速公路等）、大型视频监控系统（住宅小区、大型建筑等）的建设与管理打下坚实的物质基础。然而在目前视频监控系统中，光纤传输的应用层次还比较低，大多数系统都是采用 IM 方式的视频基带信号传输，光纤仅起到代替同轴电缆的作用，作为一个新的宽带、低损耗介质，光纤通信技术的真正优势和潜力并未充分地体现与发挥，其原因主要是由于模拟视频信号传输的方式及视频监控系统的结构特点所致。我们相信，随着光纤双向、频分、波分复用技术的成熟，色散位移光纤和色散平坦光纤、光纤放大器的实用化，光纤传输的无中继距离和传输容量将会有更大的提高。掺铒光纤放大器（EDFA）不仅能提高增益、增加无中继距离，还具有宽带增益，对多路光载波传输不会引起串路标串扰，配合波分复用技术又可实现高密度的通信，将会成为最新的光纤通信系统的发展方向之一。

（3）图像的显示与记录设备领域的现状与前瞻

由于经济因素，CRT 还是视频监控系统的监视器的主流，但随着 LCD、PDP 等平板显示器已经应用在高档领域中，数字图像记录设备——数字硬盘录像机（DVR）业已成为视频监控系统的主流，而且新一代采用 MPEG4、H.246 等数字压缩标准的数字硬盘录像机（DVR）的出现，将使基于局域网、广域网的多画面实时传输与存储技术逐步成熟。全新概念、全新形式的跨省（市）、跨国界的综合性多媒体数字监控系统的前途将更广阔，应用会更广泛。

（4）系统的控制设备的现状与前瞻

随着微处理器、单片机的功能和性能的提高及增强，各种专用 LSIC、ASIC 的出现和多媒体技术的应用，使得系统控制设备在功能、性能、可靠性和结构形式等方面都发生了很大的变化。视频监控系统的构成更加方便、灵活，与报警和出/入口控制系统的接口趋于规范，人机交互界面更为友好。

随着与计算机系统融合程度的强化，基于计算机网络的综合型全数字监控系统已应用在智能化建筑中，其范围涉及视频监控、防盗报警、门禁和电子警戒等子系统，应用的领域也由单纯的安全防范向生产管理、系统检测与监测等全方位扩展。例如，教育部门的实时远程教学、教学资料的交换；高速公路、收费站的实时图像、数据监测；在煤矿企业，可将其用于井下瓦斯浓度状态的远程实时数据监测等方面。

3.4 数字化技术的进步时刻推动视频监控系统的发展

由于传统模拟视频设备的发展已进入瓶颈阶段，暂无潜力可挖，因此，为满足更高的要求，系统就必须向数字化方向发展。数字信号具有频谱效率高、抗干扰能力强、失真少等模拟信号无法比拟的优点，同时也存在信号处理数据量大、占用频率资源多的问题，只有对数字信号实现有效的压缩，使之在通信方面的开销与模拟信号基本相同，它的优点才能表现出来，并具有实用性。在数字电视与高清晰度电视市场的拉动下，与数字电视相关的各种数字视频技术得到了迅速发展，相应的技术标准、算法及专用芯片，数字图像信号的摄取、处理、传输、记录等设备也得到广泛的应用。视频监控的数字化进程主要表现在以下三个方面。

（1）动态图像传输的成功应用

利用窄带介质、采用低数据率传输动态图像的可视电话和电视会议是数字视频较为成功的实例。尽管其图像质量（分辨率、帧率）远低于广播电视，但其传送的信息量作为图像监控的目的是足够的。动态图像传输是图像压缩技术和调制解调技术结合的产物，其图像压缩、处理、记录都是在数字基础上进行的。采用 Modem 将数据流通过公用介质传送，是目前远程视频监控系统的技术基础。远程视频监控系统利用公共信息网络的开放性，可实现远距离的信息传送和控制。

（2）多媒体技术完全融入视频监控系统

多媒体视频监控系统将传统视频监控系统的所有功能交由计算机来实现，可以处理图形、图像、声音、文本等多种信息资源，并且有多种方式的人机交互界面。图像系统是最能体现多媒体特点的应用领域，然而其信息量大，在传输和存储时所需开销很大，数据处理速度要求很高。但随着视频技术、图像压缩技术和计算机技术的发展、相应标准的完善、各种专用芯片的研制成功，这一问题得到了初步解决。因此，多媒体技术在视频监控系统中得到了广泛的应用，且是今后视频监控系统的发展趋势。

（3）广泛使用数字信号处理技术

各种视频设备普遍采用数字信号处理技术，如摄像机、图像拼接、分割、分时记录和视频探测等。这些设备的输入和输出仍为模拟视频信号，在机内将其转换为数字信号进行各种变换和处理。采用 DSP 和 DRAM 对信号进行并行和分时处理，可以方便地分别处理各分量信号，实现多路视频信号之间的同步，解决扫描变换和开窗采样等问题，很容易完成各种图像的分解、组合及简单的图像分析，使各种设备的功能更为完善，性能大为提高。也有许多设备开始采用数字输入和数字输出方式，如大屏幕显示的图像合成、切换、分配设备、远程监控设备等。这表明 DSP 技术和器件已趋于成熟，其应用也为 CPU 在视频设备中的应用提供了更加有利的环境，使得信号的变换、处理和控制均处在同一个数字层面上，同时也使视频设备与计算机的接口更加方便。

进入 21 世纪，由于电视技术、计算机技术、通信网络及国际互联网的飞速发展，人类社会进入了数字化时代，世界即将成为“数字家庭”。视频监控系统也将跨越技术安防体系单一的范畴，成为管理智能化楼宇的综合性多媒体数字监控系统。让我们畅想未来：装有各种传感器的房间的温度、湿度、空气流速及清洁状况通过多媒体计算机自动控制，住户也可通过电话线向监控中心发出视频点播命令，监控中心将住户点播的节目通过有线电视网传播给住户；同时住户也可以利用电话线通过监控中心接入因特网，而住户从网上得到的信息也可以由监控中心通过有线电视网传播给住户；一旦发生报警，监控中心将切断住户的所有节目源，将报警点的各种图文信息发送出去，将综合服务功能结合到多媒体视频监控系统中。

想一想、练一练 1

1．什么叫定点监控系统？画图分析其架构与原理。

2．什么叫全方位监控系统？画图分析其架构与原理。

3．为什么说具有系统主机的监控系统是典型监控系统？它与前面几种监控系统相比在架构上有什么特点？请画出具有多级主机的典型监控系统架构图。

4. 在视/音频监控系统中，视/音频的共同传输有哪两种方法可以实现？请表述具体方法。

5. 什么叫基于局域网的视频监控系统？什么叫基于广域网的视频监控系统？

6. 根据所学知识，自己动手设计简易的视频监控系统（注意前端设备及中心设备是否配置齐全、线缆数量是否齐全）。

7. 与第 6 题的要求相同，通过选用不同的中心控制设备、传输方式，设计出三种不同的方案。

8. 视频监控系统在技术安全防范体系中的作用是什么？它与电视技术之间的关系如何？

9. 请阐述视频监控系统的现状，有哪几个方面表现出它的数字化发展方向？

项目 2

前端设备的操作与维护

知识目标

1. 掌握光学成像原理。
2. 认识各类型镜头。
3. 认识各类型摄像机。
4. 认识各类型云台。
5. 认识各类型前端辅助设备。

技能目标

1. 会为系统选择合适的镜头并能进行日常维护。
2. 能安装、调试摄像机并进行日常维护。
3. 能正确安装、使用云台并进行日常维护。
4. 能正确安装、使用各类型前端辅助设备并进行日常维护。

任务 1　认识各类型镜头

镜头的种类有多种，每一种镜头都有其特点，功能与结构也不尽相同，而且价格相差非常大，所以应该了解各种镜头的特性，以便在实际应用中正确、灵活地选择镜头。不过，要能够正确选择镜头，还先得认识并掌握与镜头密切相关的光学成像原理与过程才行。

1.1　光学成像原理与过程

把现实空间的物体成像于图像传感器件的感光靶面中，即所谓的光学成像。首先应该了解光学成像的过程。

1. 掌握光学成像原理

光学成像是指通过光学把现实空间的物体成像在图像传感器件的感光靶面上。怎样才能在图像传感器的靶面上获得清晰的物像呢？这就涉及光学成像的过程原理。一般来说，通过合理的设计（包括合理选择镜头的各项参数并考虑物体的照明条件、聚光方式、光学系统的传输损失、像面照度的计算方法等有关辐射度学科方面的问题），可使该像的位置、尺寸、清晰度、物像光强度等符合实际应用场合的技术条件。

2. 光学成像过程

图 2-1 所示为物体的光学成像过程，即将各种不同形状、不同介质的反射镜、透镜及棱镜按一定的方式组合起来，使由空间的物体发出的光线通过这些光学部件的透射、折射、反射，按人们的需要改变传播方向后，为接收器件所接收。这些光学部件的组合称为光组，又称为光学系统。

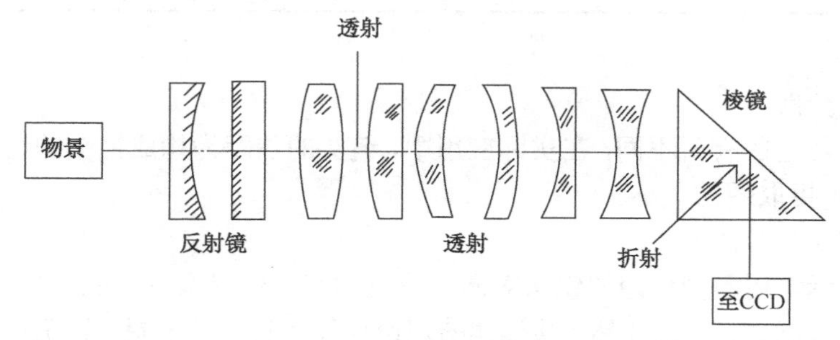

图 2-1　光学成像

1.2　镜头的参数

镜头是视频监控系统前端设备中的重要部件之一，又称为摄像镜头。一般视频监控系统使用的摄像机不配镜头，可按用户需要，选择与摄像机相匹配的镜头，两者配合使用。

镜头的参数主要包括成像尺寸、焦距、相对孔径、视场角等，一般在镜头所附的说明书中都有注明。由于篇幅的原因，只对参数的含义进行简单的介绍，详细的内容请参阅本教材配备的教学光盘中的参考资料。

1. 成像尺寸

（1）成像尺寸

以 12.7（1/2 in）镜头配 12.7（1/2 in）靶面的摄像机为例，当镜头的成像尺寸比摄像机靶面的尺寸大时，不会影响成像，但实际成像的视场角要比该镜头的标称视场角小，如图 2-2 所示。而当镜头的成像尺寸比摄像机靶面的尺寸小时，画面的四个角上将出现如图 2-3 所示的黑角，原因是成像的画面四周被镜筒遮挡。

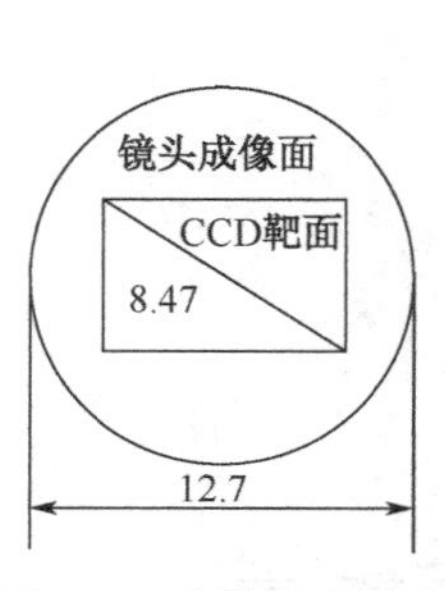

图 2-2　成像尺寸过大

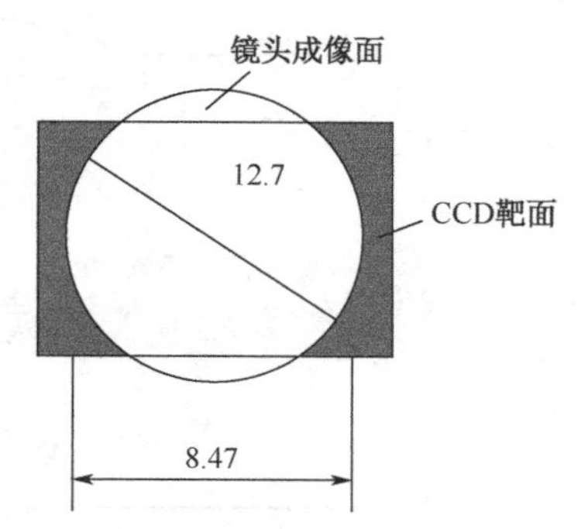

图 2-3　成像尺寸过小

（2）靶面尺寸规格

靶面尺寸规格如表 2-1 所示，常见 CCD 芯片的靶面尺寸有 6.35 mm（1/4 in）、8.47 mm（1/3 in）、12.7 mm（1/2 in）、16.9 mm（2/3 in）、25.4 mm（1 in）等几种，它们分别对应着不同的成像尺寸，实际选用时，应该尽量使镜头的成像尺寸与摄像机靶面尺寸的大小相适宜。

表 2-1　靶面尺寸规格

标称芯片尺寸（mm）/ CCD 感光靶面尺寸（mm）	25.4	16.9	12.7	8.47	6.35
	1"	2/3"	1/2"	1/3"	1/4"
对角线（mm）	16	11	8	6	4.5
垂直（mm）	9.6	6.6	4.8	3.6	2.7
水平（mm）	12.7	8.8	6.4	4.8	3.6

2．焦距

（1）镜头的焦距

和前面已介绍过的有所不同，在实际应用中，镜头的焦距为构成镜头的组合光组的焦距，其符号为f，决定摄取图的大小。

（2）应用镜头的焦距

如图 2-4 所示，用不同焦距的镜头对同一位置的某物体摄像时，配长焦距镜头的摄像机所摄取的景物尺寸就大，反之亦然。其具体的理论计算参见教学素材。正确选择镜头的焦距，可解决摄像机能看清多么远的物体与看清多么宽的场景的问题。

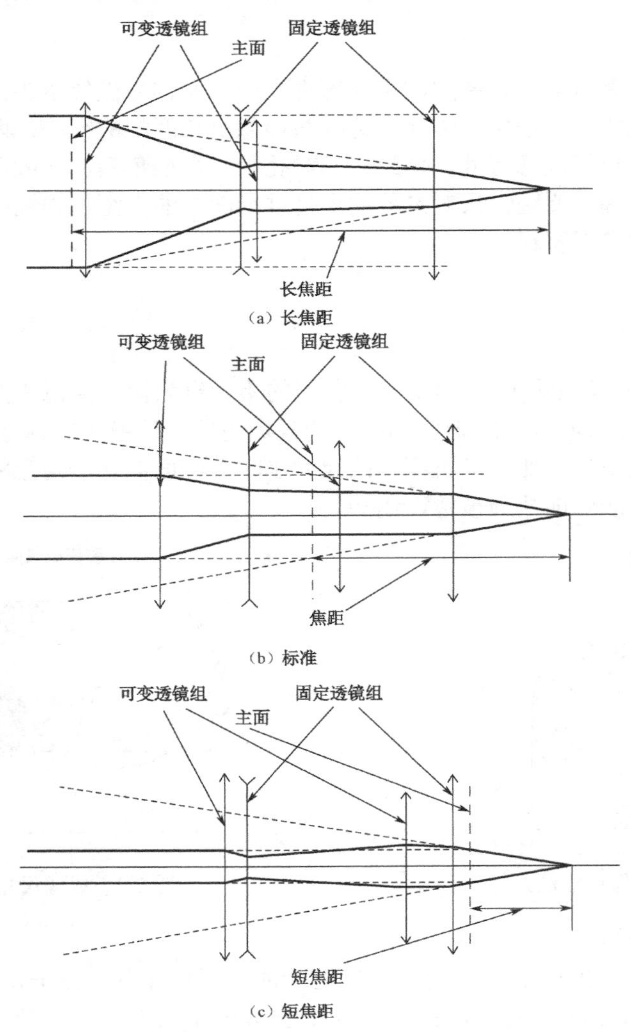

图 2-4　镜头的焦距应用示意图

3. 相对孔径

（1）相对孔径

相对孔径是指镜头的实际有效孔径 D 与焦距 f 之比（假设光圈的有效孔径为 d，因光线折射的关系，故镜头的实际有效孔径为 D），其符号为 A，数学表达式为

$$A=D/f$$

由于镜头相对孔径决定了像的照度 E 与镜头的相对孔径 A 的平方成正比（被摄像的照度），因此用相对孔径的倒数来表示镜头光阑的大小，其数学表达为

$$F=f/D$$

F 为光阑数，在镜头的可调光圈上标注有 1.4、2、2.8、4、5.6、8、11.3、16、22 等序列值，相邻的两个数值中，后一个数值是前一个数值的 $\sqrt{2}$ 倍。

（2）应用相对孔径

一般镜头所标的 F 值均指该镜头的最小光阑数，表示此镜头的最大通光特性。因此，F 值越小，说明该镜头的最大通光性越好。

4. 视场角

（1）视场角的含义

如图 2-5 所示，视场角是指镜头对其确定视野的高度和宽度的张角，符号为α，又分为水平视场角α_h和垂直视场角α_v。

（2）应用视场角

视场角与焦距 f 呈反比，与摄像机靶面的水平和垂直尺寸呈正比。若镜头视场角过小，会造成监控死角；过大又会使被监控物尺寸太小。所以在实际应用时，需要按照具体的应用环境选择视场角合适的镜头，以避免上述问题的产生。

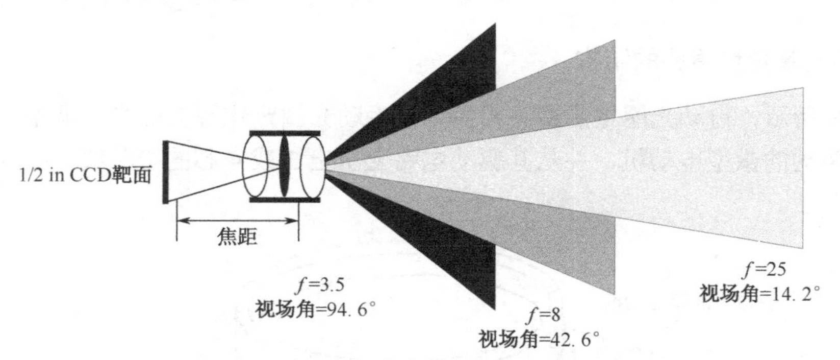

图 2-5　不同焦距镜头所对应的视场角

1.3　认识固定光圈定焦镜头

1. 固定光圈定焦镜头的结构

如图 2-6 所示，固定光圈定焦镜头是最简单的镜头之一，结构简单，价格便宜。此镜头上只有一个可手动调整的对焦调整环，左右旋转该环可使成在 CCD 靶面上的像最为清晰，此时在监视器屏幕上得到图像也最为清晰。

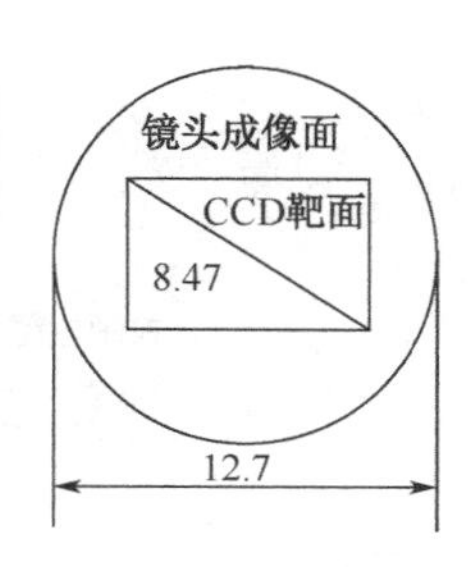

图 2-6　固定光圈定焦镜头结构

2．应用固定光圈定焦镜头

由于镜头上没有光圈调整环，所以其光圈不可调，故进入镜头的光通量只能通过改变被摄现场的光照度来调整，如增减被摄现场的照明灯光等。

固定光圈定焦镜头一般用于光照度比较均匀的场合，如室内全天以灯光照明为主的场合。在其他场合，需要与带有自动电子快门功能的 CCD 摄像机合用，通过电子快门的调整来模拟光通量的改变。

1.4 认识手动光圈定焦镜头

1．手动光圈定焦镜头的结构

如图 2-7 所示，手动光圈定焦镜头是在固定光圈定焦镜头的基础上增加光圈调整环而成的，价格相对也比较便宜。其光圈调整范围一般可从 F1.2（或 F1.4）到全关闭。

图 2-7 手动光圈定焦镜头结构

2．应用手动光圈定焦镜头

（1）手动光圈定焦镜头虽能方便地适应被摄现场的光照度，但因光圈的调整是通过手动人为地进行，所以当摄像机安装位置固定后，就不能再频繁地调整光圈了，故其适合在光照度比较均匀的场合使用。

（2）在光照度变化比较大的场合（如早晚与中午、晴天与阴天等）使用时，要与带自动电子快门功能的 CCD 摄像机合用，通过电子快门的调整来模拟光通量的改变。

1.5 认识自动光圈定焦镜头

1．自动光圈定焦镜头的结构

如图 2-8 所示，自动光圈定焦镜头相当于在手动光圈定焦镜头的光圈调整环上增加一个由齿轮啮合传动的微型电动机，并从其驱动电路上引出 3 或 4 芯的屏蔽线，接到摄像机的自动光圈接口座上。

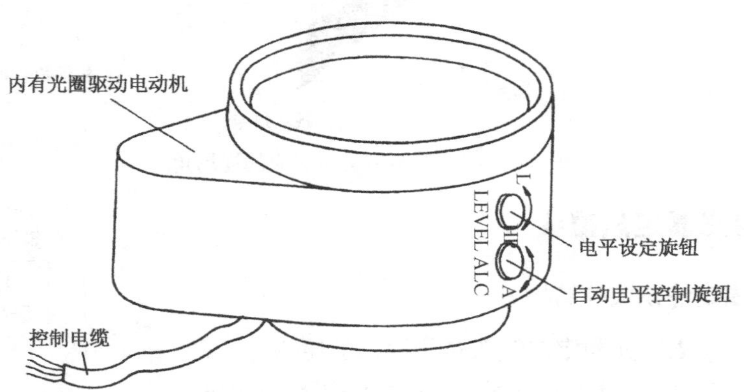

图 2-8 自动光圈定焦镜头

2. 自动光圈定焦的原理

当进入镜头的光通量变化时，摄像机 CCD 靶面上产生的电荷也相应地发生变化，使得视频信号电平或其整流滤波后的平均电平发生变化，产生一个控制信号，并通过自动光圈接口座上的 3 或 4 芯线传送给自动光圈镜头，使镜头内的微型电动机相应地做正向或反向转动，从而调整光圈的大小。自动光圈镜头有含放大器与不含放大器两种规格。

1.6 认识手动变焦镜头

1. 手动变焦镜头的结构

手动变焦镜头有一个焦距调整环，可以在一定范围内调整镜头的焦距，其变比一般为 2～3 倍，焦距一般为 3.6～8 mm。

图 2-9 手动变焦镜头

2. 带自动光圈的手动变焦镜头的结构

带自动光圈的手动变焦镜头有直流驱动和视频驱动两类，如精工的SSV0408G、腾龙的13VM308AS（图2-9），以及13VA2812AS（视频驱动）、Computar 的 H6Z0812AIVD 等。图 2-10 所示为具有 10 倍（5～50 mm）手动变焦功能的三种镜头。图 2-11 所示为某种带自动光圈的手动变焦镜头实物图。

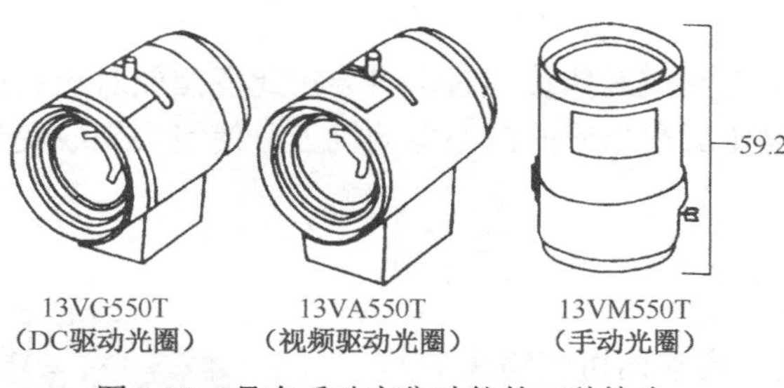

图 2-10 具有手动变焦功能的三种镜头

图 2-11 带自动光圈的手动变焦镜头

3. 应用手动变焦镜头

实际应用时，手动调节镜头的变焦环，可方便地选择被监视现场的视场角。例如，可选择对整个房间监视或对房间内某个局部区域的监视。若对监视现场的环境情况不熟悉，就有必要采用此镜头。

对大多数视频监控系统而言，手动变焦镜头一般用在以下两种场合。

（1）对视场要求较为严格，且用定焦镜头又不易满足要求的场合。

（2）在照片底片分析、文件微缩等桌面近距离摄像工作环境中。

1.7 自动光圈电动变焦镜头

1. 自动光圈电动变焦镜头的结构

自动光圈电动变焦镜头是在自动光圈定焦镜头的基础上增加两个微型电动机构成的，其中一个电动机与镜头的变焦环啮合，当其受控而转动时可改变镜头的焦距；另一个电动机与镜头的对焦环啮合，当其受控而转动时可完成镜头的对焦。图 2-12 所示为自动光

图 2-12 自动光圈电动变焦镜头

圈电动变焦镜头的实物图。

如图 2-13 所示，自动光圈电动变焦镜头一般引出两组多芯线，其中一组为自动光圈控制线，其原理和接线方法与前述的自动光圈定焦镜头的控制线完全相同；另一组为控制镜头变焦及对焦的控制线，一般与云台镜头控制器相连，而镜头控制器与云台控制器通常是集成在一起的。

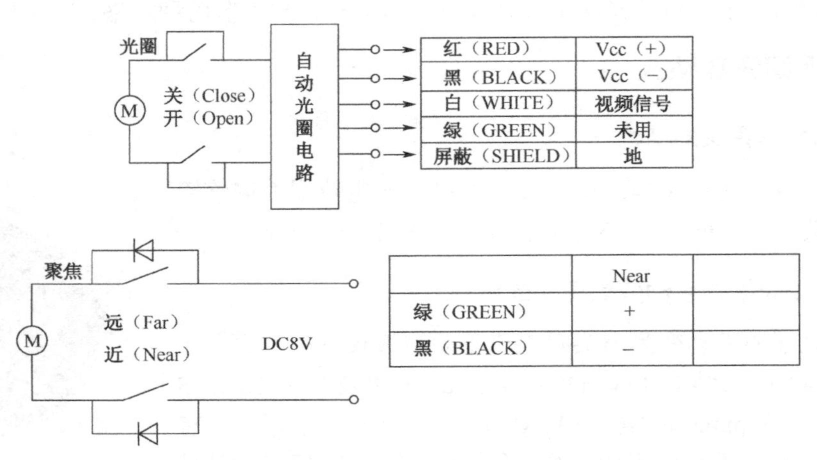

图 2-13　自动光圈电动变焦镜头控制线的接线图

2. 应用自动光圈电动变焦镜头

当操作远程控制室内镜头控制器上的变焦或对焦按钮时，将会在此变焦或对焦的控制线上施加一个正（或负）的直流电压，该电压加在相应的微型电动机上，使镜头完成变焦及对焦调整功能。

1.8　认识电动三可变镜头

如图 2-14 所示，电动三可变镜头是在电动两可变镜头的基础上发展起来的，它把光圈调整电动机的控制由自由控制方式改为由控制器手动控制，因此包含三个微型电动机，引出一组 6 芯控制线与镜头控制器相连。常见的电动三可变镜头有 6 倍、10 倍和 12 倍等几种规格，如精工的 SL-08551M、Computar 的 H6Z0812M 等。图 2-15 所示为电动三可变镜头控制线的接线图。

图 2-14　电动三可变镜头图

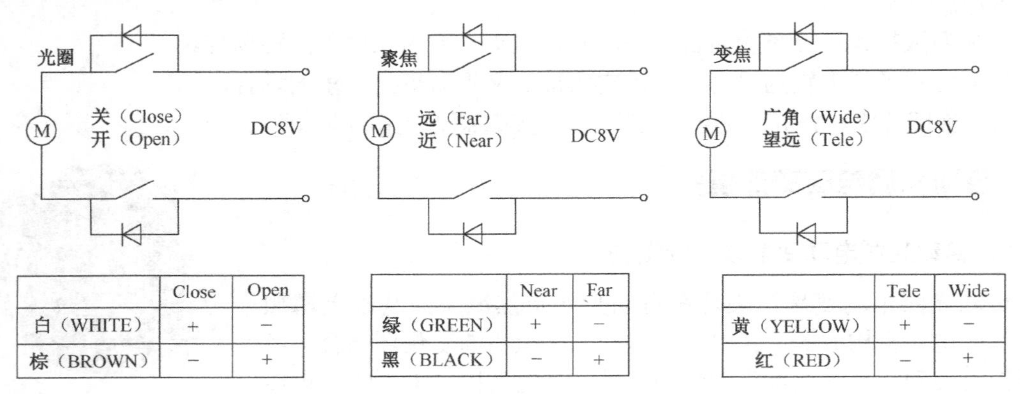

	Close	Open
白（WHITE）	+	−
棕（BROWN）	−	+

	Near	Far
绿（GREEN）	+	−
黑（BLACK）	−	+

	Tele	Wide
黄（YELLOW）	+	−
红（RED）	−	+

图 2-15　电动三可变镜头控制线的接线图

1.9 认识针孔镜头

1. 针孔镜头

如图 2-16 所示，针孔镜头的孔径一般仅为 1 mm 左右，主要用在隐蔽监视的场合。标准型针孔镜头具有较细且很长的镜筒，镜筒前端呈锥形，内有一个微小的“针孔”，其后端则与普通镜头一样，可以方便地与摄像机配接。图 2-17 所示为针孔镜头外观图。图 2-18 所示为一种具有 90° 转角的针孔镜头的外观图。

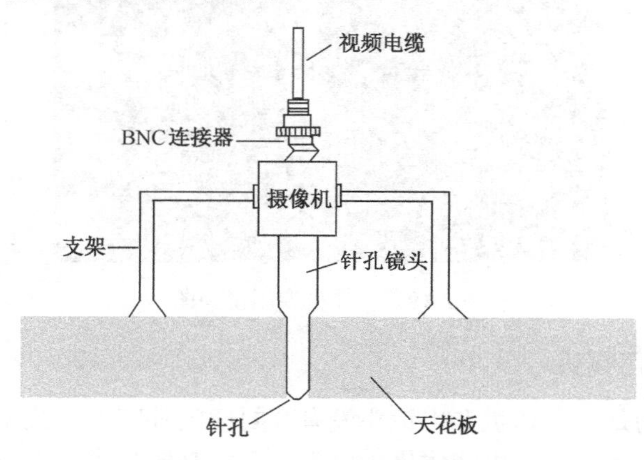

图 2-16 针孔镜头应用示意图

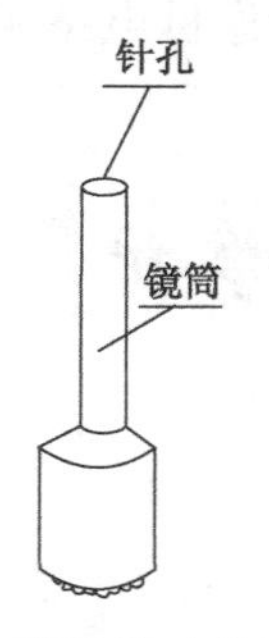

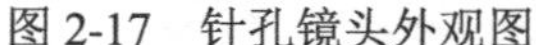
图 2-17 针孔镜头外观图

图 2-18 90° 转角的针孔镜头的外观图

2. 微型针孔镜头

微型针孔镜头的尺寸很短，通常安放在单板式超小型 CCD 摄像机上，置于天花板等细微之处，透过微小的孔隙来监视现场。

3. 应用针孔镜头

由于“针孔”很小，因此针孔镜头的相对孔径很小（光阑数较大），与摄像机配合使用时，透过针孔镜头的光通量也很小，使摄像机的成像质量下降（图像的亮度不够，信噪比变差）。因此，配用针孔镜头的摄像机最好选用低照度型的，并尽可能保证监视场所的光照度。

1.10 认识一体机专用镜头

1. 一体机专用镜头

如图 2-19 所示，一体机专用镜头通常都是自动光圈的变焦镜头，其中很多还具有自动聚焦功能。

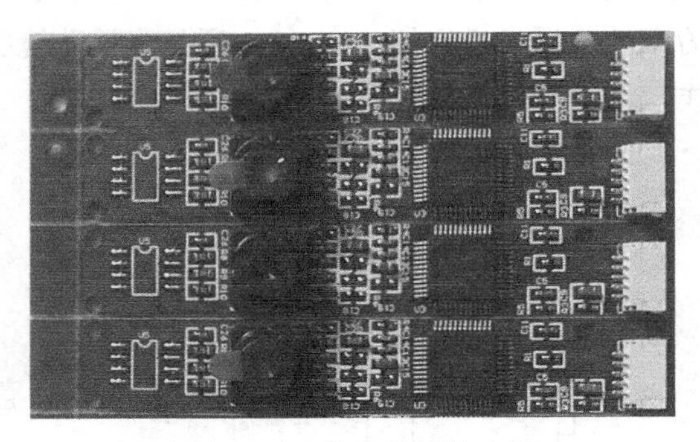

图 2-19 一体机专用镜头图

2. 应用一体机专用镜头

和其他镜头不同的是，一体机专用镜头没有全封闭的外壳、C 或 CS 接口，因此，一体机专用镜头是一种半成品，都是由一体化相机生产厂家直接与镜头生产厂家定制或选购，使之与自己生产或组装的 CCD 或 CMOS 图像传感器及相应的摄像机电路相匹配，再配以合适的外壳而构成完整的一体化摄像机。

任务 2 镜头的选择与维护

2.1 选择镜头

1. 应用镜头选择计算尺选择镜头

（1）镜头选择计算尺。镜头选择计算尺如图 2-20 所示。

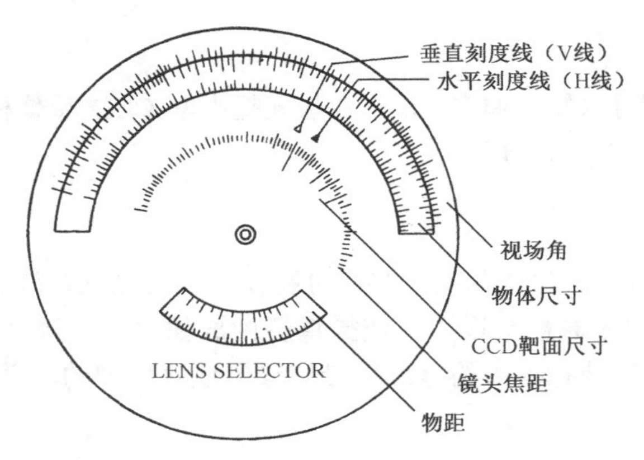

图 2-20 镜头选择计算尺

（2）镜头选择计算尺的结构及功能。镜头选择计算尺由上、下两个圆盘及一个透明的扇形片组成，圆盘及扇形片上均有刻度，分别标有视场角、被摄物体的水平尺寸及垂直尺寸、镜头的焦距、CCD 芯片靶面尺寸及被摄物体距 CCD 摄像机的距离等参数。

（3）具体应用。使用时，应该先依据某个事先确定的已知量，计算出其他量。

例如，确定 1/3 in CCD 摄像机配用 8 mm 镜头时的视场角，以及在 3 m 摄距时被摄物体在监视器屏幕上所占面积的大小。

① 旋转扇形片，使标有 1/3 in 的 CCD 靶面尺寸刻度线对准上圆盘上 8 mm 的焦距刻度线。这时，扇形片上的 H 线即指明该镜头的水平视场角（约为 33°），V 线则指明镜头的垂直视场角（约为 25°）。

② 旋转下圆盘，使物距刻度线对准 3 m。此时扇形片上 H 线的下方对应物体尺寸刻度线 1.6，表明 1/3 in 的 CCD 摄像机在配用 8 mm 镜头时，可以将 3 m 远、1.6 m 宽的物体摄入监视器。

③ 当物距增加到 5 m 时，摄入物体的宽度可达 2.7 m。也可先用该盘选定物距及被摄取物体的大小，最后估算出应配用镜头的焦距。

2. cosmicar.exe 应用程序选择镜头

（1）cosmicar.exe 应用程序界面

图 2-21 所示为镜头厂商专门编制的 cosmicar.exe 镜头选择应用程序界面。

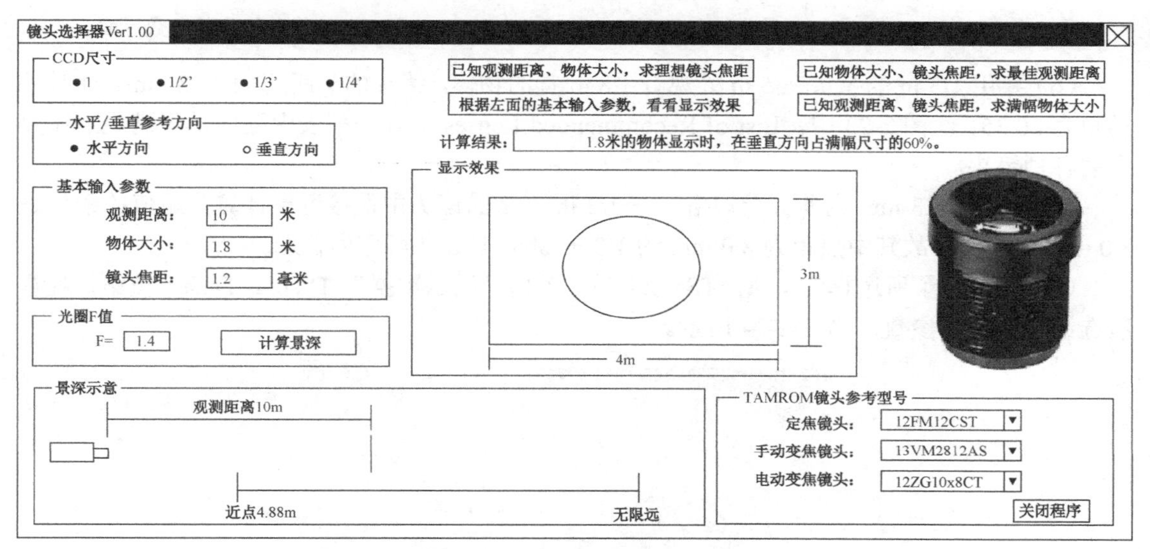

图 2-21　cosmicar.exe 镜头选择应用程序界面

（2）cosmicar.exe 应用程序的功能

① 此程序运行时，若参数输入区输入给定的被监视场景（物体）的大小及其距摄像机的距离，程序会自动给出最佳的镜头选择参数列表，并可以打印输出。

② 若是输入一个选定的镜头，该程序便可将该镜头的所有成像参数给出（如视场角，以及在多远处可以看到多大的场景或物等），并给出成像示意图。

③ 当输入光阑指数 F 时，该程序还可给出景深范围。

3. 具体应用方法

图 2-22 所示为 cosmicar.exe 的数据输入界面。

当需要选用一款合适的镜头时，应该按以下几个步骤进行。

（1）选择镜头的类型[手动光圈型（Manual Iris）或自动光圈型（Auto Iris）]。

（2）选择被观测物体的优先考虑因素，以垂直高度（Vertical）或水平宽度（Horizontal）作为选用依据。

（3）选择镜头的尺寸（Camera Format Size），本例选择 1/3 in。

（4）输入观测距离（Desirable Working Distance）和被监视物体的尺寸（Object Size），选用的镜头的要求是在 5 m 处可观看宽度为 1.8 m 的物体。

（5）输入上述参数后，单击“Execute”按钮，便进入推荐镜头的参数界面，如图 2-23 所示。

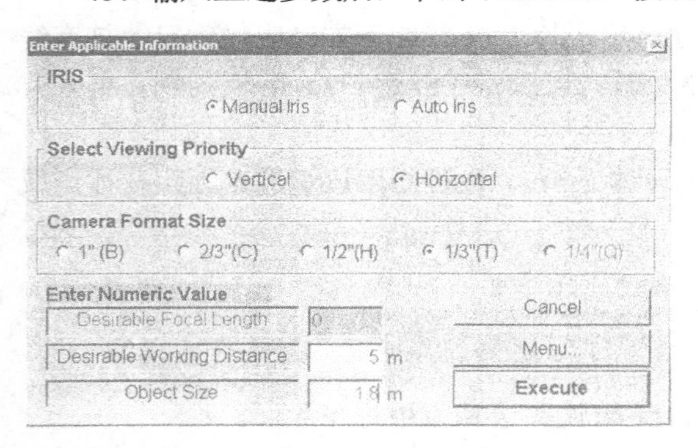

图 2-22　程序 cosmicar.exe 的数据输入界面

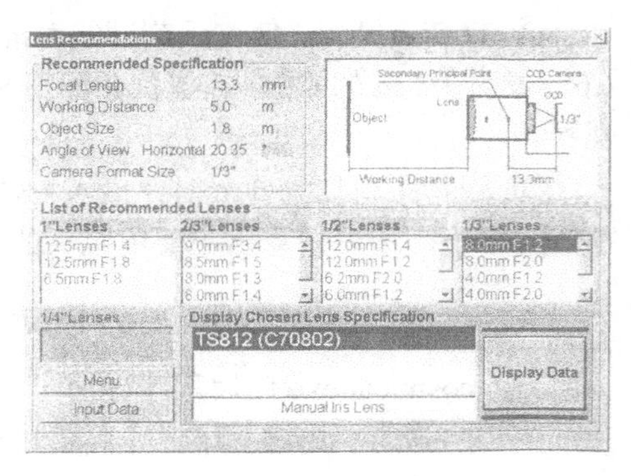

图 2-23　推荐镜头的参数界面

（6）要用 1/3 in 的镜头在 5 m 处观看 1.8 m 宽的物体，镜头的焦距应为 13.3 mm，此时视场角为 20.35°。图 2-23 中，List of Recommended Lenses 的几个列表中列出了可满足上述要求的各种镜头。

（7）由于 13.3 mm 为非标准规格，在 1/3 in 规格的镜头中最接近于计算焦距值的镜头是 8.0 mm 的镜头，故其中焦距为 8.0 mm 的 1/3 in 镜头 TS812 可作为首选。

（8）在确定了所选择的镜头（TS812）后，单击“显示数据”（Display Data）按钮，观看所选镜头的基本参数，如图 2-24 所示。

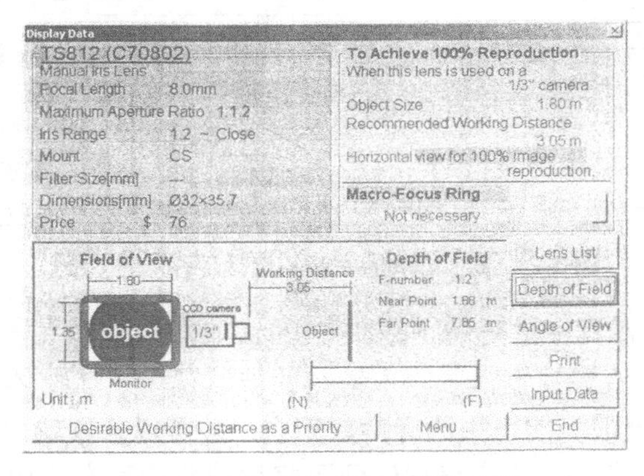

图 2-24　所选镜头的基本参数及成像尺寸

（9）图 2-24 同时还列出了所选镜头（TS812）的成像尺寸，其中在左下部给出 1.8 m 宽的物体在监视屏幕上显示时对屏幕的充满程度。由于所选镜头的焦距（8 mm）与计算值（13.3 mm）有一定的偏差，因此，该图同时说明了要使 1.8 m 宽的物体横向充满屏幕时的最佳物距应为 3.05 mm（而不是原定的 5 mm）。

（10）单击“景深（Depth of Field）”按钮可确定该镜头的景深，如图 2-25 所示。

（11）由图 2-25 可知，当镜头的 F 指数为 1.2 时的景深范围为 1.86～7.85 m。如果实际工程安装时镜头的位置无法前移，而只能安装在设计要求的 5 m 远处，则可通过单击界面下端的“工作距离优先（Desirable Working Distance as a Priority）”按钮来观看在 5 m 处安装该镜头时的成像效果，如图 2-26 所示。

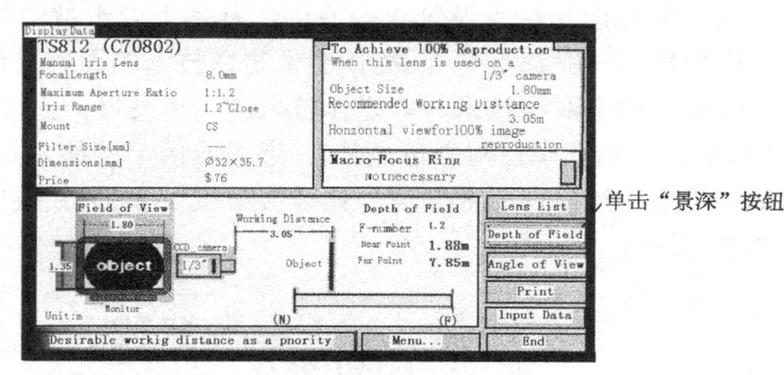

图 2-25　所选镜头的景深界面

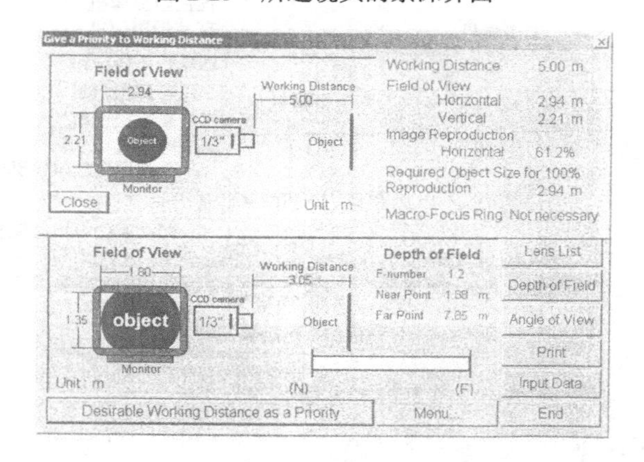

图 2-26　工作距离优先时的镜头成像参数

（12）在图 2-26 的上部标出了所选镜头在工作距离优先时的成像参数，其中左侧示出 1.8 m 宽的物体在 5 m 远处被摄像时，其成像对于监视器屏幕的充满程度，右侧则为该成像的具体参数（物体对屏幕的水平充满程度为 61.2%；若屏幕在水平方向被某物体的像充满，则该物体的最大宽度可达到 2.94 m）。

2.2　镜头的日常维护方法

关于镜头的日常维护，应该注意以下几点。

（1）定期擦拭镜头，以保持其清洁。要使用专用的镜头纸擦拭。在擦拭过程中，注意从中间按顺（或逆）时针方向进行。对有霉变迹象的镜头，应放在专用的镜头液中浸泡一段时间，再用木镊子夹着镜头纸进行擦拭。

（2）对于电动镜头，应该定期检查电源电压是否正常。

（3）定期检查 CS 接口是否正常。

任务3 认识各类型摄像机

3.1 了解摄像机的类型

摄像机是视频监控系统前端的主要设备之一，早期使用的是摄像管式摄像机，由于其固有功率消耗大、低照度指标差及笨重等原因，基本上处于被淘汰状态。而现行视频监控系统使用的摄像机，一般都是基于CCD图像传感技术的固态摄像机，又分为黑白和彩色两大类。近年来，由于网络技术与多媒体技术的飞速发展，出现了基于CMOS图像传感技术的PC摄像机（也有黑白与彩色之分），逐渐应用于网络多媒体监控系统上。同时，受数字化技术的推动，还出现了数字信号处理摄像机（即DSP摄像机）等品种。摄像机的分类如图2-27所示。

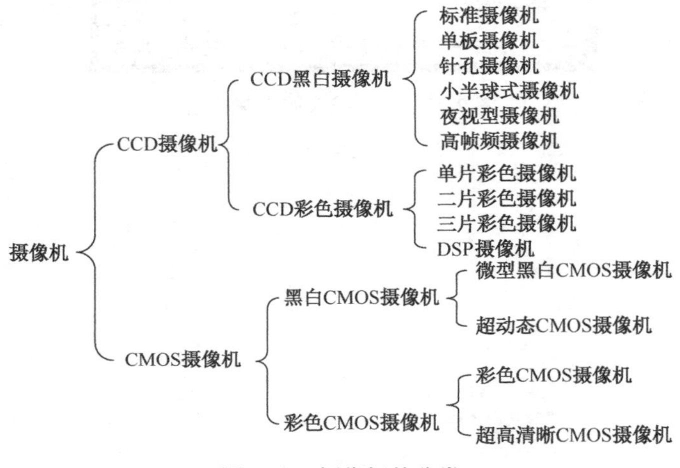

图2-27 摄像机的分类

3.2 认识摄像扫描制式

这里仅介绍CCD摄像机的扫描制式。为使摄像机输出的视频信号的制式符合现行的电视标准，要求加于CCD传感器上的时钟脉冲应与视频信号同步。

1．“光—电—光”转换过程

（1）“光—电”转换过程

“光—电”转换是指摄像机通过CCD的自扫描系统，将透过光学镜头在摄像机靶面上按空间位置分布的图像，分解成与像素对应的时间信号的过程。

（2）“电—光”转换过程

“电—光”转换是指监视器用与摄像端完全相同的电子束扫描方式，将图像在屏幕上重现出来。具体步骤如下。

① 图2-28（a）所示为亮度按正弦分布的光栅图像。

② 某一水平扫描线对应的亮度分布如图2-28（b）所示，该图像经CCD图像传感器扫描输出。

③ 图2-28（c）所示为输出后的电压按时间分布的视频信号。

在图2-28中，图2-28（b）和图2-28（c）都是正弦波，其纵坐标分别是亮度L和信号

电压 U，而横坐标则分别为水平距离 x 和时间 t。光栅图像的亮度 L 越高，则扫描输出的信号电压 U 越高。

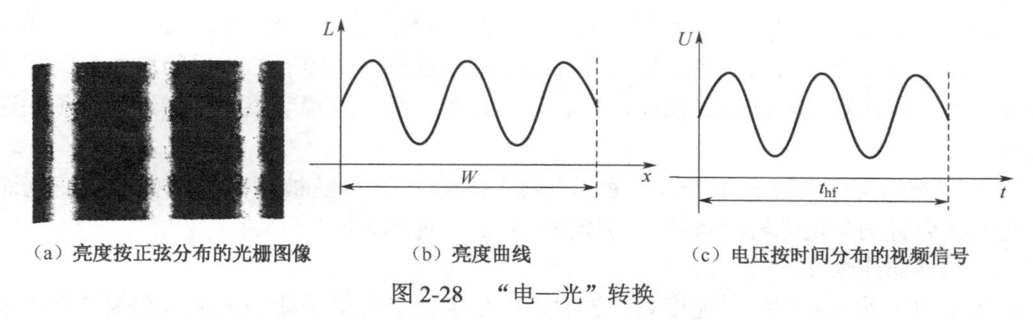

图 2-28　“电—光”转换

2. 空间物像—时间信号转换过程

以摄像机摄取简单字符“IT”为例。当摄像机对准字符图案“IT”时，通过摄像机的光学成像系统会在 CCD 靶面上形成一个“IT”图案，如图 2-29（a）所示。假定 CCD 靶面由 12×9（共 108）个像素组成，亮点（背景）像素对应高电平输出，暗点（字符）像素对应低电平输出，则从图案的左上角开始，逐点从左到右、自上而下地将每一像素点都转换成相应的电信号输出，即得到如图 2-29（b）所示的输出信号。此“像素—电压”的逐点转换过程即扫描。

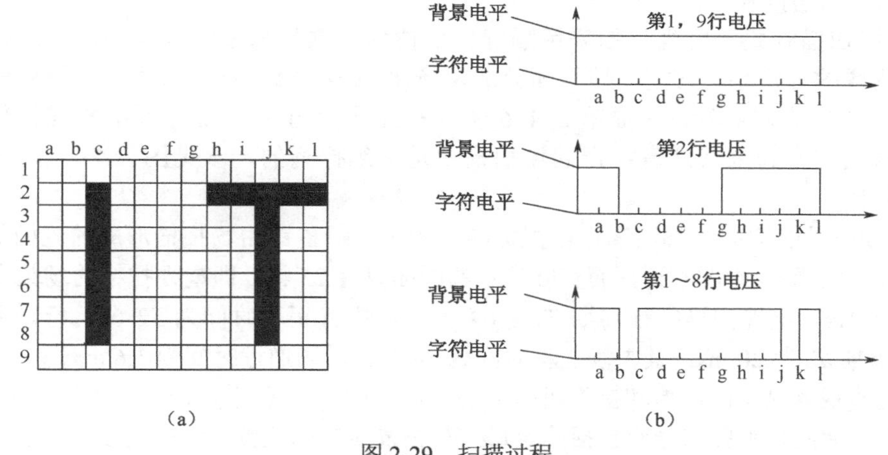

图 2-29　扫描过程

上述时间—电压信号将送到监视器的显像管中，按与摄像端同样的规律进行扫描的电子束电流变大（能量变高），因而，当电子束轰击显像管的荧光屏时，被轰击的那一部分荧光粉的亮度就比较亮；反之，控制电压低时，电子束电流变小，被轰击的那一部分荧光粉的亮度就比较暗。电子束从左至右每完成一个扫描过程后，迅速回到左端并开始下一个移动过程，其位置比上一个过程的轨迹稍低一些，这个过程称为扫描逆程或“回扫”。为避免图像紊乱，回扫期须尽量短，并且使得电子束被截止。因此，上述显示过程中，CRT 中的电子束在荧光屏上的运动规律与摄像机端送出的信号完全同步，这样，监视器上 CRT 重现的图像和摄像机摄取的图像一致。

3. 扫描制式

（1）扫描过程

例如，大家看到的夜航飞机的灯光，是一个在夜空中移动的亮点，而当一颗流星高速划过夜空时，大家就会因肉眼分辨不出亮点的位置而看成一条亮线。这实际上是眼睛的视觉惰性引起的幻觉，所以电子束的扫描过程必须进行得非常快，利用眼睛的视觉惰性与 GRT 上荧光物质的余晖效应，使眼睛感觉不到发光体闪烁时的最低频率（48～50 帧/秒），这样就不会看到运动的扫描点，而只看到屏幕上平行的系列扫描亮线。随着扫描线的增加，眼睛也分辨不清在稍远距离垂直方向的扫描线，只看到发亮的光栅。这说明整个扫描过程必须快速、连续地进行。

如果用视频信号去控制电子束，那么每条扫描线的亮度随被摄取景物亮度的变化而变化，我们就会看到与摄像机拍摄的景物场面一致的“视频画面”了。

（2）扫描的连续性

若物体的运动速度与扫描速度有差异时，即使瞬间能在摄像靶面上形成图像，但等不到扫描结束这个瞬时图像就会消失，且在完整的扫描过程中，都会重复这个现象。由于每个瞬间，运动物体都会在摄像靶面上发生成像位移，因此，将无法分辨扫描输出的图像。这是由于电子束扫描太慢的原因：当其扫描到运动物体的最初位置时，运动物体早已运动到其他位置了。

所以，为了解决视频图像的闪烁问题，还要保持运动物体一定程度上的连续性，1s 内显示尽量多的画面。此外，要提高画面的清晰度，每一帧画面的扫描线越多越好，扫描线的间隙过大，会使一帧画面的完整性受到影响。

（3）隔行扫描技术

① 电视扫描制式。电视扫描采用隔行扫描技术，这是为了降低视频信号的带宽，并尽量保持图像的分辨率。它把一帧画面分成两场来扫描，第 1 场为奇数场，扫描第 1, 3, 5, 7, …行；第 2 场为偶数行，扫描第 2, 4, 6, 8, …行。相当于将一幅画面的扫描行数减少了一半，两场扫描合起来（注意：奇偶场扫描线是交织排列的，参见图 2-29），才构成一幅完整的图像。

② 视频信号的构成。我国现行电视标准中规定，每秒钟由场扫描形成的光栅的重复次数是 50 次，以消除人眼的不适，而实际显示的画面只有 25 幅，即电视扫描的场频为 50 Hz，而帧频为 25 Hz。电视扫描的行周期 T_h 为 64 μs，其中行正程时间为 52 μs，行逆程时间为 12 μs；场周期 T_v 为 20 ms，其中场正程时间为 18.4 ms，场逆程时间为 1.6 ms。

要保证监视器显示的图像和摄像机摄取的图像相同，摄像端、显像端的信号相对某个信号必须同步。因此，视频信号应包括确定每一行扫描线起始位置的水平同步信号和确定每一幅画面起始位置的垂直同步信号。

图 2-30 所示为含有行、场同步信息和场消隐信号的负极性黑白全电视信号的波形。

视频信号还包括使电子束在水平面回扫期间被可靠截止的水平消隐（又称为行消隐）信号和使电子束在垂直回扫期间被可靠截止的垂直消隐信号，上述信号组合起来构成完整的复合视频信号。

③ 隔行扫描方式的原理。一帧图像的构成如图 2-31 所示，其中的实线表示奇数场的正程为从左至右进行，行扫描逆程期间因电子束被截止而看不见回扫线。场扫描正程由从上到下的一行行的扫描线组成，而扫描逆程则指扫描到最后一行后重新返回到下一场的起始扫描位置，场扫描逆程期间的电子束也是被截止的。另外，由于一帧图像由奇数扫描线构成，因此，奇数场的扫描进行到最后一行的一半时，电子束便折返到下一场扫描的起始位置（即偶数场从半行处开始扫描）。这也是所有隔行扫描系统的每帧扫描行数一定取为奇数行的缘故。

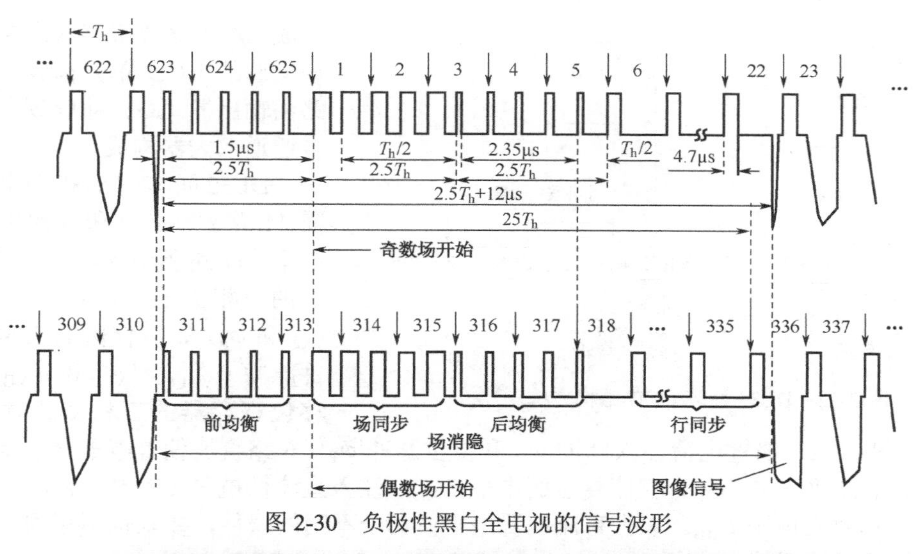

图 2-30　负极性黑白全电视的信号波形

奇数场图像　　偶数场图像　　一帧图像

图 2-31　一帧图像的构成示意图

图 2-31 中，由于电子束在水平方向上一行一行地扫描成一场或一帧图像，所以扫描行数的多少取决于电子束在水平方向上的扫描速度 V_{hf}。当场频一定时，扫描行数越多，要求电子束的扫描速度越快。在待传送的图像细节 f_x 给定的条件下，时间频率与扫描速度成正比。由于图像信号的低频分量接近零频，所以，视频系统中直接用视频信号的上限频率 f_b 来代表视频信号的带宽。这就意味着，所要传送的图像信号的视频带宽与扫描行数之间需要折中，在兼顾图像清晰度指标和电视设备的前提下，我国规定的电视的视频带宽为 6 MHz，考虑其在水平和垂直方向上应有大致相等的分辨率，选定每帧图像的扫描行数应为 625 行，由于电视扫描的帧频为 25 Hz，则对应的行频 f_h 为 625 ×25 Hz=15 625 Hz。

（4）隔行扫描制式的应用

在电视信号系统发射前和发射的各个环节中，视频信号都不是正极性的，这是因为信号高电平对应白图像，低电平对应黑图像，因此信号系统电平越高，则画面越亮。

我国现行电视标准规定，经发射机发射的电视信号采用负极性，即高电平信号对应黑图像，低电平信号对应白图像。电视信号采用负极性传输的主要目的是降低外来干扰的可见度，对正能量的干扰脉冲来说，若加在正极性信号上，接收时则会显示刺眼的亮点，而若是加在负极性信号上，则会显示不显眼的暗点。

3.3　认识 CCD 摄像机

1．认识 CCD

如图 2-32 所示，以 DL32 面阵 CCD 摄像机为例。该器件主要由光敏区、存储区、水平移位寄存器和输出电路四部分构成。其中，光敏区和存储区均由 256×320 个三相 CCD 单元

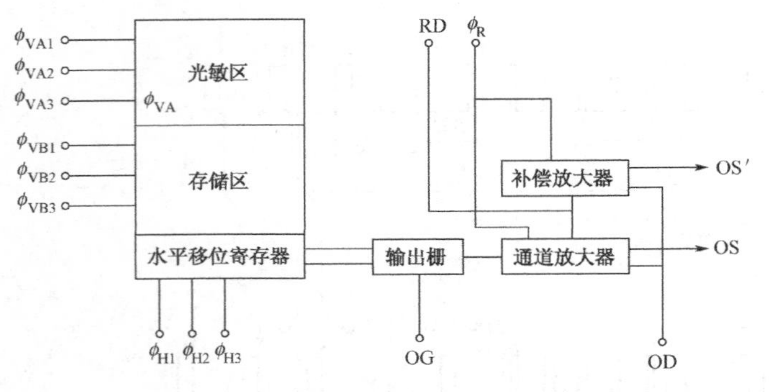

图 2-32　DL32 面阵 CCD 结构方框图

构成；水平移位寄存器由 325 个三相交迭的 CCD 单元构成；输出电路由输出栅 OG、补偿放大器和信号通道放大器构成。

DL32 面阵 CCD 摄像机工作时需 11 路驱动脉冲和 6 路直流偏置电平。11 路驱动脉冲分别是：光敏区的三相交迭时钟脉冲 ϕ_{VA1}、ϕ_{VA2} 和 ϕ_{VA3}，存储区的三相交迭时钟脉冲 ϕ_{VB1}、ϕ_{VB2} 和 ϕ_{VB3}，水平移位寄存器的三相交迭时钟脉冲 ϕ_{H1}、ϕ_{H2} 和 ϕ_{H3}，偏置电荷注入脉冲 ϕ_{IS} 和复位脉冲 ϕ_R。6 路直流偏置电平分别是：复位管和放大管的漏极电平 U_{OD}，直流复位栅电平 U_{RD}，注入直流栅电平 U_{G1} 与 U_{G2}，输出直流栅电平 U_{OG} 和衬底电平 U_{BB}。以上直流偏置电平值对于不同的器件，要求也不相同，要根据具体情况做适当的调整。

DL32 面阵 CCD 摄像机的各路驱动脉冲时序图如图 2-33 所示。其引脚图如图 2-34 所示。

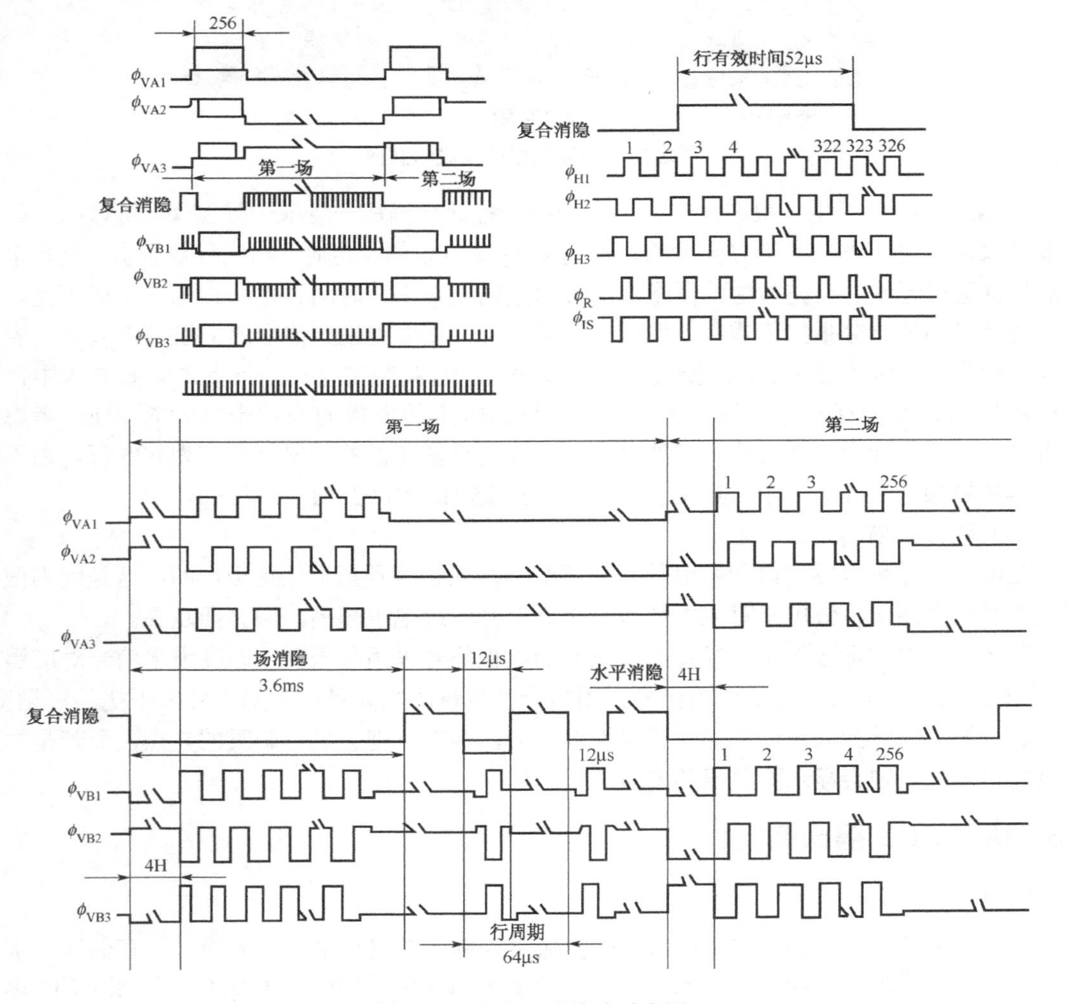

图 2-33　各路驱动脉冲时序图

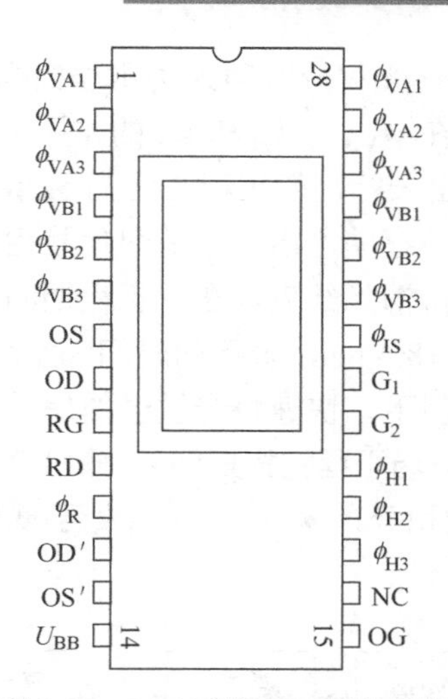

图 2-34　DL32 型 CCD 的引脚图

图 2-35 所示为 CCD 摄像机的原理框图，CCD 摄像机将所摄取的图像要在监视器上正常显示，就必须输出同步头朝下的正极性视频信号。

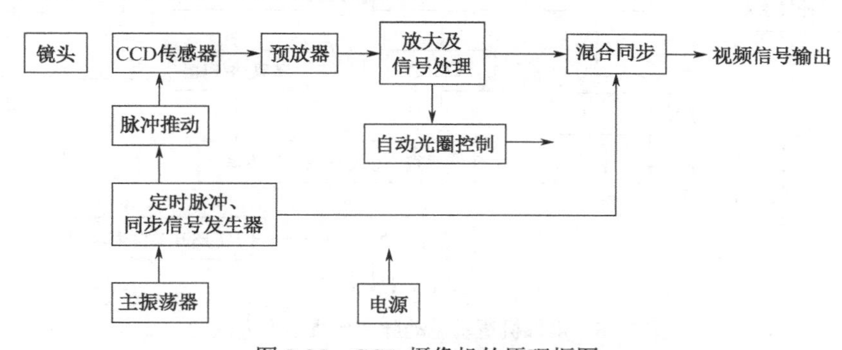

图 2-35　CCD 摄像机的原理框图

此外，摄像机还应有同步信号产生电路、视频信号处理电路及电源等外围电路。

1）同步信号产生电路

（1）同步信号产生电路简介

图 2-36 所示为摄像机逻辑驱动脉冲形成示意方框图。同步信号产生电路是 CCD 摄像机重要的组成部分，在图 2-36 中，水平时钟发生器产生 18.3 MHz 的脉冲信号，经三相交迭脉冲发生器产生频率为 6.1 MHz 的三相交迭脉冲、同频率的复位脉冲 ϕ_R、偏置电荷注入脉冲 ϕ_{IS}，用于驱动水平移位寄存器，产生每行的视频信号。

由 1 MHz 振荡器产生 1 MHz 的信号，经水平计数器及译码/编码网络发出几路主控信号，一路经选能门，控制水平三相交迭脉冲发生器，使水平驱动器与行、场正程，逆程（消隐）同步；另一路经复合同步电路产生行、场消隐脉冲，与视频放大电路产生的视频信号合成后形成全电视信号输出。由垂直计数器及其译码/编码网络产生垂直三相交迭脉冲，分别驱动光敏区和存储区。经过这样的逻辑电路即可产生如图 2-33 所示的驱动脉冲。

（2）同步信号产生电路的工作过程

外界景物在物镜成像后至 CCD 光敏区靶面，该 CCD 的各电极上加上如图 2-33 所示的脉冲后，若在第一场光积分期间（光经物镜成像到 CCD 靶面上）ϕ_{VA3} 为高电平，则 ϕ_{VA3}

下的 256×326 个像元进行光积分，光积分时间为场正程扫描时间 18.4 ms。在第一场光积分期间，存储区与水平移位寄存器在 ϕ_{VB}、ϕ_H 和 ϕ_R 的作用下，将前一场（上一帧的第二场）信号一行行地输出。每 64 μs 输出一行，行正程时间为 52 μs，消隐时间为 12 μs。在行消隐期间，ϕ_{VB1}、ϕ_{VB2} 和 ϕ_{VB3} 脉冲将存储区内的电荷包信号由下至上逐步进一行，最上一行信号传送到水平移位寄存器内。等待消隐结束，在行正程期间，在水平驱动脉冲的作用下一位一位地输出。输出 256 行，共用 18.4 ms，余下的时间为空输出。在 1.6 ms 的消隐期间，光敏区与存储区在 ϕ_{VA}、ϕ_{VB} 的作用下，快速将光敏区的信号电荷转移到存储区。场消隐期结束后，进入第二场光积分期间（即场正程扫描期间），输出第一场信号。这时，ϕ_{VA2} 处于高电平，而 ϕ_{VA2} 电极下势阱则进行光积分，ϕ_{VA1}、ϕ_{VA3} 处于低电平，起隔离作用。

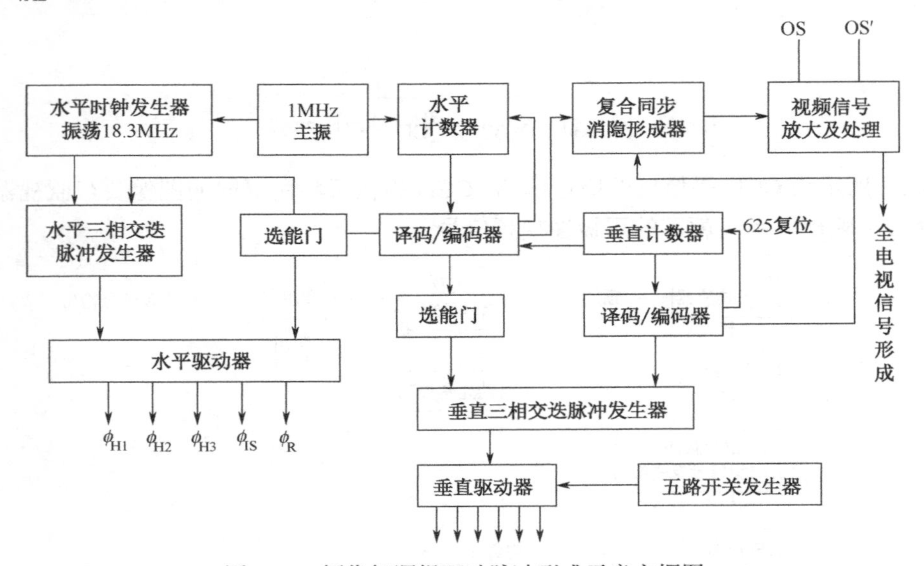

图 2-36　摄像机逻辑驱动脉冲形成示意方框图

（3）三极管钳位电路

图 2-37 所示为三极管钳位电路，视频信号经射极跟随器 VT_1 输入，经过电容 C 后送到输出射极跟随器 VT_3，C 为钳位电容，VT_3 是钳位开关管。该电路也可将消隐电平钳位到 E_0，当输入信号的消隐电平高于 E_0 时，充电电流经电容 C 从 VT_3 的集电极流向发射极；当消隐电平比 E_0 低时，充电电流从 VT_3 的发射极流向集电极，给电容 C 反向充电。因此，钳位管 VT_2 是饱和电压和内阻都小的双向高β管，并在两个方向上有相同的内阻，以得到对称的钳位效果。

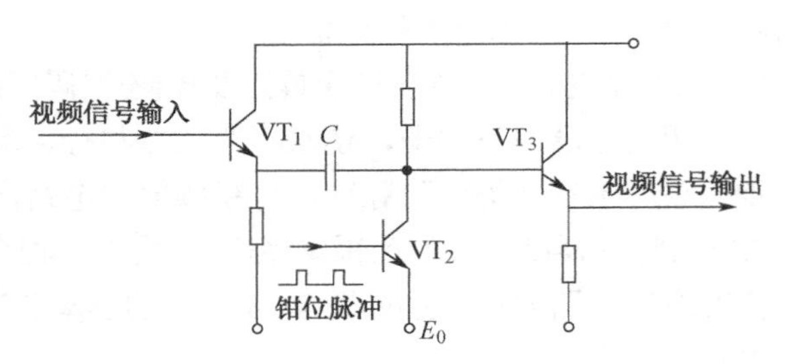

图 2-37　三极管钳位电路

2）γ校正电路

（1）线性指标的重要性

CCD 摄像机摄取的图像在监视器的屏幕上显示，要求屏幕上显示的图像亮度 L 必须与被摄景物上各点亮度 L_0 成比例，即 $L=kL_0$（k 为常数）。但实际上，传输系统的非线性特性，往往会引起重现图像的亮度、色度失真。CCD 图像传感器、监视器的显像管是决定视频监控系统线性指标的关键器件。

（2）γ校正电路的原理

CCD 图像传感器的光电变换关系可写为

$$\mu \propto L_0^{\gamma_1}$$

当$\gamma_1=1$ 时，CCD 传感器的光电变换关系为线性关系。

对显像管来说，其电光变换关系可写为

$$L \propto \mu_g^{\gamma_2}$$

式中，μ_g 为显像管控制栅极上的信号电压，当地时间$\gamma_2=2$ 时，显像管的电光变换关系也为线性关系。但实际上，黑白显像管$\gamma_2=2.2$，彩色显像管$\gamma_2=2.8$，因此，要校正显像管引入的非线性失真，在放大器中必须对图像信号引入相反的非线性失真，即要求放大器的传输特性为

$$\mu_g \propto \mu^{\gamma}$$

式中，$\gamma=\dfrac{1}{\gamma_1\gamma_2}$。当$\gamma_1=1$、$\gamma_2=2.2$ 时，$\gamma=\dfrac{1}{1\times 2.2}=0.45$。

图 2-38 所示为经γ校正后的视频信号传输特性。

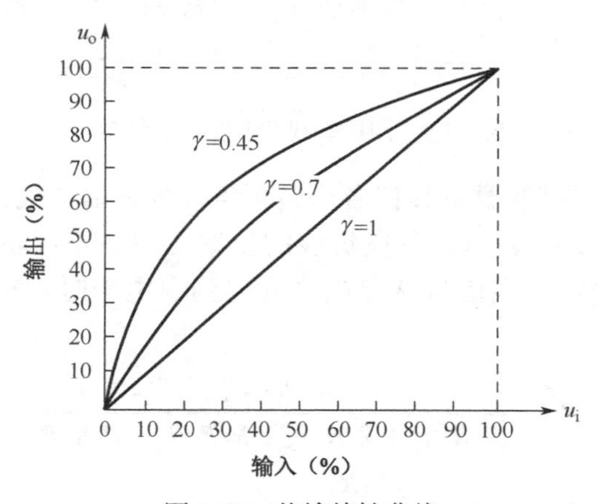

图 2-38　传输特性曲线

从传输特性曲线可以看出，γ=0.45、γ=0.7 和γ=1 三条曲线分别对应于 $\mu_c=\mu_i^{0.45}$、$\mu_c=\mu_i^{0.7}$ 和 $\mu_c=\mu_i$ 三条线，当γ小于 1 时，若 μ_i 较小，则传输特性曲线的斜率很大，即放大器的放大倍数很大；随着 μ_i 的增加，曲线的斜率逐渐变小，即放大器的放大倍数逐渐变小，这就需要用随电平变化的非线性电阻来控制放大器的增益。

（3）模拟γ曲线方法

① 一种方法是用二极管、电阻和电压源组成的串联支路，并使若干个这样的支路并联

在一起，作为放大器的反馈支路。各反馈支路的二极管会在不同的输入电压下分别导通，使等效反馈电阻发生变化，从而使放大器的增益特性呈现若干段折线状，用折线模拟实际所需的曲线。

② 另一种方法是根据二极管的非线性特性，直接用一个合适的二极管特性来模拟γ曲线。

（4）四段折线式γ校正电路

四段折线式γ校正电路如图 2-39 所示，负极性的图像信号经 VT_1 会倒相放大，成为正极性的非线性输出信号，γ=0.45。VT_1 发射极接入四段折线非线性反馈电阻。当输入信号电平较高时，三个二极管 VD_1、VD_2 和 VD_3 都导通，发射极反馈电阻为 R_5、R_1 和 R_3 并联，阻值最小，所以放大器的增益最高。当输入信号电平逐渐降低时，VD_1 首先截止，反馈电阻为 R_5、R_2 和 R_3 并联，阻值上升，放大器增益减小。当输入信号电平继续降低时，VD_2 也截止，反馈电阻变成 R_5 和 R_3 并联，阻值进一步上升，放大器增益则进一步减小。如此，当输入信号电平降低到使 VD_3 也截止时，反馈电阻仅剩 R_5，放大器的增益达到最小值。整个增益变化的特性曲线为四段折线。只要正确设计和调整各二极管的偏压和各个反馈电阻的阻值，就能够获得较为理想的γ特性曲线。

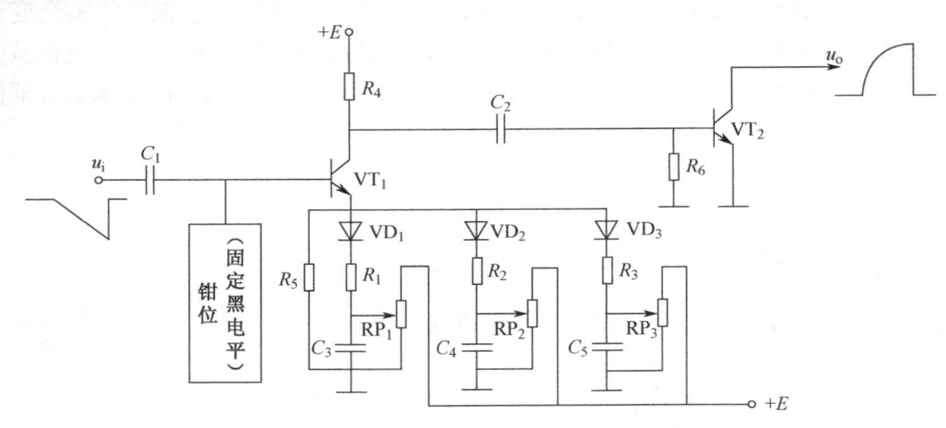

图 2-39　四段折线式γ校正电路图

各段折线的起始点，即γ特性曲线的各个转折点，分别由二极管的偏置电压决定，这些偏压分别用 RP_1、RP_2 和 RP_3 调节。各段折线的斜率，即各不同输入信号电平的增益，分别由电阻 R_1、R_2 和 R_3 决定。当信号从黑电平变化到白电平时，VT_1 的射极电阻按如下公式变化：

$$R_{e1}=\frac{R_5R_1R_2R_3}{R_5R_1R_2+R_5R_1R_3+R_5R_2R_3+R_1R_2R_3}$$

$$R_{e2}=\frac{R_5R_2R_3}{R_5R_2+R_5R_3+R_2R_3}$$

$$R_{e3}=\frac{R_5R_3}{R_5+R_3}$$

$$R_{e4}=R_5$$

综上所述，如果γ特性曲线的折线段数为 n，则需要的二极管支路数为 n–1，n 越大则折线模拟的γ特性曲线越接近理想。因为 n 越大电路越复杂，所以实际中常用三或四个二极管支路满足上述要求。

除此之外，利用三极管的非线性特性合理设置工作点，也可构成具有渐变效果的γ校正电路。

3）混消隐与黑、白切割原理及切割电路

图像信号中混入标准的消隐脉冲，把消隐电平与黑电平分开，是视频处理的最后一道程序。

（1）混消隐与黑、白切割原理

混入标准消隐脉冲前，图像信号的消隐期间还有许多杂波，因此要求在混入消隐脉冲后必须把各种杂波消除干净，图 2-40（a）列出混入标准消隐脉冲后、黑电平切割前的视频信号波形，图中波形下部的毛刺部分即为杂波。黑电平切割的基本原理是：通过在信号中混入一个幅度很大的负极性消隐脉冲而将杂波推移到很低的负电平上，如图 2-40（a）所示；然后经黑电平切割电路，将杂波与消隐脉冲一起切掉，使信号波形下部成为平底，如图 2-40（b）所示。这里，黑切割的作用就是切除掉多余的消隐脉冲，以去除消隐期间的杂波，建立正确的黑电平。

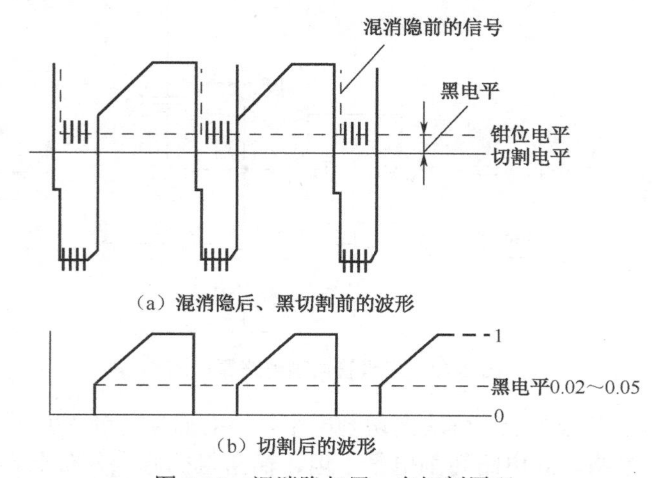

（a）混消隐后、黑切割前的波形

（b）切割后的波形

图 2-40　混消隐与黑、白切割原理

由图 2-40 可以看出，切割电平与图像信号中黑电平的差便是黑电平提升，调节切割电平便可改变图像信号中黑电平的高低。

白切割是指切除某些白色信号，其作用就是限制信号幅度，防止后级放大器工作在饱和状态。

（2）二极管切割电路

图 2-41 所示为二极管切割电路。当输入信号电平高于 E 时，二极管 VD 不导通，输出电平为 E。只有输入电平低于 E 时，VD 才导通，输出信号才会随输入信号变化。

图 2-41（b）是图 2-41（a）的变形，若输入信号是正极性的，且 $R_2=0$，则这个电路就属于白切割电路，输入信号中高于 E 的电平被切掉。当电阻 $R_2\neq0$ 时，该电路具有软切割的特点，故此电路也常称为白压缩电路，压缩的门限由 E 来决定，压缩的程度由电阻 R_2 的大小决定。该电路的二极管导通时，电路的传输系数由 1 降为 $R_2/(R_1+R_2)$。

（3）三极管切割电路

图 2-42 所示为三极管切割电路原理图。

正常状态时，VT_1 导通，VT_2 截止，图像信号从晶体管 VT_1 的基极输入，从射极输出。当信号电平高于 VT_2 的基极电平 E_0 时，VT_1 截止，VT_2 导通。输出电平恒等于（E_0-u_{be}），不随信号变化。

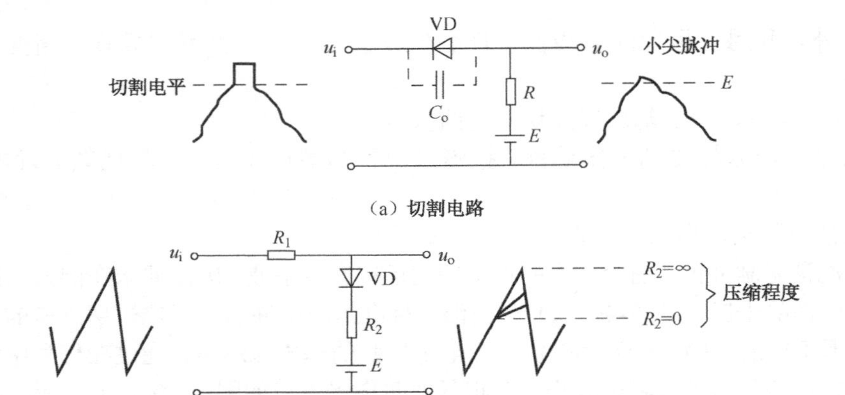

图 2-41　二极管切割电路

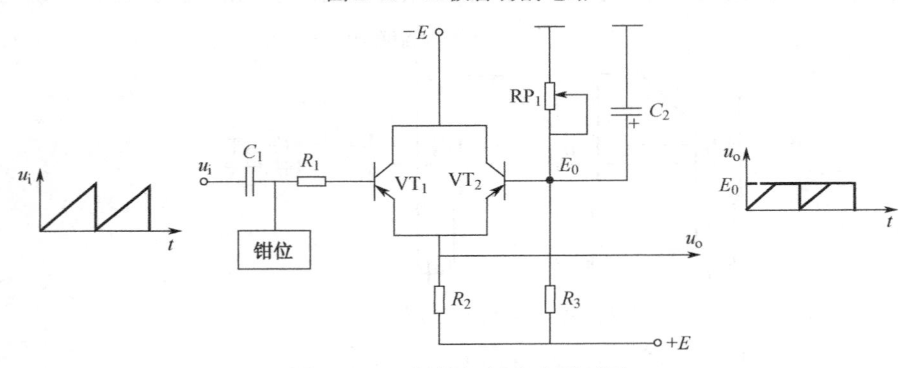

图 2-42　三极管切割电路原理图

恰当地设计 VT_2 的基极电位，可决定切割电平。如果把 VT_1 和 VT_2 换为 NPN 型三极管，则此图就变为黑切割电路。此电路切割电平平坦，输出阻抗低，分布电容影响小。

4）放大与输出电路

图 2-43 所示为输出级电路原理图。

在摄像机的输出端，要求能够输出一定的功率，输出阻抗低，增益稳定，并要求输出信号的线性好，频率宽。通过差分放大器后接两级串联射极跟随器，在深度电压负反馈的前提下，整个放大器的带宽为 8 MHz，输出标准信号幅度为 $0.7U_{p-p}$（U_{p-p} 指峰−峰电压），非线性失真应小于 5%。

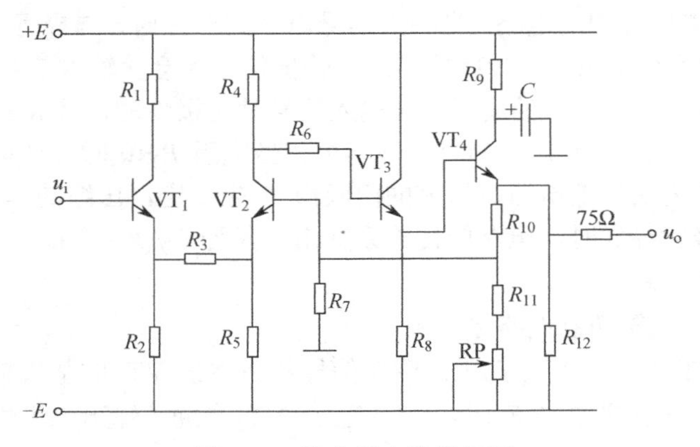

图 2-43　输出级电路原理图

3.4 认识黑白 CCD 摄像机整机电路

全天候黑白 CCD 摄像机电路主要由 SONY 公司生产的四片集成电路及其他外围电路组成，其水平分辨率能达到 400 线，输出信噪比可达 43dB，零烛光照度。其中，四片集成电路分别完成光电转换、视频处理、同步电路及场频驱动等功能，如下所述。

（1）光电转换电路

光电转换电路由 IC_1（ICX045BLA）构成，该电路密切协作实际上为一片 8.5 mm（1/3 in）的 CCD 图像传感器集成电路。景物通过光学镜头后在 CCD 图像传感器的靶面上成一实像，靶面上的每一个单元（像素）都是光敏单元，这些光敏单元在不同的照度下，将输出不同强度的弱电流。用 15 625 Hz（行频）/50 Hz（场频）的视频系统对 IC_1 进行扫描，即可拾取出 IC_1 随时间及靶面照度的变化而输出的电信号。

（2）视频处理电路

视频处理电路由 IC_2（CXD1310AQ）构成，包括信号处理、复合消隐、视频相位及内藏 AGC 闭环视频信号放大器等。将 IC_1 图像传感器输出的微弱密切协作视频信号进行相应的电平转换和自动亮度控制放大，即可输出标准的 $1U_{p-p}$ 的视频信号。

（3）同步电路

同步电路 IC_3（CXD1254AQ）可以产生 15 625 Hz/50 Hz 扫描系统必需的时钟脉冲、内同步信号、信号处理脉冲、变速电子快门、时间脉冲及复合同步信号，这些脉冲之间有严格的时序，均由时钟控制。本机的时钟基准频率为 18.937 5 MHz，经过 IC_1 内 1212 分频器分得 f_h=15 625 Hz 的行频信号，再经 625 分频器分得 f_v=50 Hz 的场频信号，分别用于驱动行、场频电路。

（4）场频驱动电路

场频驱动处理集成电路是 IC_4（CXA1250），包括 4 个 CCD 图像传感驱动器、2 个外输出脉冲发生器、电子快门脉冲驱动器等。该电路可将 IC_3 同步电路产生的脉冲信号电平转换并放大到所需的幅值。

3.5 认识彩色 CCD 摄像机结构及电路原理

彩色 CCD 摄像机有单片式、二片式及三片式之分，后两种主要用于广播级的摄像机。对分色后的每一条基色光路来说，该光路上的 CCD 传感器的各感光单元全部用于该路光信号的感光，因而感光单元密度高，可以得到最高的分辨率。而在视频监控系统中，所用到的彩色摄像机绝大多数都是单片式 CCD 摄像机，一片 CCD 传感器相当于要对 3 路光信号感光，单片 CCD 传感器上的 3 个光敏单元对应一个彩色像素，因此，单片式彩色 CCD 摄像机的分辨率不如其他种类，但价格低廉。在这里只介绍单片式彩色 CCD 摄像机。

1. 单片式彩色 CCD 摄像机的结构

单片式彩色 CCD 摄像机的结构如图 2-44 所示，由摄像镜头、带镶嵌式滤色器的 CCD 传感器、将传感器读出的图像信号分离成三种基色信号的彩色分离电路、三种基色信号的处理电路以及彩色编码器等电路组成。其中，1H 延迟表示信号被延迟 1 个行周期的时间。

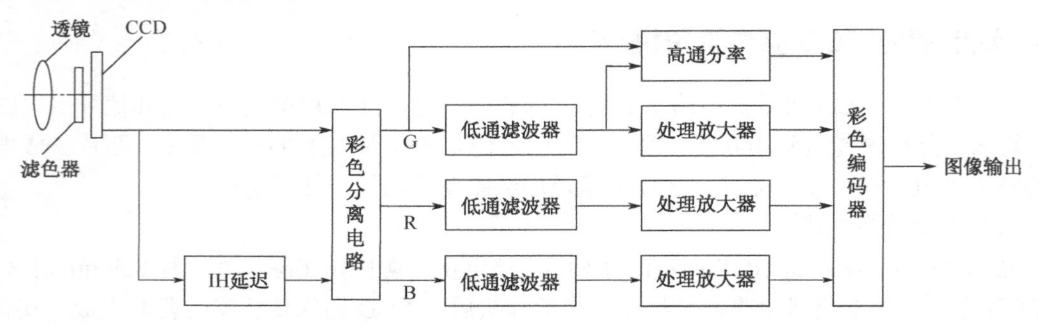

图 2-44　单片式 CCD 彩色摄像机的结构

滤色器和摄像单元具有相同的跨距（即每个滤色器片对应于 CCD 传感器的一个像素），绿、红、蓝的滤色器呈镶嵌式并排安置，透过镜头的景物信号经过滤色器后在 CCD 芯片上成像，然后，从形成的光学图像中取出含有彩色信号的图像信号，与从 1H 延迟取出的图像信号一起送入彩色分离电路。分离出来的三基色彩色信号通过各自的低通滤波器后，经放大再进入彩色编码器，从而得到复合图像信号输出。

2．单片式彩色 CCD 摄像机电路原理

（1）彩色滤色器阵列

与三片式、二片式彩色 CCD 摄像机不同，单片式彩色 CCD 摄像机中不再使用分色棱镜，取而代之的是彩色滤色器阵列（Color Filter Array，CFA）。CFA 可以从单片 CCD 芯片中取出红、绿、蓝三基色信号，因而，单就最终的效果来看，CFA 与分色棱镜分光后再经三片（或二片）CCD 芯片输出红、绿、蓝三基色信号是一样的。

① CFA 结构。如图 2-45 所示，为拜尔（Bayer）提出的 CFA 结构。从图中可见，CFA 相当于在 CCD 晶片表面覆盖数十万个像素般大小的三基色滤色片，它们按一定的规律排列。图中标有 R、G、B 的小方块分别表示红、绿、蓝三基色滤色片，其中，绿色的滤色片占全部滤色片的一半，而红色和蓝色滤色片分别占全部滤色片的 1/4，这是因为人眼于绿色的敏感度要比对红、蓝色的敏感度高。

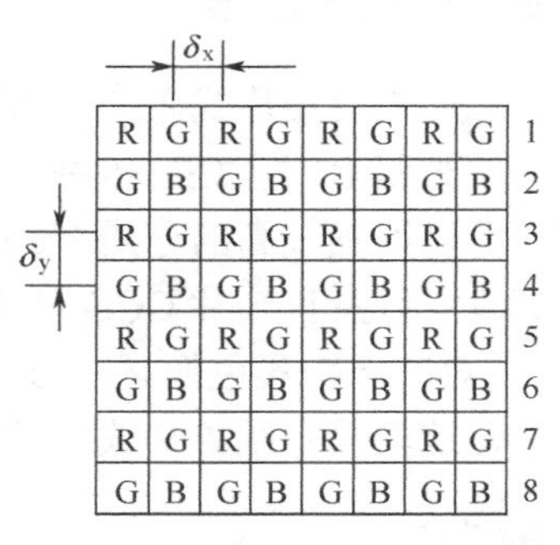

图 2-45　拜尔的 CFA 结构图

从空间分布上看，各小滤色片的分布还是比较均匀的，但用作隔行扫描的摄像系统中，就会出现问题。由图可知，当奇数场到来时，只有奇数行的各像素被依次读出，即仅有红色和绿色信号的行被读出，画面呈黄色；当偶数场到来时，只有偶数行的各像素被依次读出，即仅有蓝色和绿色信号的行被读出，画面呈青色。因而，从时间上看，画面一会儿（20 ms）为黄色，一会儿（20 ms）为青色，产生了半场频（对 PAL 制为 25 Hz，对 NTSC 制为 30 Hz）

的黄/青色闪烁。

② CFA 的应用原理。在实际应用中，一般采用如图 2-46 所示的行间排列方式的 CFA 结构。在这种结构中，绿色小滤色片的排列方式不变，而红、蓝色小滤色片被安排在每行都有，因而无论是奇数场还是偶数场，红、蓝信号都被均匀地读出，消除了半场频的黄/青色闪烁。

当接收彩色图像时，若使用图 2-46 所示的行间排列 CFA，则 CCD 的输出信号按下面的顺序输出：

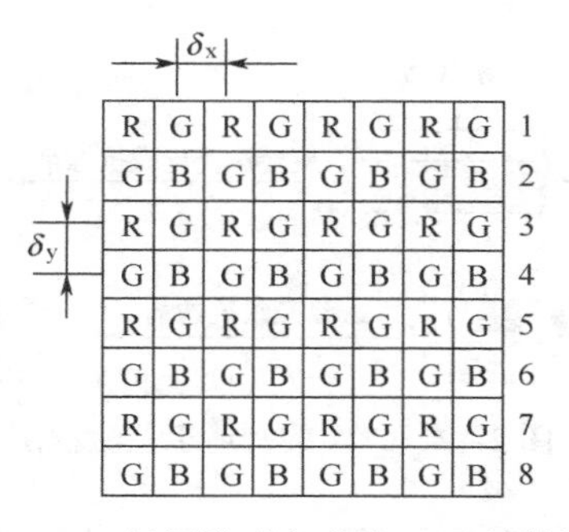

图 2-46　行间排列方式的 CFA 结构图

奇数行 RGBGRGBG……

偶数行 GRGBGRGB……

图 2-47 所示是把 CCD 输出的电信号经变换处理编码为 PAL 制视频信号的方框图。其中，R_L、G_L、B_L 分别为红、绿、蓝三基色信号的低频分量；G_H 为绿信号的高频分量。

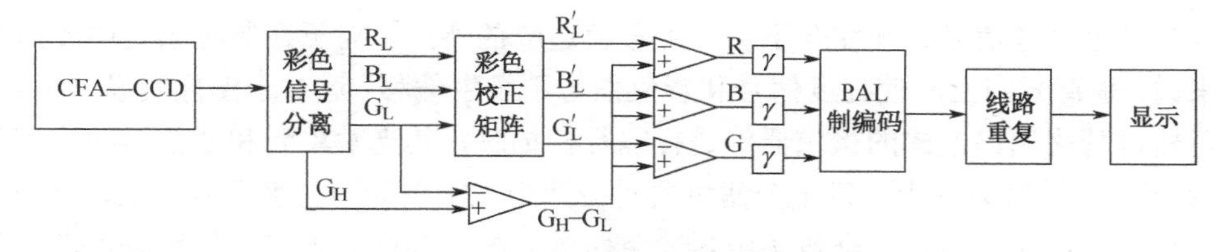

图 2-47　彩色信号处理电路方框图

图 2-48 所示为彩色信号分离系统，其中，G_O 和 G_E 分别为奇数场及偶数场的绿信号。

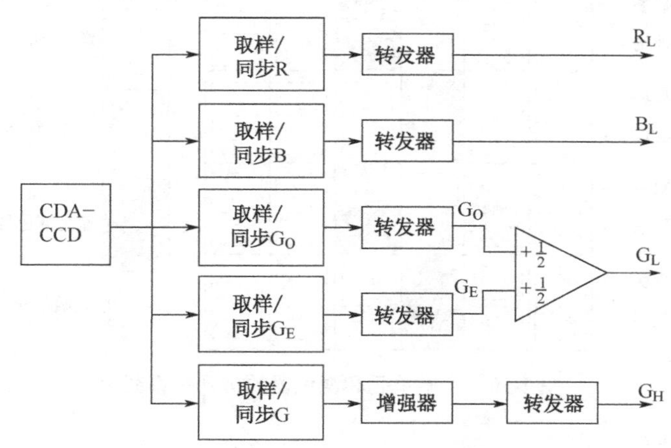

图 2-48　彩色信号分离系统

CCD 传感器的光谱灵敏度特性随光的波长不同而不同，所以要想彩色重复性好，需采用

图 2-47 中的彩色校正矩阵。

③ CFA 生产工艺。图 2-49 所示为 CFA 的制造工艺流程图。生产单片式 CCD 摄像器件所需的 CFA，基本上都采用 CCD 本身的 MOS 工艺，以聚合物为衬底，并在衬底上涂有光致抗蚀剂，然后用于染色窗口，加热后，汽化的染料通过窗口，使聚合物染色。CFA 也可与 CCD 分开制作，这时，只要用塑料基片代替 CCD 晶片，然后进行染色处理，使用时再把 CFA 与 CCD 组合在一起即可。

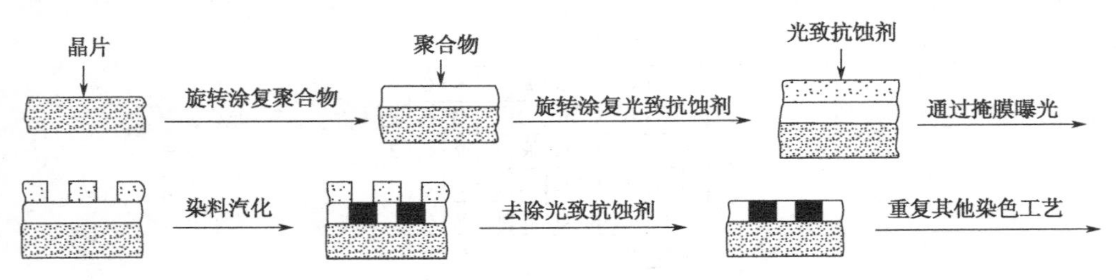

图 2-49　CFA 的制造工艺流程图

（2）滤色器排列

在单片式 CCD 传感器的场合，滤色器排列采用镶嵌式为好。人眼对绿光的灵敏度最高，所以绿色像素比红、蓝色像素的数量做得多，即无论纵行、横行都使绿色像素每隔一个出现一次。镶嵌式排列可采用行间排列，像电视信号一样，采用水平扫描方向连续、垂直扫描方向不连续的扫描方式，担负红、绿、蓝三色的各个像素在从光学图像变换成电视信号的过程中，光学图像和被检出的红、绿、蓝三基色图像信号相对一致地排列。因此，这种行间排列方式具有三基色图像信号之间完全不会产生彩色边纹的特点。对于在监控系统中使用的彩色摄像机来说，垂直方向上应使亮度信号和彩色信号不发生偏移，这对于图像质量是很重要的。

滤色器排列采用镶嵌式的摄像器件进行隔行扫描时，其光敏单元和滤色器的排列关系如图 2-50 所示。在垂直方向上，每一个滤色器对应两个光敏单元；在水平方向上，每一个滤色器对应一个光敏单元。而且，奇数场由各滤色器单元的上部像素承担，偶数场由各滤色器单元的下部像素承担，两个扫描场合起来即可得到对应于行间排列的电信号。

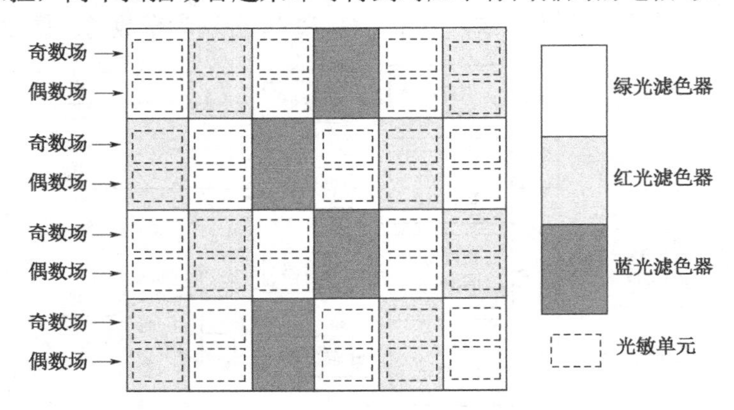

图 2-50　光敏单元和滤色器的排列关系图

（3）图像信号处理方式

图 2-51 所示为图像信号处理方式。首先，从 CCD 器件的输出信号中分离出红、绿、蓝三基色视频信号，然后根据这三基色信号合成彩色视频信号。这种方式把 CCD 器件的输出

信号以及将其延迟相当于一个水平扫描周期的延迟信号（1 个行周期的视频信号，简记为 1H 视频信号），通过彩色分离电路，形成红、绿、蓝三基色信号。

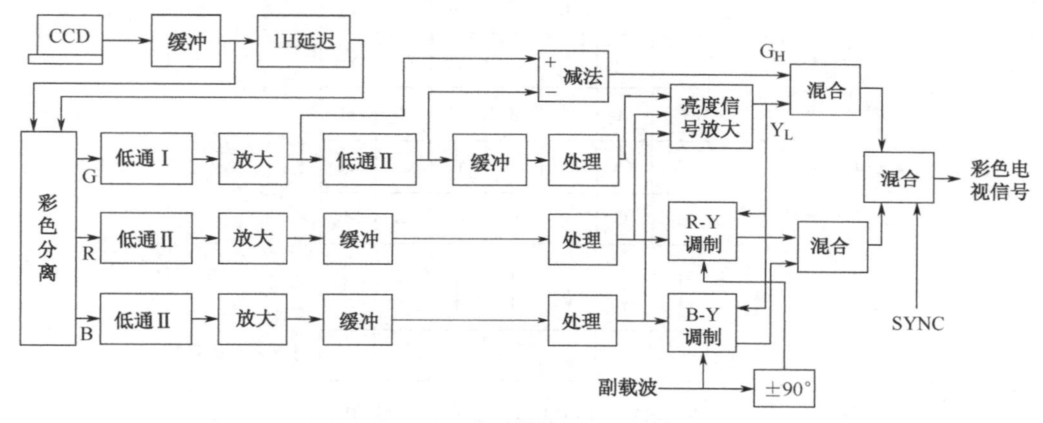

图 2-51　图像信号处理方式

彩色分离电路输出的绿色信号的带宽为 3.58 MHz，红、蓝色信号的带宽则为 0.9 MHz。对绿色信号，以 0.8 MHz 为界分成低频分量与高频分量，其高频分量保证彩色摄像机的高分辨率，而低频分量则与红、蓝色信号一起作为普通彩色摄像机的图像信号进行处理。

单片式彩色 CCD 摄像机的综合摄像特性曲线如图 2-52 所示。

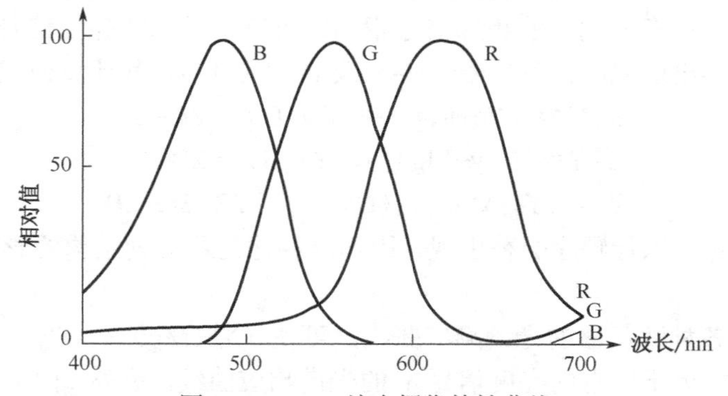

图 2-52　CCD 综合摄像特性曲线

（4）补色式滤色器

图 2-53 所示为补色式点阵滤色器示意图。目前的新型彩色 CCD 摄像机大多采用补色式彩色滤色器，它比前述的基色式滤色器具有更高的灵敏度。各滤色片的排列可以有多种形式，SONY 公司的 1/3 in 彩色 CCD 传感器 ICX059CK 即使用补色式点阵排列方式。

① 补色式滤色器结构原理。在图 2-53 中，每相邻的 4 个像素构成一组，分别镀有黄（Ye）、青（Cy）、品红（Mg）和绿（G）色等滤色膜，每一个滤色单元分别对应一个 CCD 感光单元。设第 n 行为 Ye 与 Cy 相同排列，第 n+1 行为 Mg 与 G 相同排列，则第 n+2 行与第 n 行相同，第 n+3 行与第 n+1 行相同（从纵向看，Mg 与 G 也是相同排列的，即这两行有 180° 相位差）。如此 4 行一组，以此类推。由于 Ye、Cy、Mg 分别属于 B, R, G 三基色的补色，所以这种滤色器称为补色式滤色器。

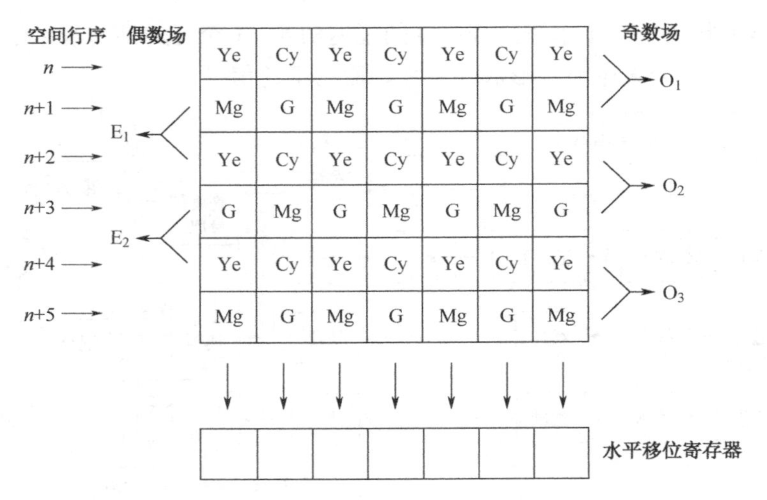

图 2-53　补色式点阵滤色器示意图

在场积累方式中，相邻两行相加作为一行信号输出，如图中所示奇数场的 O_1、O_2 及偶数场的 E_1、E_2 等。其结果是：对于奇数场的第 O_1 行来说，水平移位寄存器的输出信号将按（Ye+Mg）、（Cy+G）、（Ye+Mg）、（Cy+G）、…的顺序交替出现；而对于 O_2 行来说，水平移位寄存器的输出将按（Ye+G）、（Cy+Mg）、（Ye+G）、（Cy+Mg）、…的顺序交替出现。

3 个补色信号是由 R、G、B 三基色信号形成的，即 Mg=R+B、Ye=R+G、Cy=B+G。因此，将上述水平移位寄存器输出的相邻信号相加即可得出近似的亮度信号（Y 信号），而将相邻信号相减即可得出近似的色差信号（R–Y 及 B–Y 信号）。其计算公式为

$$R-Y \approx (Ye+Mg)-(Cy+G)=2R-G$$

$$B-Y \approx (Cy+Mg)-(Ye+G)=2B-G$$

$$Y \approx (Ye+Mg)+(Cy+G)=2R+3G+2B$$

由于 R–Y 和 B–Y 以行顺序交替出现，因而这种滤色器排列结构的彩色编码方法称为行顺序彩色编码。

通过适当设计各种滤色器的光谱响应曲线，可使（Ye+Mg）+（Cy+G）=2R+3G+2B 的光谱响应曲线十分接近于应有的亮度信号 Y 的光谱响应曲线。另外，由于每相邻的 4 个像素中都可以通过相加得到 Y 信号，因此，可以通过低通滤波器将 Y 信号从 CCD 输出的组合信号中分离出来。补色式滤色器对 G 光的透过率影响极小，只有品红色（Mg）膜阻挡 G 光，但任意相邻的 4 个像素信号相加时，Mg+G 都会得到白色信号。考虑到 G 光对亮度的贡献最大，所以补色式滤色器对景物的亮度传输损失很小，从而提高了摄像机的灵敏度。有的补色式滤色器用白色透明膜代替 G 色膜，灵敏度可以进一步提高。

前文中，图 2-45 和图 2-46 所示的基色式滤色膜对每种基色光的利用率只有 1/3，其灵敏度低于补色式滤色膜，但其光谱特性标准，彩色重现效果好，且分离电路也比补色式滤色膜简单。

由于补色式滤色器中滤色膜 G 的光谱响应曲线接近于亮度光谱响应，因此，可以将 2R–G 近似地看为 2R–Y，将 2B–G 近似地看为 2B–Y，再通过白平衡调节电路进一步调节 R、B 的比例，即可使两路输出信号分别成为 R–Y 及 B–Y。这种通过光谱上的近似处理及复杂的信号运算产生出的近似色差信号和亮度信号，其彩色重现显然不能准确逼真，但已经能够满足一般监控摄像机的基本要求。

② 色差信号分离电路。图 2-54 所示为色差信号分离电路及其作用过程示意图。其中，S/H 为取样保持电路，SP 为取样脉冲。由图 2-54 可知，由 CCD 读出的第 n 行和第 $n+1$ 行信号按图中输入信号所示的方式进行排列，分送到两个取样保持电路 S/H_1 和 S/H_2，取样脉冲分别为 SP_1 和 SP_2。两个取样电路输出的第 n 行信号的彩色排列如图中所示的"S/H_1 出"和"S/H_2 出"，因此，它们在运算放大器中相减后得到的输出：第 n 行、第 $n+2$ 行、第 $n+4$ 行，……为 R–Y；第 $n+1$ 行、第 $n+3$ 行，……为 B–Y。

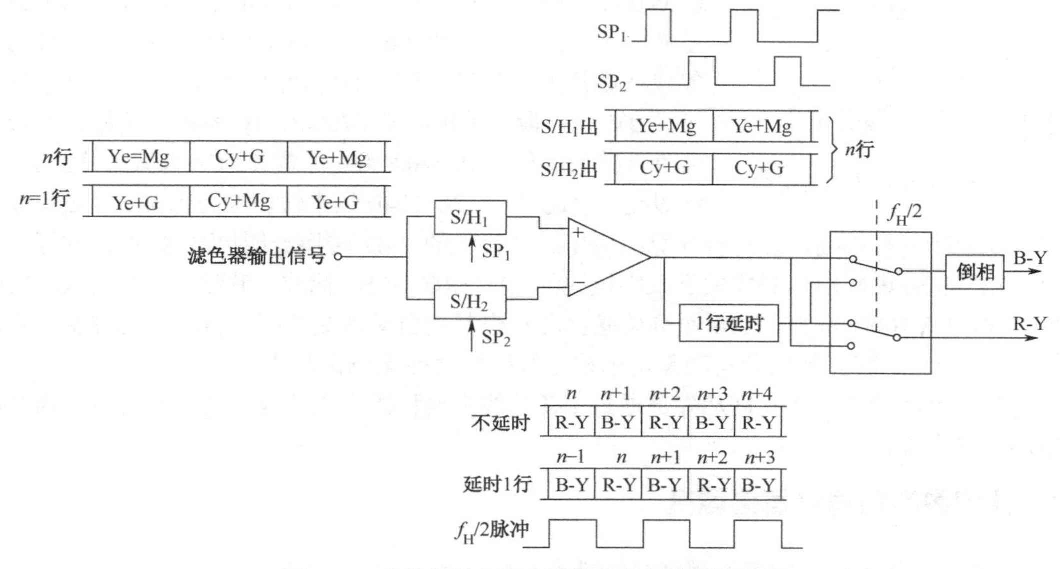

图 2-54　色差信号分离电路及其作用过程示意图

由于 R–Y 和 B–Y 信号以行轮换方式输出，即在每一个行周期内都只有一路色差信号输出，因此在电路结构上，应设法将未输出的那路色差信号补上。故此，图中使用 1 行延时线和半行频（$f_H/2$）开关电路来解决。每个开关都有一路不延时信号和延时 1 行的信号输入，于是在半行频开关的输出端得到每行都有的、已分离的 R–Y 和 B–Y 信号。

3.6　认识彩色 CMOS 摄像机

这里以 OV 公司的系列 CMOS 摄像机为例，认识其架构、特点及采用的新技术。

1．CMOS 图像传感器架构

如图 2-55 所示，CMOS 图像传感器为 CMOS 摄像机的核心部件，其余部分的原理与 CCD 摄像机一样。但由于 CMOS 图像传感器通常还将其周边电路集成于一体，并与后续的 DSP 处理芯片配合使用，因而 CMOS 摄像机的体积更小，功耗更低，而分辨率、低照度和信噪比等主要指标也已接近一般 CCD 摄像机的水平。

2．CMOS 摄像机的特点

OV 公司的 OV7500 芯片为直接输出模拟彩色全电视信号的单片摄像机芯片（Camera-on-Chip），由于其带有可输出高质量隔行扫描电视信号的全电视信号编/译码器，所以适合用于闭路形式的视频监控系统中。60 Hz 场频的 NTSC 制编码器可输出每秒 30 帧、像素数为 25 万像素（508×492）的图像，50 Hz 场频 PAL 制编码器则可输出每秒 5 帧、像素数为 36 万像素（628×582）的图像。使用时，只需将 5 V 电源/时钟源加在芯片上，便可直接输出标准的 NTSC 制和 PAL 制信号。

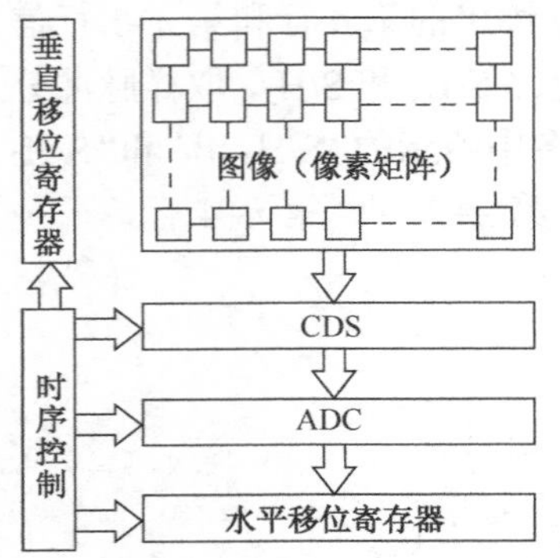

图 2-55　CMOS 图像传感器架构

3. CMOS 摄像机采用的新技术

OV7500 芯片为使有关图像应用更容易实现，特将包括自动增益控制（AGC）、自动曝光控制（AEC）、自动白平衡（AWB）、γ校正、背光补偿和自动黑电平校正等功能都集成于芯片中。此外，OV7500 芯片还将全部彩色图像处理功能集成在芯片上，其寄存器功能可通过 I^2C 总线接口来管理。

OV 公司最新推出的 OV7600/7110 系列可编程数字摄像器件，其像素数达到 640×480 像素（30 万像素）。因为是编程设定，故还可按 320×240 像素输出 8 万像素。此芯片设计成方形像素和逐行扫描，更适合计算机应用。芯片上的 A/D 转换器能提供 8/16 位并行数字输出，完全符合国际电信联盟关于数字电视的 ITU–R601/656 标准。其设计思想与 OV7500 芯片一样，OV7600 和 OV7110 系列传感器芯片也都把自动增益控制、自动曝光控制、自动白平衡、γ校正、背光补偿和自动黑电平校正等摄像功能集成在芯片上。

另外，这两种芯片还允许从外部通过 I^2C 总线来编程摄像机功能，动态范围宽，而且没有拖影现象出现。

3.7　认识数字信号处理摄像机

1. 数字信号处理（DSP）摄像机的特点

作为一种新型摄像机，DSP 摄像机的内部电路采用大规模数字信号处理集成电路（DSP/LSI），并且由微处理器对系统的状态进行检测与控制，因此其稳定性、可靠性、一致性等都大大提高，许多在模拟信号处理器中无法进行的工作都可以在数字处理器中进行。另外，DSP 摄像机还可以方便地输出亮度信号与色度信号分离的视频信号（简称 Y/C 信号或 S-Video 信号）。

2. DSP 摄像机的原理

图 2-56 所示为摄像机原理方框图。在亮度/色度处理、编码同步发生器及 CCD 驱动等关键电路上采用数字信号处理技术（即 DSP），并由微处理器执行控制中心控制，除了 AGC 和γ校正电路由 D/A 转换为模拟处理外，核心的控制电压、补偿信号是由数字部分检测决定的，所以调节会变得更加精确。

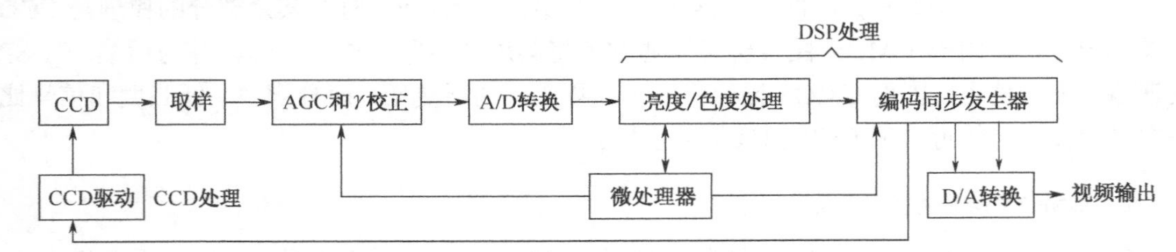

图 2-56　DSP 摄像机原理方框图

其亮度/色度处理电路，由微处理器对数字信号的数据进行检测，测量出信号峰值、平均值、差值等信息，测量结果通过微处理器的运算处理形成各种控制信号。采用二维数字梳状滤波（2-Dementional Digital Comb Filter）技术则可以减小亮度信号对色度信号的串扰，还最大限度地保留亮度信号的高频成分，使得图像质量有进一步的改善。

3．DSP 摄像机采用的新技术

DSP 摄像机采用大量的新技术，以进一步发挥 DSP 摄像机在信号处理上无法比拟的优势，保障其获得相对于传统摄像机更清晰、生动的图像效果。例如，数字自动跟踪白平衡技术、数字降噪技术、电子灵敏度增强技术、屏幕菜单显示技术、2H 增强技术（有效提高视频信号的水平/垂直边缘，使图像轮廓层次更分明）、超动态技术、数字动态展宽技术、运动图像检测技术、宽动态范围技术，以及智能数字背光补偿技术等。其详细内容，请参阅教学光盘的相关内容。

任务 4　摄像机的安装与调试

从理论上讲，摄像机使用方法简单，只需装好镜头、视频电缆等设备，通电即能使用。但在实际使用中，若不能按正确的操作步骤安装并调整摄像机/镜头的状态，就无法达到预期的效果。

4.1　安装摄像机

首先，摄像机应该先配接镜头，才能进行下一步的安装程序。一般来说，应根据应用现场的实际情况来选配合适的镜头，如定焦镜头或变焦镜头，手动光圈镜头或自动光圈镜头，标准镜头、广角镜头或长焦镜头等。

另外，还应注意镜头与摄像机的接口，是 C 型接口还是 CS 型接口。否则用 C 型镜头直接往 CS 型接口摄像机上旋入时极有可能损坏摄像机的 CCD 芯片。

1．C 型与 CS 型镜头接口

图 2-57 所示为 C 型与 CS 型安装镜头的接口位置示意图。其中，上半部为 CS 型镜头，下半部为 C 型镜头。在视频监控系统中使用的镜头是 C 型安装镜头，配有 32 牙螺纹座，为国际标准，此镜头安装部位的口径是 25.4 mm，从镜头安装基准面到焦点的距离是 17.526 mm。除此之外，大多数摄像机的镜头接口为 CS 型。

2．装配接口

把 C 型镜头安装到 CS 型接口的摄像机时要增配一个 5 mm 厚的接圈。把 CS 型镜头安装到 CS 型接口的摄像机时不用增配接圈。

3．安装镜头

安装镜头有两个步骤（图 2-58）。

（1）轻轻旋转掉摄像机及镜头的保护盖。

（2）将镜头轻轻旋入摄像机的镜头接口，使其到位，其间还应该注意以下问题：

① 如果是自动光圈镜头，应将镜头的控制线连接到摄像机的自动光圈接口上；

② 如果是电动两可变（或三可变）镜头，只需旋转镜头到位而不需校正其平衡状态，要在背焦聚调整完毕后才需最后校正其平衡状态。

③ 如果是自动光圈镜头，对其控制线的接法与电动镜头平衡状态的调整如图 2-59 和图 2-60 所示。

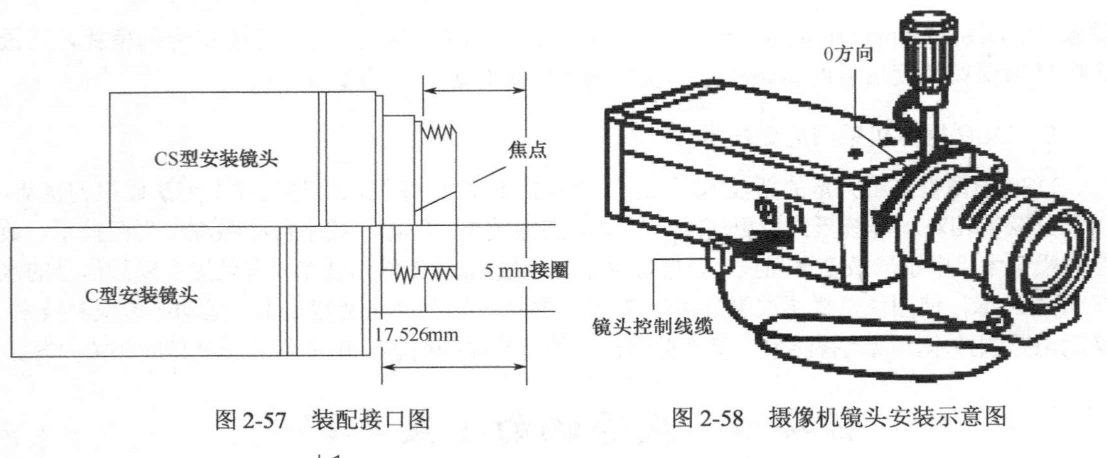

图 2-57　装配接口图　　　图 2-58　摄像机镜头安装示意图

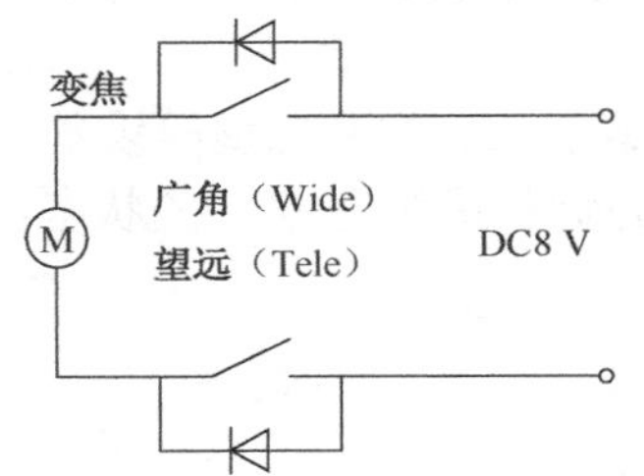

	Tele	Wide
黄（YELLOW）	+	−
红（RED）	−	+

图 2-59　控制线的接法图

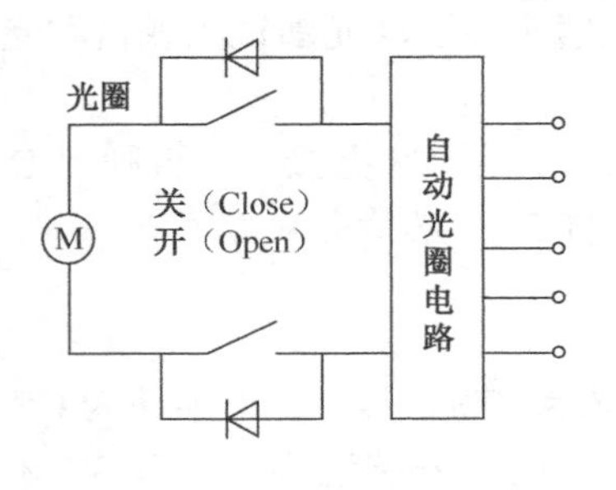

红（RED）	Vcc（+）
黑（BLACK）	Vcc（−）
白（WHITE）	视频信号
绿（GREEN）	未用
屏蔽（SHIELD）	地

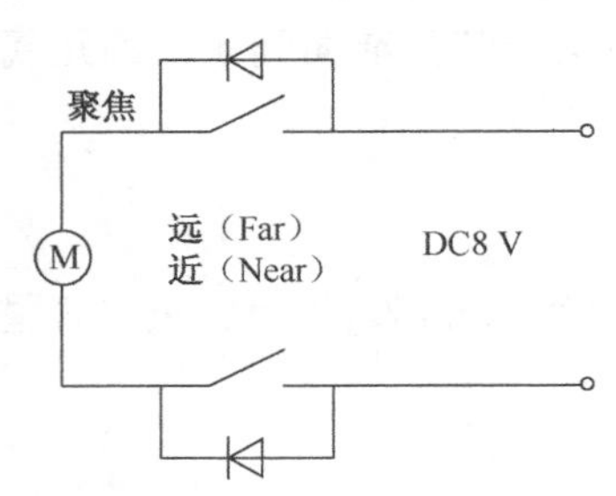

	Near	Far
绿（GREEN）	+	−
黑（BLACK）	−	+

图 2-60　电动镜头平衡状态的调整

4.2　电源与信号线的连接

安装完毕，就要进行电源线及视频、音频信号线的连接。摄像机的供电电源一般为直流 12 V，也有的为交流 24 V 或交流 220 V。在实际应用中，特别要注意电源电压，而直流供电摄像机还应注意电源极性，以免烧毁摄像机。有些摄像机可自动识别直流 12 V 和交流 24 V，因此，该项摄像机的电源供给可以不考虑电源的大小或直流电源的极性，但不能直接接 220 V 交流电。对 12 V 供电的摄像机来说，应通过 AC 220 V 转 DC 12 V 的电源适配器，将 12 V

输出插头插入摄像机的电源插座或接线端子。

摄像机的电源插座一般都是内嵌式的针型插座，电源适配器的输出插头为套筒型，这种插头座使用起来比较方便，不需要旋动接线端子上的螺钉。

视频信号通常是通过摄像机后板上的 BNC 插头引出，用具有 BNC 插头的 75Ω同轴电缆，如图 2-61 所示，一端接入摄像机的视频输出（Video Out）插座，另一端接到监视器上。

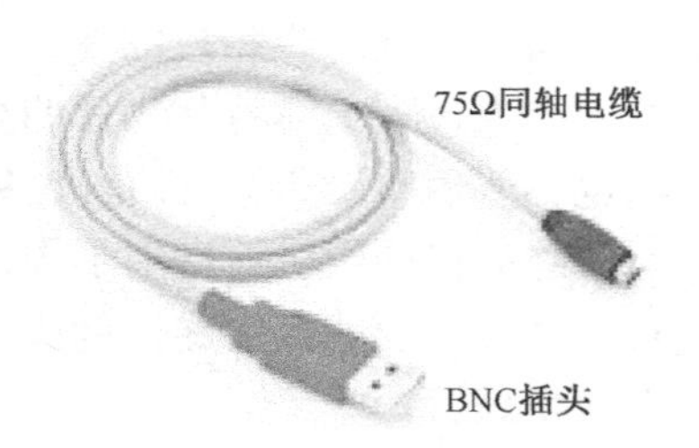

图 2-61　带 BNC 插头的同轴电缆

接通电源并打开监视器，便可看到摄像机摄取的图像并听到现场声音。

4.3　调整镜头光圈及对焦

调整镜头光圈及对焦的步骤如下。

（1）关闭摄像机的电子快门及逆光补偿等开关，将摄像机对准欲监视的场景，调整镜头的光圈与对焦环，使监视器上的图像最佳。

（2）如果是在光照度变化比较大的场合，最好配接自动光圈镜头并使摄像机的电子快门开关置于“OFF”。如果选用手动光圈，则应将摄像机的电子快门开关置于“ON”，并在现场最为明亮（环境光照度最大）时，将镜头光圈尽可能开大，并仍使图像最佳（不能使图像过于发白而过载）。

（3）镜头调整完毕后，装好防护罩并上好支架即可。由于光圈较大，景深范围相对较小，对焦时应尽可能照顾到整个监视现场的清晰度。

（4）当现场照度降低时，电子快门将自动调整为慢速，配合较大的光圈，仍可使图像满意。

在以上调整过程中，注意光线与镜头光圈的关系：若在光线明亮时，应将镜头的光圈尽可能关得比较小，则摄像机的电子快门会自动调在低速，因此仍可以在监视器上形成较好的图像。但当光线变暗时，由于镜头的光圈比较小，而电子快门也已经处于最慢（1/50 s），此时的成像将可能一片昏暗。

4.4　调整背焦距

背焦距是指当安装上标准镜头时，能使被摄景物的成像恰好在 CCD 图像传感器的靶面上。摄像机出厂时，对背焦距都做过调整，故在配接定焦距镜头的应用场合，对摄像机背焦距的调整大多不做要求。

然而在有些应用场合，当镜头对焦环调整到极限位置时仍可能出现图像不清晰的现象。此时，在明确镜头接口正确无误的情况下，就需要对摄像机的背焦距进行调整。根据经验，在绝大多数摄像机配接电动变焦镜头的应用场合，基本上都需要调整背焦距。

调整背焦距的具体方法如下所述。

（1）镜头准确安装到摄像机上。

（2）镜头光圈尽可能开到最大（目的是缩小景深范围，以准确找到像焦点）。

（3）焦距调整（Zoom In）。将镜头推至望远（Tele）状态，拍摄 10 m 以外的一个物体特写，再通过调整聚焦（Focus）将特写图像清晰。

（4）与上一步相反的变焦距调整（Zoom out）。将镜头拉回至广角（Wide）状态，此时画面变为包含上述特写物体的全景图像，但不能再做聚焦调整（注意：如果此时的图像变模糊也不能调整聚焦），而是准备背焦调整。

（5）将摄像机前端用于固定背焦调节环的内六角螺钉旋松，并旋转背焦调节环。如果无背焦调节环，就直接旋转镜头，带动其内置的背焦环，直至画面最清晰为止，然后暂时旋紧内六角螺钉。

（6）再次将镜头推至望远状态，观察刚才拍摄的特写物体是否仍然清晰，如不清晰，再重复上述（3）、（4）、（5）步骤。

（7）通常只需一两个回合就可完成背焦调整。将内六角螺钉旋紧，把光圈调整到适当的位置便大功告成。

4.5 调整摄像机白平衡

1. 调整白平衡的重要性

不同的光源发出的光的色调是不同的。不同光的色调用色温来描述，单位是开尔文（K）。万里无云的蓝天的色温约为 10 000 K，阴天约为 7 000～9 000 K，晴天日光直射下的色温约为 6 000 K，荧光灯的色温约为 4 500 K，钨丝灯的色温约为 2 600 K，日出或日落时的色温约为 2 000 K，烛光下的色温约为 1 000 K。

在各种不同的光线状况下，目标物的色彩会产生变化。其中，白色物体变化得最为明显：在室内钨丝灯光下，白色物体看起来会带有橘黄色色调，在这样的光照条件下拍摄出来的景物就会偏黄；但如果是在蔚蓝色天空下，则会带有蓝色色调，在这样的光照条件下拍摄出来的景物会偏蓝。为了尽可能减少外来光线对目标颜色造成的影响，以在不同的色温条件下都能还原出被摄目标本来的色彩，就需要摄像机进行色彩校正，以达成正确的色彩平衡，这就称为白平衡调整。

摄像机都有白平衡感测器，一般位于镜头的下面。白平衡机构会自动把白色制成纯白色。若最亮的部分是黄色，它会加强蓝色来减少画面中的黄色色彩，以达到更自然的色彩。只要在拍摄白色物体时，摄像机能正确还原物体的白色，就可在同样的照明条件下正确还原物体的其他色彩。

2. 自动白平衡（AWB）调整

白平衡调整是摄像过程中最常用、最重要的步骤。使用摄像机正式摄像前，首先要调整白平衡。照明的色温条件改变时，也需要重新调整白平衡。如果摄像机的白平衡状态不正确的话，就会发生色彩失真。

自动白平衡调整功能是现在摄像机都有的功能。摄像机存储针对某些通用光源的最佳化设置方案，可以根据通过其镜头和白平衡感测器的光线情况，自动探测出被摄物体的色温值，以此判断摄像条件，并选择最接近物体颜色的色调设置，由色温校正电路加以校正，自动将白平衡调到合适的位置。这一功能被称为自动白平衡调节。

多数光线条件下的白平衡功能都可以设定为自动，当摄像机对着被摄物体时，随着照明光的色温不同，摄像机的白平衡被自动调整，而不必手动控制。然而，跟自动聚焦、自动曝光一样，自动白平衡调节是有一定局限性的。一般的摄像机都能在大约 2 500 ～7 000 K 的色温条件下正常进行自动白平衡调节，当拍摄的光线超出所设定的范围时，自动白平衡功能就不能正常工作。另外，在以下情况下，自动白平衡功能也会不能正常工作：

① 在较蓝的天空下的被摄物，其色温可以达到 9 000 ～10 000 K，这时拍出的景物会带蓝色；

② 被两个或两个以上不同的并且色温反差较大的光源照射的被摄物；

③ 当被摄物体的光线色调与进入摄像机镜头的光线色调不一致时；

④ 摄像机和被摄物体一个在明亮处、一个在阴暗处时；

⑤ 使用照度过强的光源时，如水银蒸气灯、钠灯或某些种类的荧光灯；

⑥ 当光线照度过低时，如烛光；

⑦ 拍摄黑暗表面的目标物时；

⑧ 某些光源超出探测器的感应范围时，如雪地等极强的光线或阴天很暗的光线；

⑨ 当画面出现强烈的红光照明时，如日出日落时；

⑩ 在移动拍摄中将摄像机从明亮处移到光线相对暗处时的一段时间内，如从室外移到室内。

3. 手动白平衡调整

现在摄像机白平衡的调整一般具有 4～5 种模式，因厂家的不同而稍有差异，但差别不大。一般可分为自动、手动、室外、室内等模式，这是索尼和佳能摄像机的分法；松下摄像机把室内、室外模式称为灯光、太阳光模式；而 JVC 摄像机把室内、室外模式分成阴天、晴天和灯光模式。

在室外模式下，摄像机的白平衡功能会加强图像的黄色。在晴天的室外拍摄时，可以把白色平衡功能设定在室外模式；如果设定在室内模式，白色物体会出现蓝色色彩。而在室内模式下，摄像机的白平衡功能则会加强图像的蓝色。在室内钨丝灯泡的光线下拍摄时，可以设定在室内模式；如果误把白色平衡设定在室外模式，画面颜色会变得太黄。

室内和室外模式，只是针对晴天阳光充足时的室外和用 60 W 左右的钨丝灯泡照明的室内，这两种具有代表性的光线色调条件下的白平衡调整，并不能代表全部的室内和室外环境下的白平衡调整，并不具备普遍意义。因此，在一些特殊色温环境下的拍摄，或是在超出自动白平衡调节范围的光线条件下，需要使用手动白平衡调节方式。进行手动调节前需要找一个白色参照物，如纯白白纸等，有些摄像机备有白色镜头盖，这样只要盖上白色镜头盖就可以进行白平衡的调整了。操作过程大致如下：

① 把摄像机变焦镜头调到最广角（短焦位置）；

② 将白色镜头盖（或白纸）盖在镜头上，盖严；

③ 白平衡调到手动位置；

④ 把镜头对准晴朗的天空（注意：不要直接对着太阳），拉近镜头直到整个屏幕变成白色；

⑤ 按下白平衡调整按钮直到寻像器中手动白平衡标志停止闪烁（不同的机器，其表示方法有所不同），这时白平衡手动调整完成。

任务 5　摄像机日常维护方法

知识链接

对于摄像机的日常维护，应该全面使用防护罩，这样可大大降低摄像机受外界环境的影响与损伤。这是在日常维护中需要注意的指导性原则。

5.1 监控系统摄像机的常见故障现象与处置

1. 无图像输出故障。

无图像输出故障的处置方法如下：

（1）经常检查电源是否接好，电源电压是否正常。

（2）经常检查 BNC 接头或视频电缆是否接触不良，出现接触不良情况应及时更换。

（3）经常检查镜头光圈是否打开。

（4）经常检查视频、直流驱动的自动光圈镜头控制线是否接对。

2. 图像质量差故障

图像质量差故障处置方法如下：

（1）经常清洁镜头上的灰尘，及时检查镜头是否有指纹或太脏。

（2）经常检查光圈是否调好。

（3）经常检查各类型视频线缆是否接触不良，出现接触不良情况时应及时更换。

（4）经常检查电子快门或白平衡设置有无问题。

（5）安装时考虑传输距离是否过远，必要时加装视频放大器，或采用光纤、RF 传输模式加以解决。

（6）经常检查电压是否正常。

（7）经常检查系统附近是否存在干扰源，若出现干扰源，最好消除；无法消除时应采取屏蔽或者采取 RF 传输模式的方法。

（8）如果在电梯里安装时，要保证与电梯绝缘，以免受其干扰。

（9）经常检查镜头 CS 型接口是否接对。

3. 关于供电系统所产生的问题

一般情况下，会出现供电电压不足的情况（采用直流 12 V 电源直接供电的视频监控系统在调试时也会遇到这样的类似“故障”现象）。

若出现此情况，那么摄像机的图像会产生抖动、无彩色，甚至无法摄取图像。

处置方法：

（1）在摄像机加载的前提下，测量其电源端口处的电压值。这是因为供电电源的功率一定时，电压越低则电流越大，而大电流在较小的线路电阻上也能产生较大的压降，使摄像机电源端口的实际电压值达不到要求的值。

（2）仍然不方便改为交流 220 V 供电，且不方便换粗线时，补救措施是采用可调直流电源将供电电压提升到 13～14 V，用以保证摄像机端口处的工作电压达到 12 V。

（3）当各摄像机与中心控制室的距离较大时，可能会损坏近处原已正常工作的摄像机，因为该摄像机到控制室的电源线的长度较短，不会产生太多的压降，而会使其电源端口电压升高到 13～14 V。遇到这种情况，只能近距离用标准电压供电、远距离用稍高的电压供电。

5.2 防护罩

防护罩的作用是保护摄像机、云台、解码器等设备，避免它们受灰尘、风、雨、雪、高/低温等自然条件的影响与损害，让上述设备处于正常的运转状态。

1. 室内用防护罩

室内用防护罩如图 2-62 所示，其结构简单，价格便宜，主要功能是防止摄像机落灰并有一定的安全防护作用，如防盗、防破坏等。

2. 室外用防护罩

室外用防护罩如图 2-63 所示，一般为全天候防护罩，即无论刮风、下雨、下雪、高温、低温等恶劣情况，都能使安装在防护罩内的摄像机正常工作。因而，这种防护罩具有降温、加温、防雨、防雪等功能。同时，为了在雨、雪天气仍能使摄像机正常摄取图像，一般在全天候防护罩的玻璃窗前安装有可控制的雨刷。

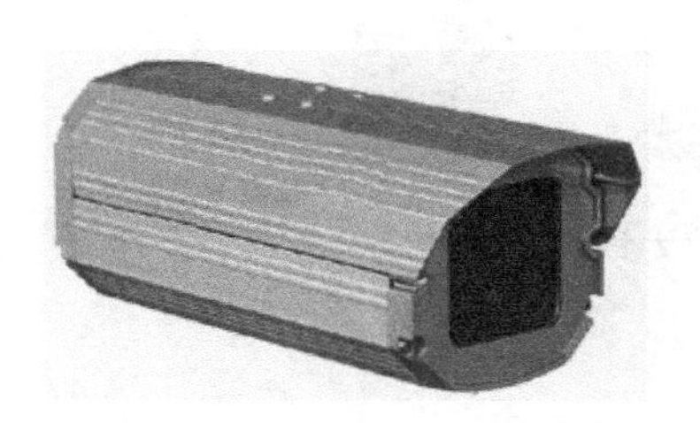

图 2-62　室内用防护罩图

图 2-63　室外用防护罩

目前，较好的全天候防护罩采用半导体器件加温和降温。这种防护罩内装有半导体元件，既可自动加温，也可自动降温，并且功耗较小。另外，还有半球形、球形防护罩，其内置万向可调支架，造型美观。

任务 6　云台的操作与维护

知识链接　什么是云台

云台是前端设备中为摄像机/镜头配套的部件，实际上是支撑摄像机/镜头在水平方向（水平云台）或者水平及垂直两个方向（全方位云台）旋转的底座（好比照相机的三脚架）。一般情况下，云台是用支架固定在室内（外）墙壁、天花板或者电线杆上，其作用是通过室内控制器，将控制电压通过多芯电缆直接加到云台内的低速大扭矩电动机上，以驱动台面上的摄像机/镜头在水平方向或者任意方向上旋转，达到增加摄像机/镜头的空间可视范围的目的。图 2-64 所示为 J2320W 室外一体化云台外观图。

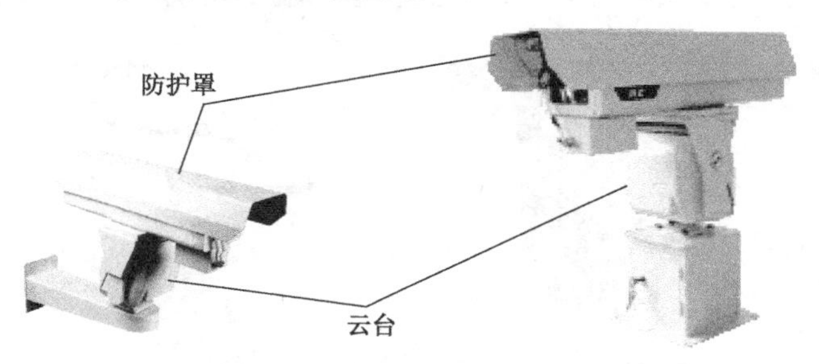

图 2-64　J2320W 室外一体化云台外观图

6.1 了解云台的结构

这里以全方位云台为例，介绍其结构与工作原理。

全方位云台又称为万向云台，其台面既可以水平转动，又可以垂直转动，因此，可以带动摄像机在三维立体空间全方位监视。

全方位云台是在水平云台的基础上，增加一个用于垂直方向的驱动电机，以驱动摄像机座板在垂直方向±60°范围内做仰俯运动。因此，全方位云台的尺寸与重量相对于水平云台有所增加。图2-65所示为一种全方位云台的外形，图中的定位卡销由螺钉固定在云台的底座外沿上，旋转螺钉可以使定位卡销在云台底座的外沿上任意移动。

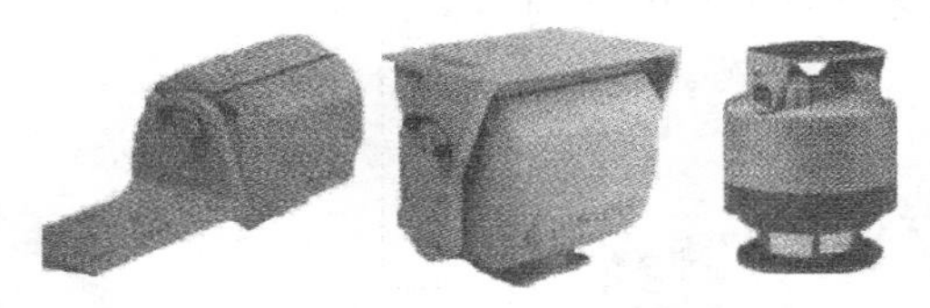

图2-65　室外全方位云台的外形

6.2 认识各类型云台

按安装场地不同，云台有室内与室外两种；按安装部位不同，云台可分为顶装与壁装式；按机构不同，云台又分为水平云台与全方位云台。而全方位云台按外形和功能的不同，又有预置型、球型、防暴型、一体化型等多种。现在，为配合基于网络的数字远程视频监控系统要求具备的“角度实时回显”功能，又出现了数字云台和智能化云台等新品种。

1. 室内全方位云台

当云台在水平方向移动且拨杆触及到定位卡销时，可以切断水平行程开关使电机断电，而云台在水平扫描工作状态时，水平限位开关则起到转动方向的作用。云台在垂直方向做大角度仰俯运动会使摄像机防护罩触及云台主体而造成损伤，并可能烧毁电机，另外，在此种极限情况下去控制云台时，因垂直电机的启动力矩增加，也容易烧毁电机，因此，云台在垂直方向的仰俯行程中也分别设有两个行程开关，其限位装置是两个与垂直旋转轴同心的凸轮，当凸轮的凸缘触及行程开关时，会自动切断垂直电动机的电源。此外，大多数室内全方位云台都具有水平自动扫描功能。

根据传动结构的不同，室内全方位云台有各种形状，如图2-65所示，虽然从外形看各有不同，但其内部结构却完全一致。与图2-64所示的云台相比，图2-66所示的云台底座上增加一块接线板，用于连接云台控制或编码器。该接线板分别固定在墙壁安装板及控制接线端子上，且必须与云台控制器或解码器的相应控制输出端子相接。

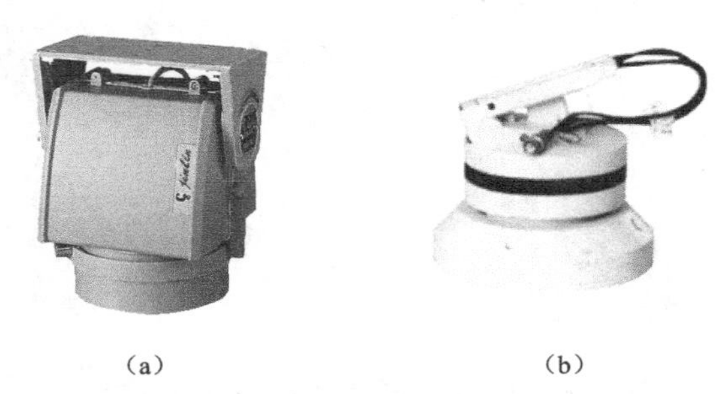

(a)　　　　(b)

图2-66　两种不同形状的室内全方位云台

2. 室外全方位云台

从结构上看，室外全方位云台与室内全方位云台基本相似，在水平和垂直两个方向上分别由两个驱动电动机传动，并分别在两个方向上有限位开关。两者的最大区别主要体现在是否具有全天候的功能。所谓全天候功能，就是要求云台能在恶劣的工作环境下正常工作。因此，为了防止驱动电机遭受雨水或潮湿的侵蚀，室外全方位云台一般都具有密封防雨功能。

为防止冬季时云台启动困难，云台的驱动电机还具有高转矩与扼流保护功能，以防止云台强行启动烧毁电机。以 BICON 的 V3700APT 室外全天候中载云台为例，在其俯视电动机的内部装有一个热敏切换开关，一旦电动机温度超出允许的工作范围，该热敏开关即自动切断电动机的电源以保护电动机。

此外，对水平电动机采用扼流电阻或线圈加以保护。

3. 预置云台

高档云台还具有预置功能，其内部电动机也要选配相应的伺服电路，且云台必须在具有设定功能的控制器、系统主机的控制下才能正常工作。所谓预置，相当于云台有储存某几个预设的位置的功能。例如，可预存水平方位角及垂直俯仰角的参数，并在需要时立即定位预设的位置。

图 2-67　防爆云台的外观

4. 防爆云台

图 2-67 所示为防爆云台的外观。防爆云台用于易发生爆炸的地方，如加油站、煤井等，其传动机构需使用高硬质的齿轮组及轴承，还应该有防爆防护罩相配合。此外，其连接器也采用防爆密封绝缘管状电缆套筒。

5. 球形云台

如图 2-68 所示，球形云台的传动机理与普通云台一样，也是由水平和垂直两个电动机驱动的，可以在水平和垂直两个方向任意转动。但从外观结构上看，球形云台与普通云台则有很大的不同。首先，球形云台都配有一体化的球形或半球形防护罩；另外，为了将云台及摄像机和电动镜头一起放置在封闭的球罩里，球形云台一般都设计成中空的托架形，其托架部分正好用于安置摄像机和电动镜头，当云台在水平和垂直两个方向任意转动时，镜头前端扫过的轨迹恰好构成一个球面，即当云台在三维空间任意转动时，摄像机及镜头与云台本身构成一个完整的球体。

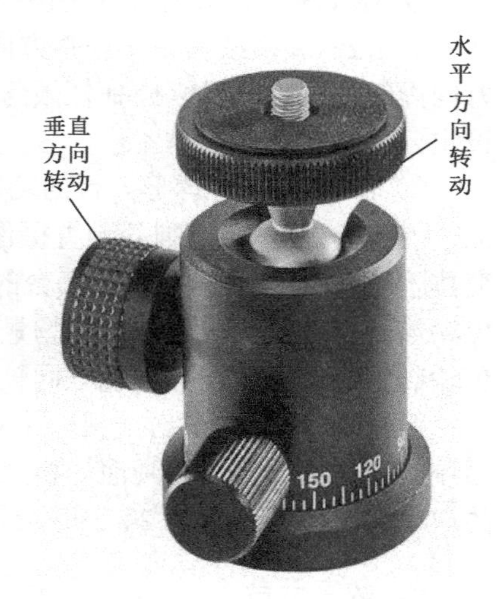

图 2-68　球形云台外形

（1）普通球形云台的结构原理

为了能够将摄像机、镜头及云台主体全部安置在球罩里，球形云台的体积一般都比较大。一般情况下，以球形防护罩的直径来表示球形云台的大小，常见的有 0.23 m（9 in）、0.3 m（12 in）等几种。其中，小口径的球形云台一般选配内置变焦镜头一体化摄像机，否则，外置镜头加上摄像机机身的长度可能超过球体内的有效空间。另外，普通球形云台一般都无内置解码器，仅在接线端子处留有与外置解码器的接口。这种球形云台也可以直接由云台控制。图 2-69 所示为普通球形云台的结构原理图。

（2）智能化球形云台的结构原理

① 智能化球形云台的结构特点。智能化球形云台的外观如图 2-70 所示。智能化球形云台统一把将摄像机、电动机变焦镜头、解码器、万能字符发生器、CPU 处理芯片、存储芯片等安置在密封的球形防护罩中，故又称为球形摄像机。但智能化球形云台内置的解码器通常只能受相应型号的系统控制，所以只应用在该系统主机的通信协议所支持的应用系统里面。

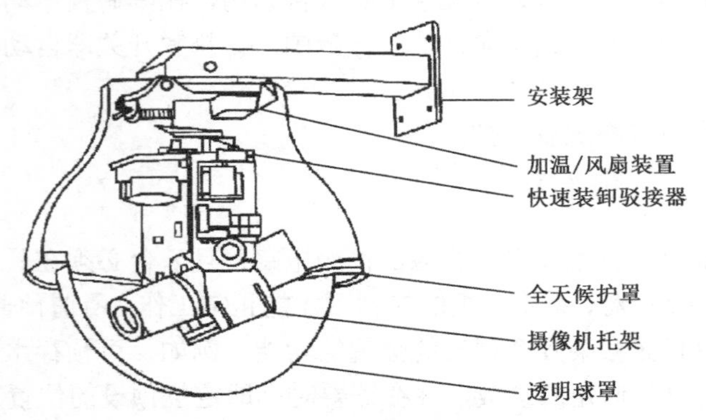

图 2-69　普通球形云台结构原理图

图 2-70　智能化球形云台外观图

各预置的摄像点可以任意组合，形成一组巡游路径，其中的摄像点可有不同的驻留时间和扫描速度。每个云台可以编制 10 个巡游路径，以满足不同用户的实际需求。每条巡游路径可以有最多 64 个预置摄像点，通过屏幕菜单提示，方便地设置预置摄像点的巡视时间及驻留时间。

② DIAMOND 球形云台。由于球形云台可以对多个摄像点进行巡视，而每个摄像点的场景内容通常都是不同的，因此，DIAMOND 球形云台提供设定 16 幅画面字符提示功能，当处于手动控制状态、摄像机转到设定区域时，系统会自动显示画面内容的字符提示，利于操作者控制。

DIAMOND 球形云台分为快视与巧视两种，具有水平 360° 连续旋转功能，其转速可以从 0.5～125 r/s 连续调整，垂直方向转速达 60 r/s。云台的转速通过一个类似于游戏棒一样的万向操纵杆控制，操纵控制杆倾角的大小决定云台转动的快慢，另外，通过用户编程也可以设定云台的转速。

③ DIAMOND 球形云台的功能。DIAMOND 球形云台也可快速搜寻指定监视点，拥有 0.5° 定位精度，在编制各预置摄像点时，系统自动将该云台的水平/垂直定位参数、镜头的变焦/焦距等相关信息存储于云台的主板存储器中，以便随时调用，故监视点的编制实际上是保存该云台各监视区域的清晰场景，响应突发事件及日常编程应用；还可选装视频/控制电缆传输装置，使系统在一根视频同轴电缆上可以同时传输视频和控制信号，用于远距离传输。

此外，该智能化云台的另一个重要功能是可与消防/防盗等报警系统联动，在发生警情时，系统自动开启摄像机，画面切换至主监视器，自动以最快速度调整云台方位，监视发生警情的现场情况；同时启动 24 小时录像机（VRD）记录警情过程。整个过程仅需 1.5 s。

6. 数字云台

数字云台是可按照角度旋转的云台，具备角度实时回显功能，可将云台在水平/俯视运动时的旋转角度数据实时传至控制中心，以供视频监控系统分析计算，再根据计算出的结果确定云台当前的位置。通过专用解码器 RS-232 通信接口接收控制命令，并进行角度数据的实时回传。可按照相对角度或绝对角度进行旋转，也可定时复位或通过指令控制的应用软件接收、处理，并根据计算结果进行联动。

6.3 云台的安装

1. 任务所需工具

包括扳手、螺丝刀、铁锤、钢锯、电烙铁、钢凿、尖嘴钳等常见工具。其结构及操作方法如表 2-2 所示。

表 2-2 安装工具名称、外形及使用方法说明

名　称	图　示	注　解
扳手	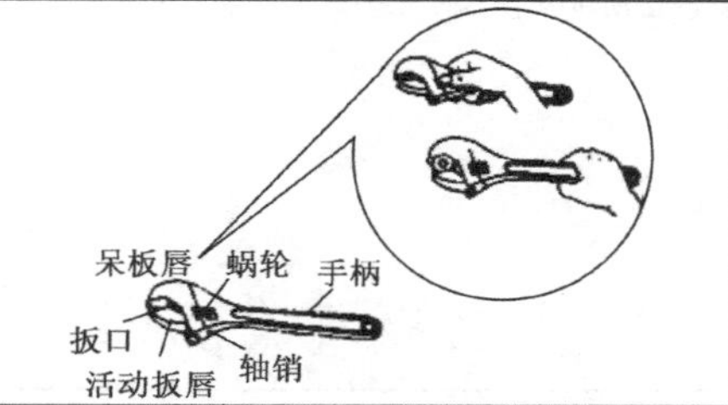 呆板唇 蜗轮 手柄 扳口 轴销 活动扳唇	一种可以往一定范围内旋紧或旋松六角，四角螺栓、螺母的专用工具。使用时，要根据螺栓、螺母的大小进行选择。活动扳手的结构及握持，见左图所示
螺丝刀	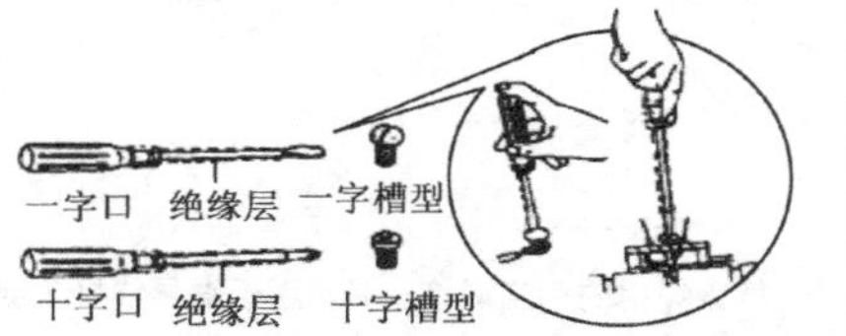 一字口 绝缘层 一字槽型 十字口 绝缘层 十字槽型	它用来旋紧或起松螺丝的工具。使用时，用拇指和中指夹持螺丝刀柄，食指顶住柄端；对大螺丝刀的使用，除拇指、食指和中指用力夹住螺丝刀柄外，手掌还应顶住柄端，用力旋转螺丝，即可旋紧或旋松螺丝。螺丝刀顺时针方向旋转，旋紧螺丝；螺丝刀逆时针方向旋转，松开螺丝
钢锯	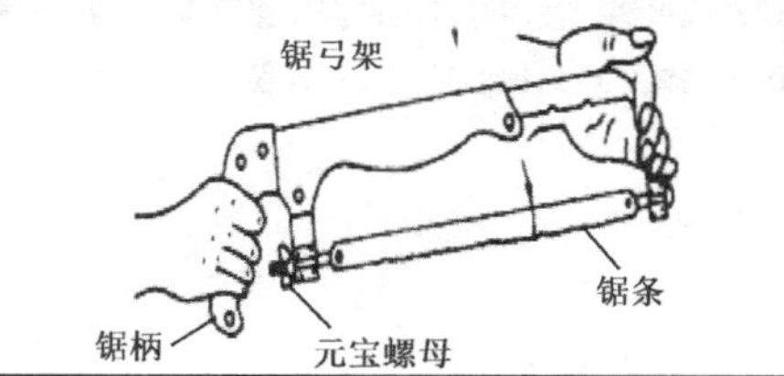 锯弓架 锯条 锯柄 元宝螺母	一种用来锯割金属材料及塑料管及其他材料的工具。使用时，右手握紧锯柄，左手平稳护持锯弓架，均匀向前推动，用力不能过猛，一推一托进行锯割；钢锯的结构及握持，见左图所示
铁锤	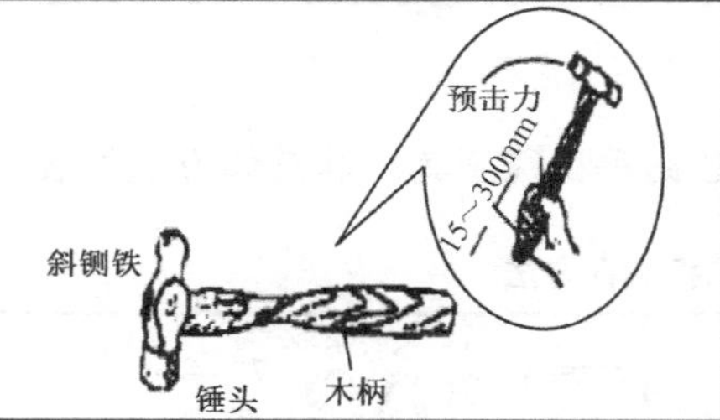 预击力 15～300mm 斜铡铁 锤头 木柄	一种用来锤击的工具，如锤铁钉等。使用时，右手握紧木柄，右手应握在木柄的尾部，才能施出较大的力量。在锤击时，用力要均匀、落锤点要准确。铁锤的结构及握持，见左图所示
钢凿	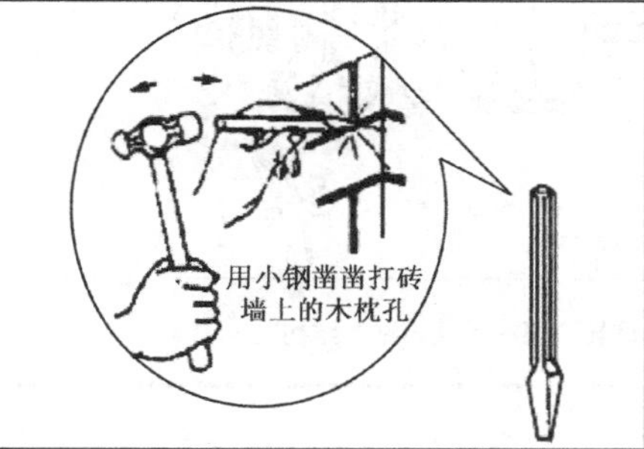 用小钢凿凿打砖墙上的木枕孔	一种手工凿打砖墙安装孔（如插座盒孔，木砧孔）的工具。使用时，左手持钢凿，右手握紧铁锤木柄的尾部，锤击用力要均匀、落锤点要准确。钢凿的结构及握持，见左图所示

续表

名　称	图　示	注　解
尖嘴钳	 绝缘处 钳头　钳柄	一种钳夹或剪切电工器的工具。钳子的钳口可以用来弯绞或钳夹导线；刀口可以用来剪切导线或剥离导线绝缘层等。使用时，拇指和其余四指分别夹持钳柄。食指顶住柄端。通常选用带绝缘柄的 160mm 或 180mm 尖嘴钳。钢丝钳的结构及握持，见左图所示
电烙铁	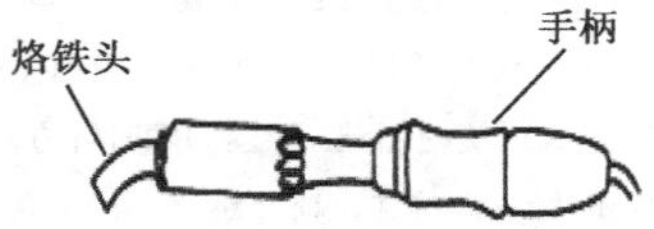 烙铁头　手柄 （a）大功率电烙铁 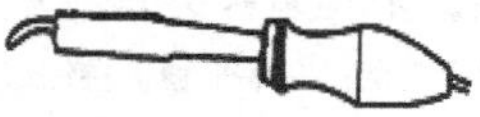 （b）小功率电烙铁	一种锡焊用的手工焊接工具。用于铜导线接头或铜连接件的焊接或镀锡。使用时，应根据焊接要求，选用不同规格、功率的电烙铁。电烙铁的结构，见左图所示。

2. 图解孔芯钻打墙孔方法

在水泥墙面进行安装施工时，需要使用孔芯钻等特殊工具。其具体方法如表 2-3 所示。

表 2-3　孔芯钻打墙孔方法

第一步	图示	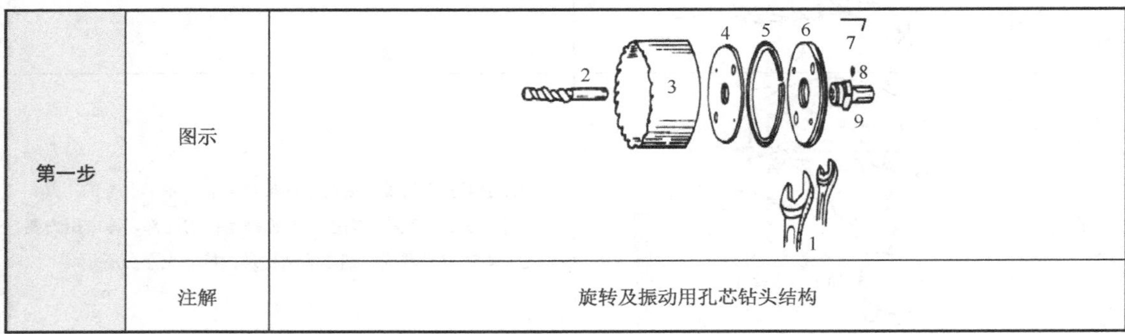
	注解	旋转及振动用孔芯钻头结构

续表

第二步	图示	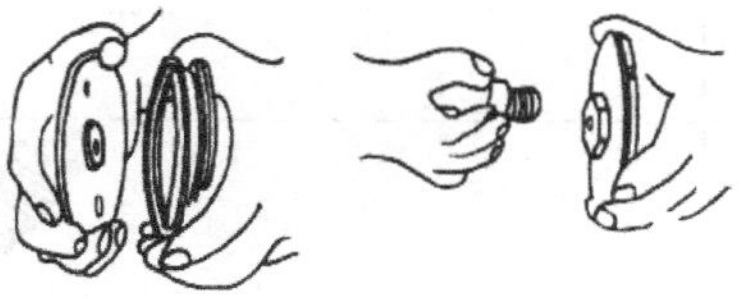
	注解	将柄从固定板的后方旋入，并与环和移动板组装成膨胀接续器
第三步	图示	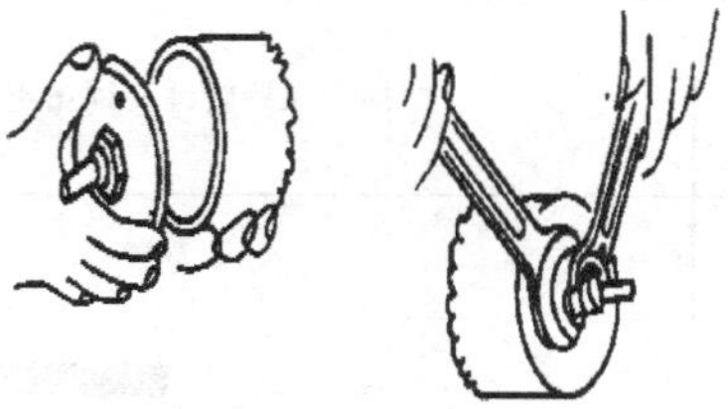
	注解	把膨胀接续器装入外壳，用两把专用扳手紧固
第四步	图示	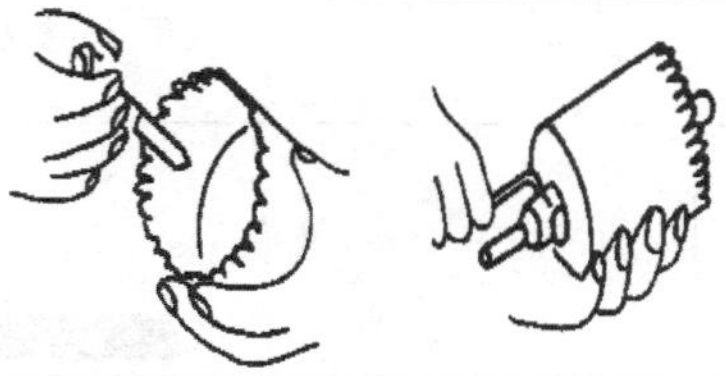
	注解	把中心钻头嵌入柄内部的凹孔中，用六角扳手紧固固定螺钉，使中心钻头固定好
第五步	图示	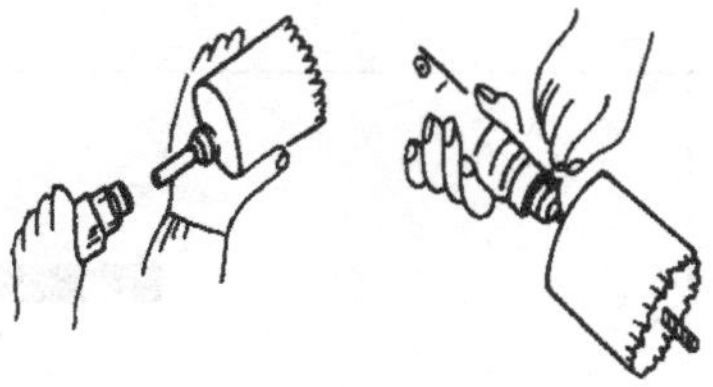
	注解	把柄插入冲击电钻的钻夹头中，并用钻夹头钥匙旋紧孔芯钻头
第六步	图示	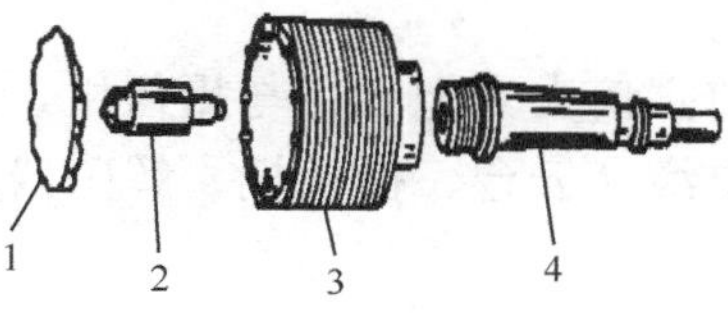 1 2 3 4

续表

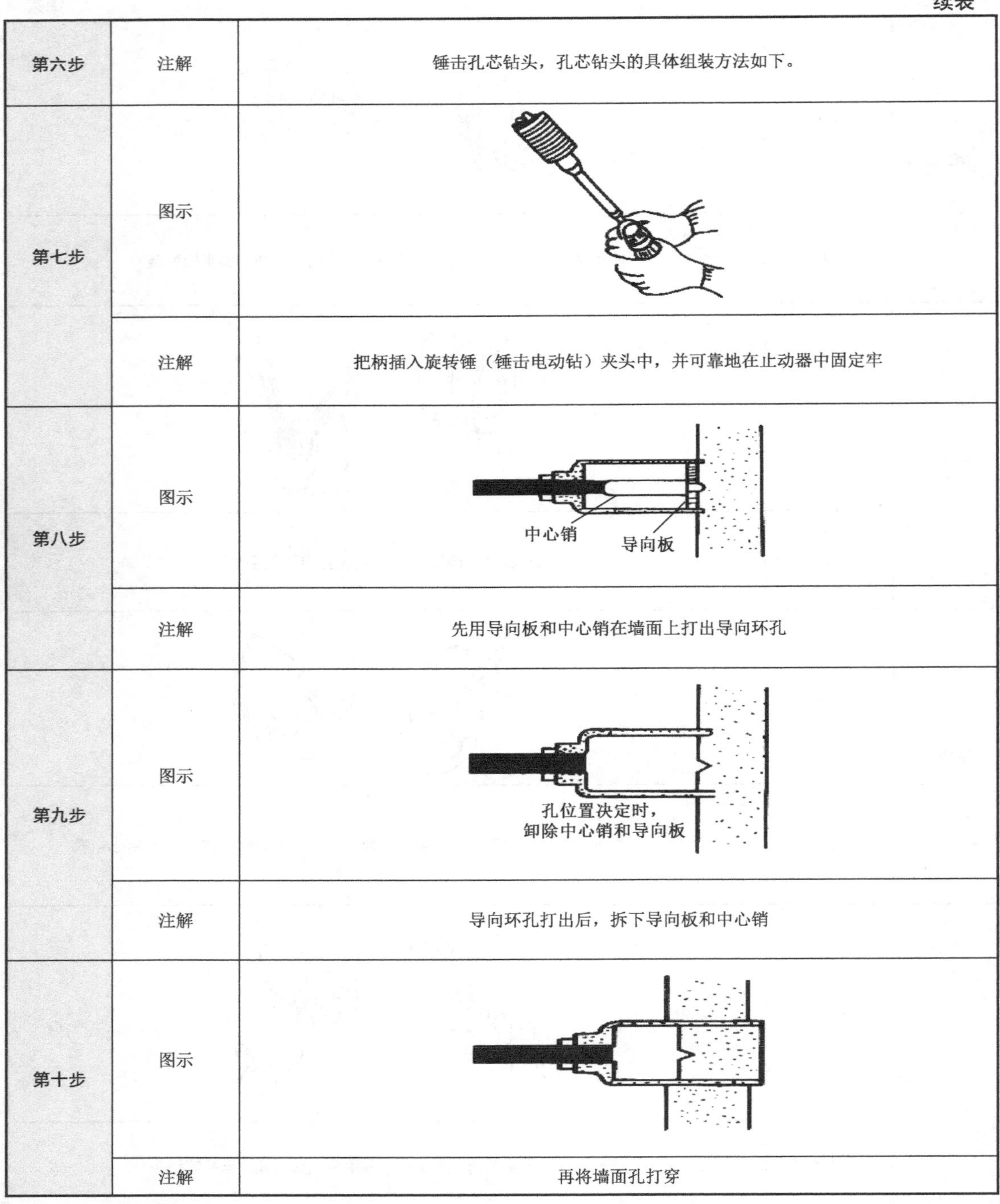

第六步	注解	锤击孔芯钻头，孔芯钻头的具体组装方法如下。
第七步	图示	
	注解	把柄插入旋转锤（锤击电动钻）夹头中，并可靠地在止动器中固定牢
第八步	图示	
	注解	先用导向板和中心销在墙面上打出导向环孔
第九步	图示	
	注解	导向环孔打出后，拆下导向板和中心销
第十步	图示	
	注解	再将墙面孔打穿

3. 任务步骤

在安装云台以前，请大家把云台与摄像机、解码器的链接示意图（图 2-71）读懂，在确定电压、所有电缆（云台、摄像机、解码器及电源等）、安装位置等事项后，再开始安装工作。

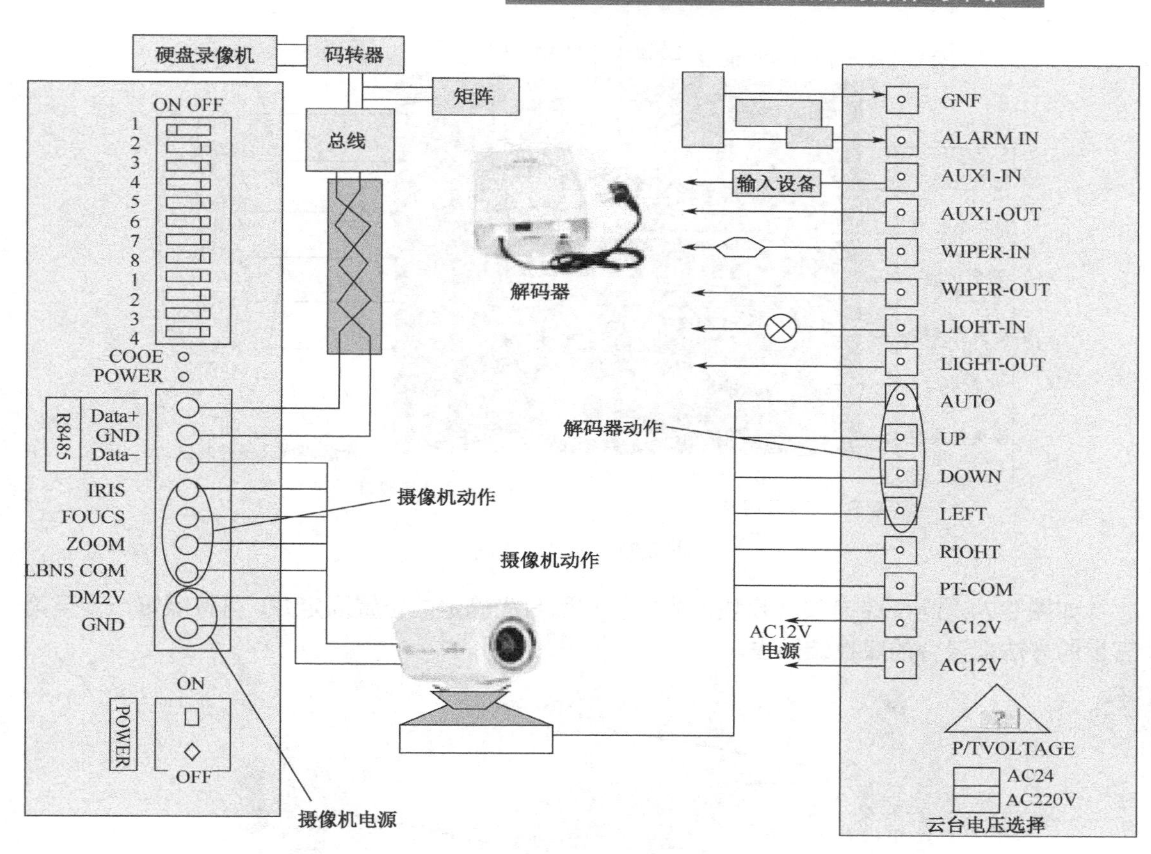

图 2-71　云台与摄像机、解码器的链接示意图

首先，准备一台室内壁挂式云台，先按照图 2-72 所示的步骤及方法进行安装。接着按照接线方式并参考说明书和摄像机的参数，最后把控制信号线接入各自端口（图 2-73）。电源的电压要特别注意，必须使用 24V 电源，如果接入 220V 交流电源将会烧毁云台。

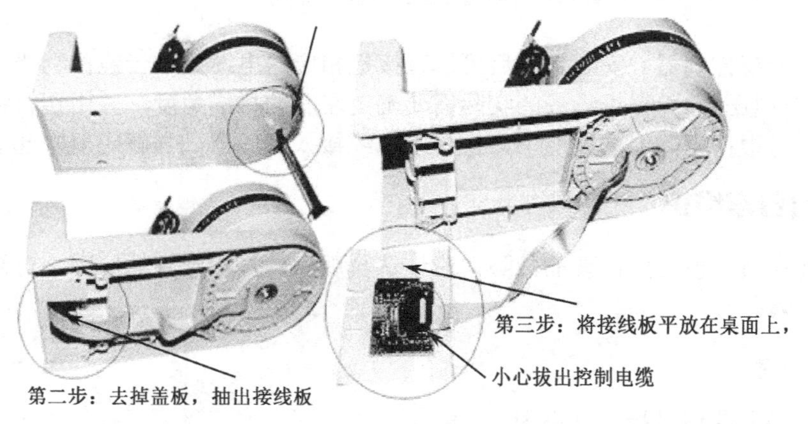

图 2-72　云台安装步骤

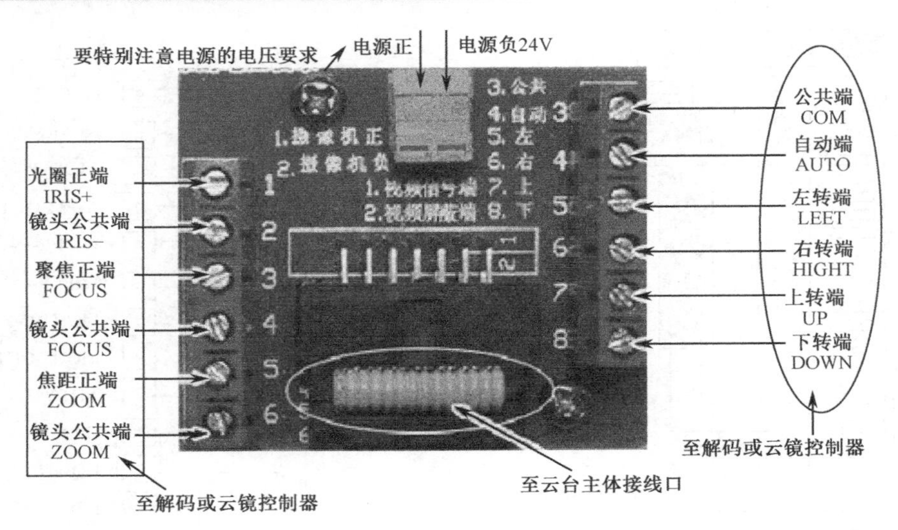

图 2-73　云台接线图

如图 2-74 所示，带有接线模块的固定板按照事先确定的位置固定好，再按照第一步至第三步的方法把云台的底板装回去。

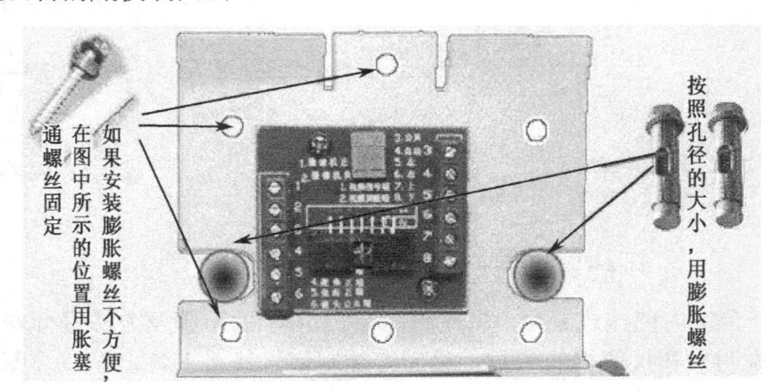

图 2-74　云台的固定方法

如果使用云镜控制器，安装完成后可以直接把相应的电缆接入云镜控制器进行加电测试（再次提醒注意电压），并根据场景的实际需要确定左右的扫描角度，并用塑料销固定；如果接入解码器，可根据解码器的说明书，把相应电缆接入解码器，与解码器一起安装和测试。

6.4　云台的日常维护

对于云台在日常使用中出现的故障，应该认真观察，分析产生的原因，再结合所学的理论知识加以维修。

1．故障现象

（1）码转换器的信号指示灯不闪。

（2）解码器无法控制（具体表现为解码器中无继电器响声）。

（3）云台无法控制。

（4）云台控制部分的功能无法实现。

2．故障分析与检查

（1）码转换器的信号指示灯不闪

① 软件设置原因。灯不闪主要是由于码转换器未工作，应该先从软件设置着手解决问题。

a．软件中的解码器设置：解码器协议、COM 口、波特率、校验位、数据位、停止位。

b．检查 COM 口是否损坏，若是，更换一个 COM 口。

② 硬件原因。经上述检查后，若还无法正常使用，需要打开 9 针转 25 针转换器接口，检查接线是否为 2–2、3–3、5–7。再检查码转换器电源是否正常，用万用表进行电压和电流测试 9 V、500 mA。若没问题，可判定码转换器已经损坏。

（2）解码器无法控制

① 检查解码器是否供电。

② 检查码转换器是否拨到了输出 RS-485 信号。

③ 检查解码器协议是否设置正确。

④ 检查波特率设置是否与解码器相符；检查地址码设置与所选的摄像机是否一致。

温馨提示

详细的地址码拨码表见解码器产品说明书。

⑤ 检查解码器与码转换器的接线是否接错：有的解码器为 1—485A、2—B；有的解码器为 1—485B、2—A。

⑥ 检查解码器工作是否正常。

a．检查旧型号解码器断电 1min 后通电，是否有自检声。

b．软件控制云台时，解码器的 UP、DOWN、AUTO 等端口与 PTCOM 口之间是否会有电压变化？变化情况是否根据解码器而定的 24 V 或 220 V？若是，则解码器工作正常，否则解码器故障。

温馨提示

有些解码器的这些端口会有开关量信号变化。

⑦ 检查解码器的保险管是否已烧坏。

（3）云台无法控制

① 检查解码工作是否正常。

② 检查解码器的 24 V 或 220 V 供电端口电压是否输出正常。

③ 直接给云台的 UP、DOWN 与 PTCOM 线进行供电，检查云台是否能正常工作。

④ 检查供电接口是否接错。

⑤ 检查电路是否接错：旧型号解码器为 UP、DOWN 等线与 PTCOM 直接给云台供电，各线与摄像机及云台各线直接连接即可；有的解码器为独立供电接口。

（4）云台控制部分的功能无法实现

① 界面上无法操作（具体表现为无法单击或单击无任何响应）。

a．按上述步骤检查码转换器。

b．安装相应的云台控制补丁程序。

c．让供货商调换。

② 单击时码转换器灯亮或解码器里面有继电器响，但部分功能无法控制。

a．检查无法控制的功能部分接线是否正确；云台、镜头等设备是否完好；解码器功能端口是否有驱动电压；开关量输出是否正常。

b．控制时云台动作不正常。

若转动无法停止，首先单独对该端口进行测试：直接向该端口通电，进行控制试验，如正常，则检查解码器对应的端口是否工作正常。

c．打开软件时，录像会产生马赛克。

出现这种情况，一般都是由于软件的原因引起的，解决的方法是向供货商、生产厂家进行咨询，或者申请调换该软件。

有些云台具备水平方向的自动回扫功能，然而在实际使用中，不能设置为24小时运转模式，因为会造成云台电机过度运转，进而烧毁。一般来说，云台水平方向自动回扫不应该超过12 h。至于此问题与满足监控需要之间的矛盾，解决的方法应该是用更多的摄像机来替代上述功能。同样道理，带有水平/垂直方向扫描预置功能的云台，若长时间在各预置点之间来回旋转，自动扫描，会造成云台电机的损坏。

任务7　红外灯的选用

知识链接　红外光的特性

光是一种电磁波，其波长区间从几纳米到1 mm左右。人眼可见的只是其中一部分，我们称其为可见光，可见光的波长范围为380 ～780 nm，可见光波长由长到短分为红、橙、黄、绿、青、蓝、紫光，波长比紫光短的称为紫外光，比红光长的称为红外光。普通CCD黑白摄像机可感受光的光谱特性，不仅能感受可见光，而且可以感受红外光。这就是利用普通CCD黑白摄像机，配合红外灯可以比较经济地实现夜视的基本原理。而普通彩色摄像机的光谱特性不能感受红外光，因此不能用于夜视。

7.1　认识各类型红外灯

按其红外光辐射机理，分为热辐射红外灯和半导体固体发光（红外发射二极管）红外灯。

1．认识热辐射红外灯的原理与特性

根据热辐射原理，经特殊设计和工艺制成的红外灯泡，其红外光成分最高可达 92%～95%。国外生产的红外灯泡的技术性能为：功率为100～375 W；电源电压为230～250 V；使用寿命为5 000 h，辐射角度为60°～80°。

普通黑白摄像机感受的光谱频率范围也是很宽的，且红外灯泡一般可制成比较大的功率和大的辐照角度，因此可用于远距离红外灯，这是其最大的优点。其最大不足之处是包含可见光成分，即有红暴，且使用寿命短，如果每天工作10 h，5 000 h只能维持一年多。若考虑散热不够，寿命还要短。这样，对于日常的维护工作来讲，更换灯泡不但是件很麻烦而且也增大维护成本。

2. 认识红外发射二极管红外灯的原理与特性

这种红外灯由红外发光二极管矩阵组成发光体。红外发射二极管（LED）由红外辐射率高的材料（常用砷化镓 GaAs）制成 PN 结，外加正向偏压向 PN 结注入电流激发红外光。光谱功率分布的中心波长为 830～950 nm，半峰带宽约 40 nm 左右，窄带分布，为普通 CCD 黑白摄像机可感受的范围。其最大的优点是可以完全无红暴（采用 940～950 nm 波长红外管）或仅有微弱红暴（红暴为有可见红光），且寿命长。

红外发光二极管的发射功率与正向工作电流成正比，但在接近正向电流的最大额定值时，器件的温度因电流的热耗而上升，使光发射功率下降。若红外二极管电流过小，将影响其辐射功率的发挥，但工作电流过大将影响其寿命，甚至使红外二极管烧毁。

当电压越过正向阈值电压（约 0.8 V 左右）时，电流开始流动，其工作电流对工作电压十分敏感，因此，要求工作电压准确、稳定，否则，影响辐射功率的发挥及其可靠性。辐射功率随环境温度的升高（包括其本身发热所产生的环境温度升高）而下降。红外灯（特别是远距离红外灯）的热耗是设计和选择时应注意的问题。

红外二极管的最大辐射强度一般在光轴的正前方，并随辐射方向与光轴夹角的增加而减小。辐射强度为最大值的 50%的角度称为半强度辐射角。不同封装工艺型号的红外发光二极管的辐射角度有所不同。

7.2 红外灯的选择

选择红外灯最重要的问题是成套性，即红外灯与摄像机、镜头、防护罩、供电电源等的成套性。在设计方案时，需对所有器材综合考虑，把它作为一个红外低照度夜视监控系统工程来考虑设计。有的人买完摄像机、镜头、防护罩、电源之后（甚至安装之后）才去考虑购买红外灯，这是不明智的。在考虑成套性时，特别要注意以下几个问题。

1. 使用黑白摄像机或特殊彩色摄像机

CCD 图像传感器具有很宽的感光光谱范围，不但包括可见光区域，还延长到红外区域。利用此特性，可以在夜间无可见光照明的情况下，用辅助红外光源照明（图 2-75），以使 CCD 图像传感器清晰地成像。而普通彩色摄像机为了能传输彩色信号，从 CCD 器件的输出信号中分离出绿、蓝、红三种基色视频信号，然后合成彩色电视信号，其感光光谱只在可见光区域。

图 2-75　带辅助红外光源照明装置的摄像机

随着技术的进步，出现白天彩色/晚上黑白的摄像机，它采用两个 CCD 进行切换或采用一个 CCD 利用数位电路的切换来实现，但是存在黑白照度偏高、有的对彩色色彩的不利影响等缺点。而红外低照度彩色摄像机的红外感度比一般摄像机高 4 倍以上，随着成本的降低，将会成为发展趋势。

2. 要求选用低照度摄像机

摄像机的最低照度是，当被摄景物的光亮度低到一定程度而使摄像机输出的视频信号电平低到某一规定值时的景物光亮度值。测定此参数时，还应特别注明镜头的光圈 F 的大小，

如使用 *F*1.2 的镜头。

当被摄影景物的照度值低到 0.02 lx 时，摄像机输出的视频信号幅值为标准幅值 700 mV 的 50%～33%，称此摄像机的最低照度为 0.02 lx/*F*1.2。有的摄像机生产厂家给出不同光圈 *F* 时的最低照度。当选择摄像机的最低照度高于红外灯要求时，红外灯的有效距离将受到一定影响。应当提醒大家的是，市场上出售的摄像机技术性能标出的最低照度有两种不正常情况，一种是摄像机制造商所标的最低照度是所谓的靶面照度，即 CCD 图像传感器上的光照度，它是景物照度的 1/10 左右；另一种是有个别摄像机制造商或销售商虚报最低照度。目前比较经济的黑白摄像机，其最低照度为 0.01～0.02 lx，而其实际最低照度仅为 0.1～0.2 lx。

若使用的红外灯要求摄像机的最低照度为 0.02 lx，必然影响红外灯的有效照射距离，而购买最低照度为 0.02 lx 的摄像机，价格可能比最低照度为 0.1～0.2 lx 的摄像机最少高一倍。这时有两种选择，在摄像机上多花钱，在红外灯上少花钱；在摄像机上少花钱，在红外灯上多花钱。经验表明，室外特别是距离较远时，选择前者是比较经济的。

3．要求摄像机的尺寸规格

摄像机标称尺寸日趋小型化，目前市场上的摄像机尺寸规格有 1/2"、1/3"、1/4"等几种。摄像机尺寸大，接受的光通量大；摄像机尺寸小，接受的光通量少，如红外灯标称的有效距离是在 1/2"摄像机条件下试验的，如采用 1/3"或者 1/4"摄像机，有效距离也将受到一定影响。1/3"摄像机的光通量只有 1/2"摄像机光通量的 44%。

4．镜头的尺寸规格

与摄像机的尺寸规格相同，此处不再重复。

5．摄像机和镜头的功能要求

摄像机有自动电子快门功能、AGC 自动增益控制功能，镜头有自动光圈，以适应昼夜照度很大的变化。

6．电源供应

视频监控系统前端设备的电源供应要统一考虑设计。红外灯的电源供应，考虑红外管的工作电流对供电电压十分敏感，而电缆长度不同对直流电压衰减不同。在多个红外灯距控制室的距离相差较大时，采用 DC12 V 集中供电可能使距控制室近的红外灯供电电压高，距控制室远的红外灯供电电压低。加之电源电压调整上的偏差，可能造成电压过高的红外灯寿命缩短甚至烧坏，电压低的红外灯发射功率不足。因此，建议尽可能采用 AC 220 V 供电或配一对一的直流稳压电源，有些直流稳压电源在电网电压波动范围为 AC 100～245 V 时输出的直流电压都是稳定的，保证了红外灯红外辐射功率的稳定可靠。

7．其他因素

除配套性外，还要考虑到以下因素，以选择红外灯时，在选择红外灯辐照距离时留有余地。

（1）摄像机给出的最低照度。摄像机产生的视频信号标称值为 1 V，标准值为 0.7 V，而最低照度时的视频信号值为标准值的 1/3～1/2。所以，摄像机在最低照度时的图像，决不会“如同白昼一样”。

（2）摄像机在最低照度时产生的图像清晰度，是用电视信号测试卡进行测试的，其黑白相间的条纹，要求黑色反射率近于 0，白色反射率大于 89.9%。而我们在现场观察时有时不具备这样的条件。例如，树叶和草地的反射率很低，反差很小，就不易获得清晰的图像。

（3）给出摄像机最低照度的同时，还要给出光圈 F 的要求值，而变焦镜头一般只给出 1∶F 的最大值，即光圈 F 的最小值（光圈实际尺寸最大值）。$F=f/D$，那么，当 D 为定值，在焦距 f 拉大 10 倍时，F 变得很大（即光圈实际尺寸变得很小），光通量将受到很大影响。

（4）在使用自动光圈镜头、自动增益控制或自动电子快门摄像机时，镜头光圈的 F 值也会发生变化。例如，若摄像机近处有景物，反射回强光给摄像机，或附近有灯光照射摄像机，这时，摄像机的灵敏度将减小，自动光圈的尺寸将被关小，光通量也将受到很大的影响。

（5）防护罩对红外灯的效果也有影响。红外光在传输过程中，通过不同介质，透射率和反射率也不同。不同的视窗玻璃，特别是自动除霜镀膜玻璃，对红外光的衰减也不同。

（6）有的器材生产商或销售商，不给出红外灯的辐照距离，只给出功率数，这对生产商、销售商来说麻烦可能少一些。但是，这是非常含糊的概念，因为功率消耗除转化为红外光能外，还有电源热损耗、电路热损耗、光源热损耗、滤光玻璃片红外光效率等。相同功率的红外灯，其辐照距离可能相差很远。

使用者在使用红外灯时，应该首先仔细阅读使用说明书，特别是其中为保证人身设备安全的注意事项。检查前面所讲述的配套性方面是否达到要求，以及应考虑到的影响因素是否考虑到，如未达到要求，可及时调整所用器材。

使用者不应擅自提高供电电压，因为在设计红外灯时，既考虑其辐照度的充分发挥，又考虑了其安全可靠性。提高供电电压，可能使红外灯烧毁。更不应擅自拆改红外灯，否则，生产厂家可能不再负责维修。如果红外灯出现问题，应与生产厂家或供货商联系。

想一想、练一练 2

1．什么是光学系统？它由哪几部分构成？

2．光学系统的放大率是如何定义的？

3．焦距是如何定义的？

4．镜头的光学分辨率是如何定义的？它与什么因素有关？

5．镜头的作用是什么？有哪些种类？

6．选择镜头的方法有几种？具体的方法如何？

7．在视频监控系统的实际应用中，为什么说在安装调试完后，手动变焦镜头只相当于一个定焦镜头？手动变焦镜头的优点是什么？

8．摄像机的作用是什么？有几种类型的摄像机？

9．黑白 CCD 摄像机电路由哪几部分构成？彩色 CCD 摄像机电路又由哪几部分构成？

10．彩色滤色器阵列的作用是什么？有几种排列方式？什么是补色式滤色器？

11．如何调整彩色摄像机的白平衡？

12．采用数字信号处理技术的摄像机有什么特点？

13．怎样具体地安置云台？

14．如何保养摄像机？怎样处置摄像机的日常故障？

15．云台的作用是什么？云台有哪几种类型？

16．怎样处置云台的日常故障？

17．什么是预置云台？其工作原理为何？

18．智能球形云台的主要特点是什么？

18．防护罩有什么作用？

19．发光二极管阵列红外灯的工作原理及特点为何？

项目 3

中心控制端设备的操作与维护

知识目标

1. 认识中心控制端系统架构。
2. 认识各类型监视器。
3. 认识各类型系统主机。
4. 认识各类型 24 小时录像机。
5. 认识各类型中心控制端设备。

技能目标

1. 能准确画出中心控制端拓扑图。
2. 能正确安装、操作各类型监视器并进行日常维护。
3. 能正确安装、操作系统主机并进行日常维护。
4. 能正确安装、使用各类型中心控制端辅助设备并进行日常维护。

场景描述

中心控制端由系统主机、切换器、控制器、主/分控设备、辅助视频处理设备、图像显示与记录用的监视器及图像记录设备（含 24 小时录像机与硬盘录像机，在项目 6 中专门进行学习，此处不再提及）。由于中心控制端的设备普遍采用模块化配置，能针对系统规模和用户不同的差异化需求，构成相应的组合。所以，通过本项目的学习，应掌握各种设备的结构特点、基本操作、维护与日常故障的处置方法，能对视频监控系统进行科学的操作、管理及日常的维护，能灵活配置视频监控系统。在学习本章前，大家应先预习有关的光学方面的基础知识。有兴趣的同学还可用有关光学系统计算公式在 VC++、VB 等编程语言中尝试着进行编制。

任务 1　监视器

监视器是传统视频监控系统中心的必备设备之一，其作用是显示由各监视点的摄像机传来的图像信息。对于只有几个监视点的小型视频监控系统，有时只需一个监视器即可（通常是配用画面分割器，将多个摄像机的画面组合在一起进行显示；或者用视频切换器，将几个摄像机的画面轮流切换显示）；而对具有数十个监视点的大型视频监控系统而言，则需要数个甚至数十个监视器，构成庞大的监视墙。

1.1 了解监视器的特点

由于监视器有特殊的使用要求和标准，所以它和电视机虽然有很多相同之处，但两者在线路结构和技术指标方面有较大差别。相比之下，监视器具有如下特点。

（1）监视器的清晰度远高于电视机。一般电视机的清晰度只有270线，而专业监视器一般都能达到彩色400线、黑白500线，至于广播级监视器可达彩色800线、黑白1 000线。

（2）电视机的输入信号是未经调制的正极性的视频信号。虽然收、监两用电视机也有视频、音频输入端子，但其基本模式仍为接收射频信号。

（3）监视器具有较多的调节装置和外部控制机构，这主要因为监视器线路不能设计任何补偿、平衡线路所致。

（4）监视器没有高频头与公共通道等部分，有的还不带音频。

（5）监视器是完全显示被摄取物的原样，不能有任何附加影响，包括被摄物体的不足也将会“保存”下来。而电视机是为满足人们的视觉享受，故尽可能地修改被摄物体的缺陷并在色彩上加以处理，因此能够观看到鲜艳的、漂亮的图像。

（6）CRT监视器的清晰度与电视机不一样。依据中国电视标准，1 MHz的频带宽度对应80电视线清晰度，那么6MHz的频带就可通过480线图像信号。但该信号能否在荧光屏上显示出来，还需看显像管的分辨力是否合格。否则，再宽的频带的电视机也不能改装成高清晰监视器。

1.2 认识各类型监视器

1．监视器

监视器是把各摄像机传回的视频信号还原成可见光的图像。近年来，由于多媒体视频监控系统和数字硬盘录像技术的普及，计算机的显示器也可实现对各摄像机传回的视频信号的还原，因此，专用的监视器不一定是视频监控系统的标准设备，但是，对绝大多数视频监控系统（包括多媒体视频监控系统）来说，由于监视器直接接收标准视频信号输入，可方便地构成监视墙，又不像计算机那样需要很多鼠标操作，也不存在死机情况，价格又比显示器便宜，因此，仍被生产厂家、集成服务商和用户选为主要的显示设备。为了进一步降低系统造价，有些监控系统就用物美价廉的大屏幕彩电充当监视器。由于篇幅的原因，有关监视器具体结构、电路原理部分的内容，我们将放在配套的教学资料包中，这里不再提及。

（1）按其构造机理，监视器分为阴极射线管型（Cathode Ray Tube，CRT），俗称显像管，有黑白和彩色之分（图3-1）；液晶显示器件（LCD）；等离子显示器件（PDP）。后两种主要用于高端视频监控系统中。

图3-1　CRT监视器

（2）根据机型档次及显示图像质量的高低，监视器又分为精密型，标准型和收、监两用型。

2. 监视墙

监视墙是传统大型视频监控系统应用的、由多台监视器构成的显示设备。然而随着技术的发展，大屏幕直/背投电视已经应用于大型数字视频监控系统，作为监视重点画面的显示设备，因其画面宏大、视野开阔、图像清晰，大有取代监视墙之势。

（1）监视墙的结构

一些有特殊需求的大型监控系统，把多台监视器的画面合在一起，就成了监视墙（如图 3-2）。主要用来显示大幅面的图像，如 2×2 幅面、3×3 幅面，甚至 4×4 幅面。需要说明一点，此时它与视频矩阵主机的输出就不再是一一对应关系，而是“多对一”的关系，即视频矩阵主机输出的某一路视频信号首先通过一个画面分配器（和画面分割器的功能相反，可将输入的一路视频图像分割为 4 块、9 块或 16 块输出），再将其各路输出按一定的排列组合顺序接到对应的监视墙上，8 台（16 台）监控器加在一起才显示一幅完整的大幅面图像。所以，此时最好用无缝拼的无壳监视器。整个监视墙既可以当做一台大屏幕监视器用，也可以当做多个小监视器用。图 3-3 所示为由 24 台监视器组成的监视墙示意图。

图 3-2　监视墙实景

（2）监视墙的特点

监视墙和通过物理堆积形成的监视墙在功能方面不尽相同，前者是在实际中根据系统的规模、用户要求等因素设计的，是由多台 GRT 或 LCD 监视器组成的一面监视墙。通常都是使组成监视墙的每一台监视器对应一路图像显示，因而，可以同时监视由矩阵主机输出的多路图像。因监视器的数量多且通过机柜将多台监视器组成了墙的形状，所以，结构紧凑，节省监控中心用地。

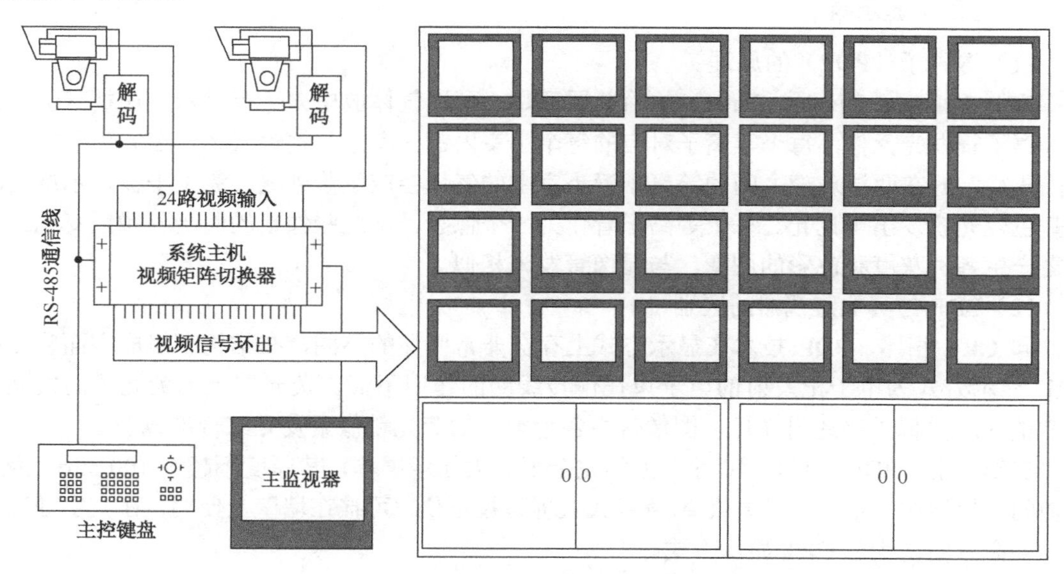

图 3-3　由 24 台监视器组成的监视墙示意图

3. 液晶显示器

液晶显示器如图 3-4 所示，和采用 GRT 的传统监视器不同，液晶显示器使用的显示器件是 LCD，采用的是薄膜晶体（TFT）工艺，其自身显示方式为数字方式。有些新型的专用于计算机显示的 LCD 显示器设计了专用数字接口，可直接与具有数字输出接口的图形适配器相连接，但目前尚未形成统一的数字接口规范。常用的有两种类型的模拟接口，如下所述。

图 3-4　液晶显示器

① 模拟 VGA 接口将计算机输出的模拟信号在其内部经 A/D 转换器转换为数字显示驱动信号。

② 复合视频及 Y/C 视频信号接口将输入的模拟视频信号经内部转换后形成数字显示驱动信号。

LCD 显示器件的像素数是固定的，如 15 寸的 LCD 显示器的像素数，大都为 1 024×768，像素间距为 0.297 mm；17 寸 LCD 显示器的像素数通常为 1280×1024，但 Silicon Graphics 公司的 17 寸 LCD 显示器 1600SW 的像素数则达到 1 600×1 200。按照 ITU-R 601 标准，PAL 制数字图像的取样点数应为 720×576（DVD 图像显示通常是按 704×576 像素取样），对上述 LCD 显示器的像素数来说显然是有富余的，但一般来说，按 LCD 显示器的固有分辨率运行可以达到最佳显示效果。

LCD 显示器件对刷新率要求不高，因为每个像素的状态或者为“开”，或者为“关”，仅当屏幕上的信息变化时才改变其状态。故液晶显示器没有 CRT 监视器那样可感觉到的闪动。

液晶显示器的缺点是视角比较窄。从正面看基本正常，若从侧面观看 LCD 显示屏，图像可能会变暗，彩色可能漂移，有时甚至会看到反图像，需采用面内切换技术来解决。此外，由于早期的液晶显示器的响应速度一般在 40 ms，所以在显示高速动态的画面时，会出现“拖尾”现象；现在的 LCD 显示屏，其响应速度大多在 16 ms，可避免“拖尾”现象。

4. 等离子显示器

（1）等离子（PDP）的原理

PDP（Plasma Display Panel）的简单原理是：利用气体放电来进行显示。在技术上，采用等离子管发光元件，每个等离子对应的每个小室内都充有氖氙惰性气体。在等离子管电极加高压后，封在两层玻璃之间的等离子管小室中的气体会产生紫外线，激励平板显示屏上的三基色荧光粉发出可见光。每个等离子管作为一个像素，由这些像素的明暗和颜色变化组合使之产生各种灰度和色彩的图像，与显像管发光相似。

（2）PDP 与其他监视器的区别

同 CRT 相比，PDP 技术在显示方式上存在非常明显的不同，在结构和组成方面领先。CRT 显示方式为电子枪发射的电子束在偏转线圈的作用下轰击荧光屏上的荧光粉而发光；PDP 的显示类似于普通日光灯，图像是由各个独立的荧光粉像素发光综合形成的。

在结构上，PDP 可做成 40 寸以上的完全平面大显示屏幕，其厚度不超过 100 mm，为超薄型的平板结构，完全可以替代直/背接式大屏幕投影仪，可挂在墙壁上使用，在文字处理能力与寿命方面均优于 CRT 显示方式。

等离子显示器的外观如图 3-5 所示。

图 3-5　等离子显示器

1.3　监视器安装与调试

1．安装

安装前需选择好监控室，监视器的安装应符合下列要求。

（1）监视器可装设在固定机柜和机架上，也可装设在控制台上，当装在机柜上时，机柜应与地面固定；机柜背面和侧面距离墙的净距不应小于 0.8m，安装在机柜内的设备应牢固、端正，垂直偏差不得超过 1‰，相应采取适当的通风散热措施。

（2）监视器的安装位置应使屏幕不受外来光直射，当有不可避免的光时，应加遮光罩遮挡。

（3）监视器外部可调节部分，应暴露在便于操作的位置，并可加保护盖。

（4）供电电源应配置专门的配电箱，当电压波动超出 10%～50%范围时，应设稳压电源装置。

（5）应经隔离变压器统一供电给每台终端监视器；远端监视器可就近供电，但设备均应设置电源开关、熔断器和稳压等保护装置；宜采用一点接地方式，接地母线。

（6）应采用铜质线，接地线不得形成封闭回路，不得与强电的电网零线短接或混接；防雷接地装置宜与电气设备接地装置和埋地金属管道相连。

2．调校调试

对于获得好的彩色或黑白图像效果调校监视器和系统是必要的。为什么要调校监视器呢？例如，正好看到监视器色彩偏绿，那么在屏幕调整图像时，似乎就只需要降低绿色的色调，但殊不知这会导致任何类型的输出偏红色。只有通过拼合屏幕的反应，校准才会有助于补偿这些偏移。

调校是多步骤的过程，是从不同预置的菜单中选择常规设置。要细心地浏览监视器校准步骤，开始校准，比较输出结果和调整，以产生相对均匀的颜色，从而完成整个校准过程。

在开始调校之前，应该知道几个与监视器有关的参数，包括色温（通常是 5000℃、6500℃、7500℃或 9300℃）、灰度（常常是 2 和 3 之间的两位小数）和伽马数（红、绿、蓝的 x、y 坐标的 6 数字集；这些数字可上达 3 位小数）。有些监视器会在出厂时已经预设好，有些还自带开机自动校准功能。

校准之前，启动监控系统和监视器，并让它至少预热一个半小时。预热监视器很重要，否则校准的结果就不精确。注意在校正监视器时，应保持房间是光亮的。过亮或过暗的环境会导致校准的偏差。另外，还有两个问题需要确定。

（1）如何调试色度、亮度和对比度这三个旋钮为了调整颜色，我们首先要输入彩条信号，在标准的75%彩条里，相应的蓝信号在这几条里的幅度是完全一致的。我们只需要调整色度，使相应的亮度区域一致就可以了。特别注意应微调，不要做太大的调整。用这种方法，可以使监视器能比较准确地重放出原始的颜色。

有关亮度和对比度的调整，亮度调整是让我们作黑电平调整，对比度调整才使我们将亮度层次拉开。我们调整亮度电平时，信号是向垂直方向整体移动。如果我们不正确地调整亮度，可能在亮的区或比较暗的区，信号发生混叠，细节分不出来。相反，如果我们把对比度放大或缩小，暗部的基点是不动的。

为了调整亮度的信号，必须输入三电平调亮度的信号（PLUGE），三电平调亮度的信号包括-3%黑、0%黑、+3%灰。如果我们能看到一个-3%的黑色电平条，就证明黑电平有点偏高了。实际上我们是使-3%黑与0%黑两个条都相对一样，但是+3%的灰条一定要看到，这就是正确的亮度信号。对于对比度来说，实际上没有一个相应的严格标准，可以根据环境以及感觉调到一个合适的电平。但是，高亮度可能会使相应的清晰度下降。每一个厂家有一个相应预置的对比度值。

（2）如何调整白平衡

偏置调整主要是针对暗部区域调整黑平衡的，而增益调整主要是针对亮部的白平衡。在这个调整的过程，先要调黑的部分，通过偏置调整调到相应的坐标轴值，然后再调亮的部分，白的部分要调到相应的X、Y值，并且反复调整，最终达到完全重合的标准。我们要正确的调整色温白平衡，实际上是需要颜色分析仪来做。如果用颜色分析仪，就可以看到相应的X、Y的值和亮度值。

相关知识链接　监视器对使用环境的要求

监视器对其使用环境有一定的要求，如果使用环境良好，会延长产品的使用寿命。

（1）尽量在干燥通风的环境下使用，尽量远离可能产生水蒸气的设备和物体；

（2）在使用中不要堵塞设备的通风孔，以免影响设备的散热；

（3）不要靠近热源，如电热取暖设备、其他设备的散热装置等；

（4）使用设备制造商推荐的工作交流电源，避免电源干扰，注意地线的正确连接；

（5）使用牢固的工作台，使用设备制造商搭配的支架或者设备制造商推荐使用的其他支架和安装方式，使用中避免摔坏设备；

（6）尽量在干净、清洁的环境中使用，注意防尘；

（7）不要在阳光直射的环境下使用，减少反光；室内照明尽量使用冷光源，避免外界光线对显示器的色彩还原造成影响；

（8）一般情况下，使用环境的温度应该在−10℃～+40℃，湿度应该在10%～90%（没有冷凝现象）。

1.4　处置CRT监视器日常故障

由于监视器主要由信号输入/通道、同步分离、扫描（含行和场）、色解码部分（黑白监视器没有）、视放电路（含显像管电路）、显像管及电源部分构成，这些部分均可能产生故障。因此，为方便大家清楚认识，下面对其日常可能出现的故障进行分析与处理。

1．处置电源故障

（1）故障1

故障现象：开机后无光栅；电源指示灯不亮。

故障分析与处理：

根据上述现象，说明此故障是由于电源没有输出造成的，应该首先检查保险管是否被烧毁。若已烧毁，千万不能立即更换保险管，因为在大短路故障没有排除前，强行更换保险管会使整机电流非常大，将引起更多的电路损坏。此时，必须把万用表调到 5 A 挡后串在保险管座两端进行通电试验，若故障就此消失则说明故障可能是瞬间电流过大或保险管老化所致；若保险管依旧，则说明有大短路故障存在，应该继续检查。为避免是由于行输出故障导致的电源故障，还要把电源与行输出断开，加一个 100 W 的灯泡作假负载。通电后，若灯泡正常发光，证明电源正常，故障在行输出部分；若灯泡不发光或者灯光暗淡，则说明故障点在电源。以上两步的处理非常重要，尤其是对没有多少彩电维修经验的人而言。

对电源大短路故障的检查，也应该采取加假负载和万用表监测电流的方式进行，再结合直观法观察印制电路板、有源器件（如电源调整管、整流硅桥等）、电源滤波电容等有无烧毁的痕迹，对严重怀疑对象应该采用电压法判断好坏。

（2）故障 2

故障现象：开机时显示的内容正常（说明机器各部分工作正常），过一会儿，显示内容左右扭曲、上下晃动（说明电路有不稳定的元器件）。可见损坏的元器件只能在低温条件下正常工作，当其温度上升到一定值时，就不能正常工作，维修时常称为“活”故障。

故障分析与处理：

对于这种故障，可采用人为“降温”的方法找到故障器件。具体办法有以下两个。

① 将电吹风调到冷风挡，对着可疑的元器件吹冷风，当吹到某一个元器件时故障解除，表示该元器件损坏，应更换。

② 用棉球沾上无水酒精擦拭可疑元器件表面，以加速元器件的散热，如果擦拭某一元器件表面时故障现象解除，说明该元器件损坏，应予以更换。但是，机内元器件有几百个，要做到每个元器件都采用“降温”法来处理，既不现实又不安全，因此，在采用“降温”法之前，最好先确定故障范围和可能损坏的元器件，然后再谨慎实施。

本例故障现象说明电源电路有不稳定的元器件。用“降温”法对电源整流桥堆等元器件进行“降温”处理，当对整流桥堆实施“降温”时，故障现象瞬间解除，说明有软损坏。此时，换上一个同型号的新品，可恢复正常。

2．处置信号输入/通道故障

（1）故障 1

故障现象：光栅正常，有糙点、无图像。

故障分析与处理：有糙点，说明图像信号通道部分正常，应该检查信号输入部分，如 75 Ω 同轴电缆及其插座等。

（2）故障 2

故障现象：图像不清晰，并伴有糙点。

故障分析与处理：此故障与前者正好相反，是信号通道有问题，应采用信号注入法进行检查，最好用信号发生器与示波器配合进行；无条件者，也可用镊子从信号输入端往后逐级轻轻点击，注入信号；或者用耦合电容在每一级进行信号跨越，观察图像是否变得清晰，若变得清晰说明这一级有故障。也可检查其外围元件，或直接更换信号通道集成电路。

3. 处置同步分离故障

故障现象：行、场皆不同步。

故障分析与处理：行、场皆不同步，说明全电视信号的同步没有加给行、场扫描部分，故障在同步分离部分。先检查耦合元件，无效后更换同步分离管，一般情况下，故障可排除。

4. 处置扫描部分故障

（1）故障1

故障现象：开机后屏幕仅出现一条水平亮线。

故障分析与处理：出现一条水平亮线，说明行扫描、行输出部分无问题，估计故障出在场振动部分。应该先测量场振动集成电路各脚对地的电阻，对比其标准值，判断好坏；再采取电阻法与替换法检查外围元件，一般可排除此故障。

（2）故障2

故障现象：开机有阳极高压，但瞬间消失。

故障分析与处理：由于开机后阳极高压消失，所以荧光屏不会有光栅，更谈不上显示图像。开机瞬间有阳极高压但瞬间又消失，说明监视器有高压保护电路动作。所谓高压保护，是对显像管阳极高压的一种限制。高压保护电路又称X射线保护电路，如果电压过高，X射线辐射过量，对人体是有害的，还会损坏元器件。在电源正常的情况下，造成显像管阳极高压过高的原因主要有以下两种：

① 行频太低，使显像管阳极高压猛增，超过额定电压。行频的高低，可以从屏幕上直接观察出来，在调整行频时要观察屏幕显示的变化，尽量避免出现图形向左倾斜的状态。

② 行逆程扫描时间过短，一般是逆程电容变质使容量变小所致。断开90 V电压供电回路，并在该回路接100 W灯泡做假负载，加电后，若测量输出电压为91 V左右，是正常的。24 V、17 V、6.3 V的电压输出也正常，表明电源没有故障。

调整行频电位器至中间位置，加电后监视器高压正常，只是显示的内容不稳定，说明阳极高压消失的原因是高压保护电路动作。高压保护电路动作的原因是行频太低，而行频太低的原因是行频电位器失调。仔细观察行频电位器，若锈蚀严重，则需换一同型号的新电位器稍作调整，故障即排除。

（3）故障3

故障现象：刚开机时，画面很大，然后在几秒钟内慢慢缩小到正常的情况。

故障分析与处理：这种现象是正常的。造成这种现象的原因是在刚开机时，偏转线圈所带的电流很大（偏转线圈的作用是让电子束按照一定的排列顺序射出），为了防止有大量的电子束瞬间轰击某一小片荧光屏（有可能造成此片的荧光粉老化速度加快），最终形成死点，高档监视器的保护电路开始工作，作用在偏转线圈上让电子束散开，而不是集中在某块。当偏转线圈的电流正常时，保护电路会自动关闭。所以，我们看见的图像在刚开机时很大，后来缩小至正常，这个过程就是保护电路开始工作的过程。

（4）故障4

故障现象：整个画面从左向右向上倾斜。

故障分析与处理：

这种故障现象称为图像几何失真，一般故障点不会出现在线路板上，而是由于显像管偏转线圈几何位置的变动和固定在偏转线圈周围的磁性物质脱落、松动造成的。中心调整片固定不紧时，外界稍有振动就有可能使之转动一个角度，使图像中心位置发生相应的变化，从而图像中心不对称而偏向某一方向。如果监视器设有垂直方向或水平方向的相位调整电位器，可通过电位器进行调整，如果没有，只能通过调整套在显像管尾部的中心调整片来解决（做这种调整工作一定要有一定的专业知识和维修经验，因为要带电操作）。调整过程在联机状态下效果更佳。首先将中心调整片的固定螺栓松开，前后移动，左右转动，调整好后将螺栓固定紧，然后再逐个调整放在线圈周围的磁块，直到调整到图像正常为止。

5. 处置色解码与视放部分故障

故障现象：偏色或缺少红、绿、蓝3种基色中的一种。

故障分析与处理：监视器光栅正常时应为白色，是由红、绿、蓝3种基色混合成的。例如，当光栅为黄色时，根据三基色原理，判定为缺少蓝色。一般来说，造成缺色故障的主要是色解码与视放两个部分，应检查红、绿、蓝3个视放管的C级电压是否正常、一致。若不正常或不一致，说明故障在视放部分；若正常而一致，就说明此故障在色解码部分。检查色解码部分时，应先检查色解码集成电路，再检查外围元件。具体方法与前述检查场振动一样。

6. 处置显像管故障

（1）故障1

故障现象：偏色或缺少红、绿、蓝3种基色中的一种色。

故障分析与处理：此故障在排除色解码与视放部分的问题后，还有就是显像管的问题了，有以下两种可能。

① 视频输出至显像管阴极引脚有脱焊点或接触不良。在查找到具体的故障点后，重新焊接即可排除。

② 显像管电子枪的阴极老化损坏。只有更换显像管才能恢复正常。

（2）故障2

故障现象：正常使用了一段时间后，某次开机后发现屏幕右下角是粉红色的。

故障分析与处理：故障原因是显像管被磁化，很可能是被附近的强磁场磁化所致。对于被磁化的故障，若磁化情况不严重，异常颜色就应该消失了。可使用多次开、关机的方法消磁，因为在每次开机后都会有一个自动消磁的过程（当然这种消磁能力是有限的），只不过这个过程比较缓慢，不会马上见效。如果您想通过多次开机、关机的方法来加速消磁过程，应该注意，下次开机时，要等监视器温度恢复正常再开机才能有效消磁；若磁化情况严重，还应该先更换消磁电阻。

此外，用户还可以借助消磁棒进行消磁。

（3）故障3

故障现象：使用一直正常，一次开机后监视器红屏。

故障分析与处理：根据现象分析，此故障是监视器的绿蓝阴极管发生衰减所致，解决方法是使用高压电击阴极管，可以让衰竭的阴极管暂时恢复过来，但这只是暂时性解决，所以需要更换显像管。

（4）故障4

故障现象：每次开机图像都模糊不清，过一段时间后逐渐恢复清晰。

故障分析与处理：图像模糊不清说明显像管聚焦不好，造成聚焦不好的原因主要是显像管衰老，或是聚焦（Focus）电压不正确。检查时应从两个方面进行。

① 检查显像管是否衰老。对于一般维修者来说，由于缺乏专用的仪器设备，只能用间接的方法进行。将显像管亮度电位器开至最大，给监视器加电并观察光栅情况。如果光栅显现所用的时间较长且亮度不足，则说明显像管衰老，只有进行更换。如果光栅显现的时间正常（与正常监视器相比较），则说明显像管没有衰老。

② 有时故障是由于显像管极间打火造成聚焦不好的原因引起的。将监视器移到暗处通电，继续观察，发现显像管尾板上有轻微的打火现象，打火的同时，光栅忽明忽暗变化，但因光栅较暗，并不十分明显。关机后取下尾板，发现显像管与尾板的接点已严重氧化，拔下尾板后发现管座内的接点已被烧黑。更换一只同型号规格的管座后故障即可排除。

1.5 液晶显示器日常故障的处置

1. 一般的维护知识和注意事项

（1）使用前请仔细阅读设备制造商的产品说明书，了解产品的基本性能和使用注意事项。

（2）安装液晶显示器的驱动程序。这样可以解决很多兼容性问题，而且一般的正规设备制造商均提供这样的驱动程序。

（3）如果液晶显示器出现电气故障，必须请厂商专业的维修工程师来维修。切忌让未经设备制造商授权的维修站维修，非专业人员更不要拆卸和维修，以免故障扩大或造成人员伤害事故。

（4）由于液晶显示器的核心技术来自国外，有可能出现电源插头和我国的电源插座不吻合的现象，所以须更换后使用，千万不要强行使用。

（5）由于工艺缘故，液晶显示器的屏幕很容易沾染皮肤油脂，且非常难以清除，所以应该尽量避免用手指触摸其屏幕。

（6）液晶显示器使用的是被动式光源，机内有高压，所以请不要自行拆卸，更不要自行拆卸维修，以免造成严重的伤害事故。

（7）如果发现液晶显示器出现冒烟、异常的声音和气味，或者不明液体滴入显示器内部等情况时，请马上关掉交流电源，并送专业的维修站进行检查，以免故障扩大！

（8）安装和连接信号线时，请不要在通电状态下进行。一定要先确认主机和显示器的电源均处于关闭状态下，才能安装和连接。

（9）请在设备制造商推荐使用的分辨率和刷新频率下使用。一般的液晶显示器的刷新频率和分辨率固定在：15 寸，1024 Hz×768 Hz×75 Hz；17 寸，1280 Hz×1024 Hz ×75 Hz。特别是刷新频率，切记不要超过 75 Hz，以免造成液晶显示器永久损坏。

2. 快速判断一般常见故障

对一般的监控系统操作人员而言，由于液晶显示器是新推出的电子产品，其电路结构、元器件的性能指标、资料等都还不十分完善；此外，各个厂商的产品标准也不尽相同。所以，以下只是一般性常见故障的处理方法。如果液晶显示器内部产生故障，应该由专业维修人员进行维修，请勿自行拆卸，以免造成设备不必要的损失和人员伤害。

（1）无电源故障，即开机，电源指示灯无任何反应。请先确认显示器的电源输入是否正常，然后看电源线是否插接正确，电源插座是否有电等。

（2）电源指示灯显示正常，但是无图像故障。一般的液晶显示器均有无信号提示，如果有提示而无图像，请检查信号线是否连接正确、良好；主机的显卡是否有正常的输出信号；并调节亮度和对比度。

温馨提示

一般的液晶显示器如果要和 Macintosh（苹果）计算机主机连接，可能要使用适配器，请与设备制造商联系。

（3）颜色异常故障，即有图像，但是显示的颜色不正常，首先要检查信号线是否正常连接，显卡和显示器是否兼容等。若是兼容性问题，请咨询厂商。

（4）如果发现图像有干扰线、边角不满等问题时，可使用“图像自动调节”功能。一般的液晶显示器均有这种设置。

（5）如果发现图像异常，但是不清楚如何调节，可使用“出厂设置恢复”，然后再根据图像的变化，分析是显示器本身的故障，还是需要进一步的调节。

（6）一般的液晶显示器均设置电源和功能菜单锁定功能，如果发现菜单或者电源按键无动作，请先按照设备制造商的说明进行解锁。

（7）清洁屏幕时，一定要用干净、柔软的纯棉布擦拭。擦拭后，如果还不干净，可使用少量不含氨和酒精的清洁剂再次擦拭（在实际工作中，已经发现在使用酒精擦拭时，出现屏幕损伤的问题）。

（8）外壳的擦拭和屏幕的擦拭类似，同样不能使用含氨和酒精的溶剂。

任务 2　图像记录设备

知识链接　什么是图像记录设备

在视频监控系统中，摄像机完成了对所监视现场的景物进行实时拍摄的任务，并借助监视器将所拍摄的图像实时显示出来。因而，保安人员在监控室内通过监视器屏幕上显示的画面即可完成对所辖区域现场情况的监视。在实际应用中，为保存重要的现场证据或是在无人值守的场合，有时还需对监视现场的部分或全部画面进行实时录像，以便为事后查证提供重要佐证——这就需要用到 24 小时录像机或是硬盘录像机。

传统视频监控系统一般都使用 24 小时录像机，又称为时滞录像机（Time Lapse Video Cassette Recorder）。除了具有普通录像机的基本功能外，其最大的特点就是长时间记录功能，用一盘普通录像带即可记录 24 h 甚至 960 h 的图像内容，故将其形象地称为 24 小时录像机。此外，它还包括时间字符叠加、报警输入及报警自动录像、自动循环录像、接通电源自动录像等功能，用来满足监控系统的特殊需要。

随着多媒体时代的来临，硬盘录像机（DVR）已经成为当今视频监控系统的主流配置，它采用数字压缩存储技术，将图像以数字化形式存储在硬盘上，集磁带录像机、画面分割器、视频切换器、控制器、视频服务器、远程传输系统的全部功能于一体，可连接报警探头、警号实现报警联动功能，还可进行图像移动侦测，通过解码器控制云台和镜头，通过网络传输图像和控制信号等。与传统的模拟监控系统相比，硬盘录像机一个最显著的特点就是功能强大，可方便实现网络监控及分控，具有模拟系统无法比拟的优越性。

2.1 24 小时录像机

1. 时滞原理

时滞主要是指 24 小时录像机的间歇录像功能，如对于 24 小时录像方式，其录像时滞时间为标准时间的 9 倍，即用普通 E－180 型录像带可最长录制 27 h，所以录像机录制一场图像的时间间隔就由标准的 20 ms 延长到 180 ms。因此，回放以时滞方式录像的磁带时，图像会出现动画效果，这是由于每秒钟只有不到 6 场图像造成的。而新型的 24 小时录像机为改善记录与回放的实时性，从降低带速及缩小磁迹宽度方面着手，降低了回放的动画效果。如 JVC 的 SR－L901E 录像机，增加了类似家用机 LP 方式的录像功能，让磁带带速由 SP 方式的 23.39 mm/s 降到 LP 方式的 11.70 mm/s。所以我们认为用 E－240 型的录像带可以实时地录像 8 h 视频图像，正好对应一个标准工作日时间，其 24 小时录像方式则进一步将磁带转速减为标准转速的 1/6，即 3.90 mm/s，同时将记录间隔延长为 60 ms 的场间隔。经此处理，用 E－240 型磁带以 24 h 方式录像及回放时，录像的回放场数可达 1 000/60（16.667）场/秒（相当于帧率为 8.333 帧/秒），相当于普通录像机回放录像实时性的 3 倍，动画效果得以明显改善。

2. 24 小时录像机的功能、特点

24 小时录像机是视频监控系统的专用设备，作用是长时间视频记录，因此其功能及特点远比普通家用录像机多。

（1）24 小时录像机的功能

① 时滞录像功能。时滞录像功能是 24 小时录像机最基本的功能。对广播录像机而言，一盘录像带的最长记录时间通常为 30、60、90 或 120 min，录像带的型号与普通家用录像机不兼容。对普通家用录像机而言，一盘录像带的最长记录时间可达 6 h（用 180 型的录像带以 LP 方式记录）或 8 h（用 240 型的录像带以 LP 方式记录）。长延时录像机最基本的时滞录像方式是 24 h（用 180 型的录像带）。对某些机种而言，最长记录时间可达 960 h（仍然是用 180 型的录像带），而且可以有不同时间长短的多挡记录方式供选择，其使用的磁带与普通家用录像机使用的磁带完全一样，均为 VHS 型磁带。

② 报警输入及报警自动录像功能。报警输入及报警自动录像功能也是 24 小时录像机的基本功能之一，又分报警输入与报警自动录像两个方面。

a．当报警传感器传来报警信号时，24 小时录像机接受该报警信号，自动启动录像机进入标准录像模式。

b．以时滞录像方式自动转入标准录像模式，同时还可以将报警信号输出到其他报警联动装置。这种报警自动转入标准录像模式的功能可避免“丢帧”现象，确保在报警期间记录的图像具有较高的时间分辨率。

③ 自动循环录像功能。和家用录像机运行到末端时自动停止—倒回磁带始端—停止的录像方式不同，24 小时录像机可按需求随意设定录像方式，即停止—倒带后停止—倒带后重新录像，这是视频监控系统应有的录像方式（自动循环录像）。自动循环录像是视频监控系统必备的录像方式。若不定期更换磁带，自动循环录像功能可保证录像带记录的总是最近 24 h 发生的内容。对于 24 h 以前的内容，则因没有出现异常而没有保存价值，将被 24 h 内的最新内容所覆盖。这样，若有异常情况发生，有关人员 24 h 内就可进行处理。

④ 时间字符叠加功能。普通家用录像机没有时间字符的视频叠加功能，因此，在对录

像带进行回放时看不到任何时间字符信息，这对于具有存档意义的录像资料来说是明显的缺陷。因此，作为监控系统中使用的图像记录设备，24 小时录像机无一例外地都具有时间字符叠加功能，可将事发的时间与视频图像同时记录在录像带中，使将来的复查工作相对轻松。

⑤ 供电恢复自动录像功能。作为监控系统的图像记录设备的 24 小时录像机，供电恢复自动录像是必备功能。因其在录像时，供电系统有可能出现短期故障，造成录像机暂时断电而停止工作。当供电恢复时，这种功能保证录像机重新进入录像模式，避免出现断电又重新通电时，图像内容不能记录在录像带上的情况发生。

（2）24 小时录像机的特点

24 小时录像机和普通家用录像机相比较，无论是在图像录制方式、磁头转动方式、机械结构等方面，还是在耐久性上都有很大的差异。

① 从图像录制方式讲，家用录像机每秒固定录制 25 帧图像，即相当于每 40 ms 录制一帧图像（其中，每 20ms 录制一场图像），对录像带的回放不存在动画播放效果；而时滞录像机则根据设定录像时间的长短决定每秒录像的帧数，因而造成在录像回放过程中，有或多或少的动画播放效果。设定录像时间越长，则时滞间隔越长，如使用 960 h 的长延时录像机并工作于 960 h 录像方式，则每隔 6.4 s 才会录制一场图像，因此，如果同样按 960 h 方式回放录像带，就会感觉到与播放独立的幻灯片没有什么区别了。松下 AG－6730 时滞录像机在不同时滞录像方式下的场记录时间间隔如表 3-1 所示。

表 3-1　AG－6730 时滞录像机在不同时滞录像方式下的场记录时间间隔

时滞录像方式/h	3	24	48	72	84	120	180	240	480
最长记录时间/h	3	27	51	75	87	123	183	243	483
场记录时间间隔/s	0.02	0.18	0.34	0.5	0.58	0.82	1.22	1.62	3.22

② 从磁头的转动方式讲，家用录像机的磁头利用电动机经过皮带或齿轮来传动，只要一启动就要连续转动一段时间。而专业的时滞录像机必须由伺服电动机（Servo Motor）或步进电动机（Stepping Motor）直接驱动磁头，使其一格一格地转动，每录制一场（或一帧）图像，磁头就会转动一格。

③ 从机械结构和使用寿命上讲，家用录像机主要用于播放录像带，一旦磁带加载可能要连续播放 2～3 h，然后停机关闭电源，反复启动录像（特别是反复检索录像）的时间一般不会太多，更不会每天 24 h 周而复始地连续运行。考虑到费用问题，一般情况下尽可能降低材料成本，因此，家用录像机的实际使用寿命远比专业时滞录像机低。

时滞录像机专门为视频监控系统使用，可能从第一天加电使用开始就再也不断电，而当检索某个重要证据时，可能要反复地使录像带前进、倒带，因此，专业时滞录像机的磁头及机械结构的寿命要比家用机高。

2.2　24 小时录像机的使用

新型 24 小时录像机增加了某些特殊功能，所以使用起来比较麻烦，这里以 JVC 的 SR－L900E 24 小时录像机为例，介绍其设置和使用方法。

1．前面板设置

SR－L900E 的前面板如图 3-6 所示，其各按钮功能如下所述：

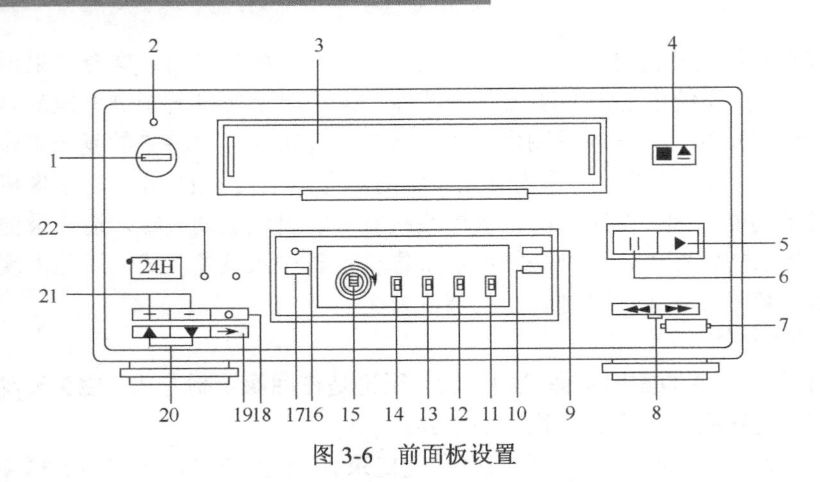

图 3-6　前面板设置

（1）电源开关（POWER）按钮，接通/关闭电源。当有磁带插入时，电源可自动接通。

> SR—L900E 具有热待机（Standby）功能，即使关闭电源开关，也没有断开交流电源。
>
> 温馨提示

（2）电源指示灯。

（3）磁带仓。

（4）停止/出带（STOP/EJECT）按钮，停止磁带运行。在停止（STOP）状态时，按此按钮可将磁带弹出。

（5）放像（PLAY）按钮。在静像（STILL）或搜索（SEARCH）方式时按下此按钮，可重新回到普通放像方式。在录像暂停（RECORD-PAUSE）方式时按下此按钮，可恢复录像状态。

（6）暂停/静像（PAUSE/STILL）按钮。在录像（RECORD）方式时按此按钮，可暂停录像。在放像（PLAY）方式时按此按钮，可显示静止画面。在静像（STILL）方式时按此按钮，可使画面逐帧前进。在入像方式时按下此按钮并保持 2 s 以上，可进行慢速放像。

（7）录像（REC）按钮。按住此按钮并同时按下放像（PLAY）按钮可进入录像状态。如果屏显（ON SCREEN）开关处于“ON”，则可在监视器屏幕上显示出“R”字样。

（8）倒带/快进（REW/FF）按钮。在停止方式时按此按钮，可倒带或快进。在入像方式时按此按钮，可高速搜索画面。在报警录像磁带的回放过程中按下此按钮，可进入报警搜索状态，当磁带到达报警录像的开始点时，录像机进入静像状态。

（9）磁带运行（TAPE RUN）指示灯。其功能如表 3-2 所示。

表 3-2　磁带进行指示灯

磁带运行方式	指示灯状态
停止	灭
录像	红灯亮
录像暂停	红灯闪
放像	绿灯亮
静像	绿灯闪（1 Hz）
搜索	
慢放	
倒带/快进	绿灯闪（4 Hz）

（10）SP 方式指示灯。在 VHS SP 方式录像时，此灯点亮。当录像/放像方式（REC/PLAY MODE）选择开关置于 WHS 位置并回放 SP 录像磁带时，此灯点亮。

（11）录像/放像方式（REC/PLAY MODE）选择开关，选择放像或录像时的磁带速度。

24 h：24 h 时滞录像方式。

VHS：SP 方式。

（12）重复录像（REPEAT REC）开关。

ON：录像带走到头时自动倒带，并从磁带的起始位置重新开始录像。

OFF：录像带走到头时自动倒带，并停止在磁带的起始位置。

（13）自动录像（AUTO REC）开关。

ON：因故障断电而过后电源又重新接通时，可自动重新开始录像。由外接定时器控制录像机自动录像时，开关也置于此位。

OFF：如果不需自动录像，应将开关置于此位，否则，可能会因偶然加电而抹掉磁带上已有的录像内容。

（14）屏显（ON SCREEN）开关。

ON：时间/日期信息与输入的视频信号一起被记录，并同时被叠加在监视器屏幕上。

OFF：没有时间/日期信息被记录或被叠加。

（15）方式锁定（MODE LOCK）匙孔。

插入钥匙并旋至“ON”位，可将录像机锁定在当前工作方式，此时，除 RESET 按钮外，其他所有功能按钮均失效。

如果电池失效，则此锁定功能将无法实现。

（16）报警（ALARM）指示灯。当报警信号输入到后面板的 ALARM IN 端子而开启报警录像时，此灯点亮。

（17）复位（RESET）按钮，停止报警录像，并同时关闭报警指示灯。

（18）时钟（CLOCK）按钮，用于时间/日期设定时选定数字。

（19）移位（SHIFT→）按钮，在时间/日期设定时移动闪动的数字。

（20）设置（SET▲/▼）按钮，用于在时间/日期设定时选定数字。

（21）跟踪/垂直锁定（TRACKING/V.LOCK +/–）按钮，用于调整回放图像的磁迹、静止图像在垂直方向的跳动。

（22）数字跟踪（DIGITAL TRACKING）指示灯，在磁迹跟踪过程中此灯闪动，当跟踪调整完成后，此灯点亮。

2．后面板设置

SR—L900E 的后面板如图 3-7 所示，其各端子的名称及部分功能如下所述。

（1）遥控输入（REMOTE IN）连接器（RCA），与遥控单元 RM-G30U（选件）连接。

（2）视频输出连接器（BNC），输出回放视频信号。无论电源是否接通，可将视频输入端的信号从此端口环通输出（视频输入连接器（BNC））。

（3）话筒输入连接器，与话筒连接。当话筒输入与音频输入同时存在时，将记录两者的混合声音。

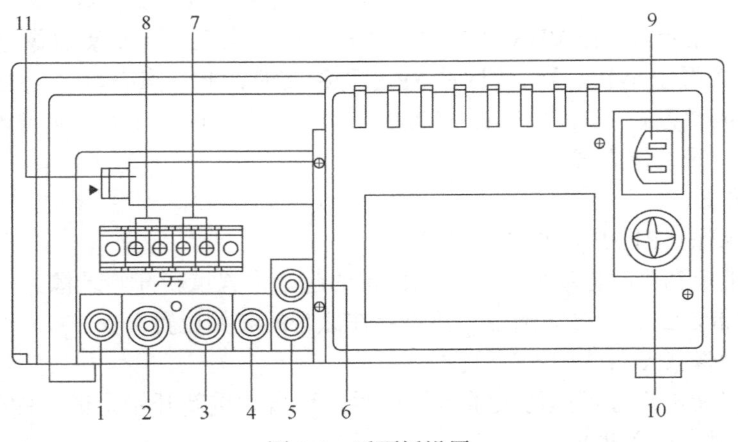

图 3-7　后面板设置

（4）音频输出连接器（RCA）。

（5）音频输入连接器（RCA）。

（6）报警输入端子。报警信号输入如图 3-8 所示。其中，当报警时间小于 1 min 时，报警录像将记录 1 min 时间，如图 3-8（a）所示；而当报警时间超过 1 min 时，报警录像将按实际报警时间的长短来记录，如图 3-8（b）所示。

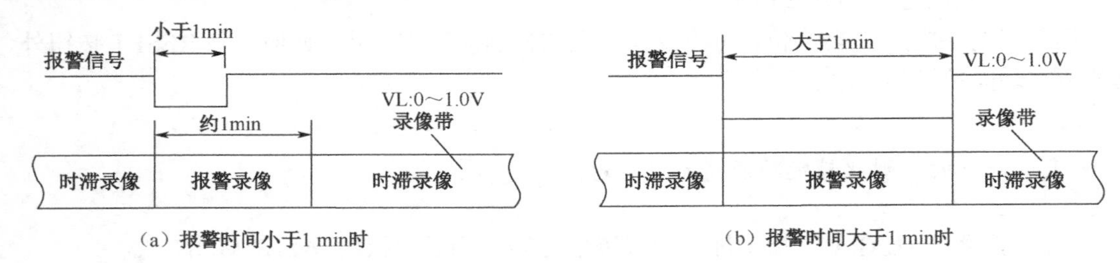

图 3-8　报警信号输入

（7）摄像机切换输出（CAMERA SW OUT）端子，输出如图 3-9 所示的摄像机切换信号。

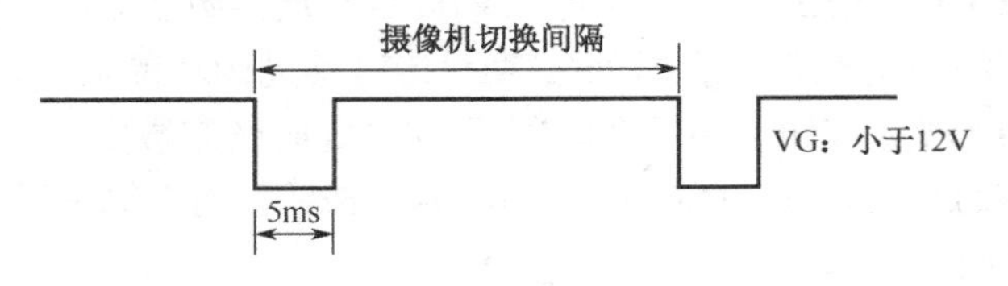

图 3-9　摄像机切换信号

（8）交流电源输入插座。

（9）保险丝。

（10）电池匣，用于保持时间/日期字符的设定，一般可以工作一年以上。

（11）录像/放像方式（REC/PLAY MODE）选择开关，选择放像或录像时的磁带速度。

24 h：24 h 滞录像方式。

VHS：SP 方式。

3．具体使用方法

24 小时录像机的装带、卸带、录像、放像等的使用与普通录像机相同，所以这里仅介绍与普通录像机不同的按钮开关的设置。

（1）设定时间、日期

① 将 ON SCREEN 开关置于“ON”，时间、日期字符将在屏幕上闪动显示。

② 按下 CLOCK 按钮，最左边的日期字符闪动，此时可通过按压 SET 按钮选择正确的日期。日期输入完毕，可按压 SHIFT 按钮将光标移向下一个位置。

③ 依次重复上述步骤，直至日、月、年、时、分、秒全部输入完毕。再次按下 CLOCK 按钮即可结束时间、日期的设定。

需要注意的是，当电池失效时，上述设定值可能会自动复位并在屏幕上闪动，同时还可能引起录像机的方式锁定功能失效，此时，应及时更换电池。

（2）屏显位置设定

时间、日期字符在屏幕上的显示有两个选择区域，可在设定时自由选定。按下 TRACKING/V.LOCK 的“+”按钮可使字符在屏幕中下部显示，按下“–”按钮，则在屏幕的底部显示。

（3）选择录像方式

录像方式由前面板上的 REC/PLAY MODE 开关来选择。当选择 VHS 方式时，录像机将以标准的 VHS SP 方式记录。用一盘 E—180 磁带，其最大记录时间为 3 h。此时，录像间隔（场间隔）为 20 ms，摄像机切换间隔（帧间隔）为 360 ms，带速为 2.6 mm/s。

当选择 24 h 时滞方式时，录像机以 24 h 时滞方式来记录。此时用一盘 E—180 磁带，其最大记录时间为 24 h，录像间隔（场间隔）为 180 ms，摄像机切换间隔（帧间隔）为 360 ms，带速为 2.6 mm/s。

当前面板上的 REPEAT 开关置于“ON”时，磁带走到带尾会自动倒带并重新从带头开始录像，因而一盘磁带实际上只记录了最近 24 h 所发生的事情，24 h 以前的内容因重新录像而被抹掉。对于这种情况，建议一盘磁带的连续使用不要超过 50 次，否则图像质量将下降。当前面板上的 AUTO REC 开关置于“ON”时，一旦录像机断电后又重新通电时，可以自动进入录像方式，其录像设定方式与断电前相同。这种设置可以避免在无人值守的情况下因瞬间断电而使录像机停止录像。

即使录像机是处于 24 h 录像方式，当后面板的报警输入端收到报警信号时，也会自动转为标准 VHS SP 录像，并同时在录像带上记录报警检索码，与此同时，前面板上的报警指示灯闪亮。报警结束，录像机还可回到原 24 h 录像方式。

有时录像机需要工作于外部定时录像方式，此时应将录像机的电源输入接于外部定时器上，同时使前面板上的 AUTO REC 开关置于“ON”。则当定时器接通电源时，录像机即可自动进入录像状态。

（4）设置回放录像

回放录像的操作方法与普通录像机的放像操作基本相同，不同的是，当持续按住前面板上的 PAUSE/STILL 按钮 2 s 以上时，录像机可转为慢放状态，再次按下 PLAY 按钮时可解除慢放状态。一般来说，放像方式要与录像方式一致。在进行报警搜索时，为便于管理者审看，可在放像状态下按 FF 按钮或 REW 按钮，则录像带会自动快进或倒退到报警录像开始点，同时静止图像。

任务3 系统主机

3.1 什么是系统主机

它是视频监控系统中心控制的核心设备，集系统控制单元与视频矩阵切换器为一体，系统主机的核心部件是微处理器（CPU）。微处理器一般使用 Intel 的 89C51、Motorola 的 6800，Zilog 的 Z80 等。现在，也有以 32 位 CPU 作为高性能系统主机的微处理器。系统主机的实物图如图 3-10 所示。

微处理器利用各种接口芯片，随时扫描控制面板上各控制按钮的状态，与此同时，还要扫描通信端口是否有由主控或分按键盘传出的控制指令。此外，微处理器还会扫描报警接口板是否有报警输出。

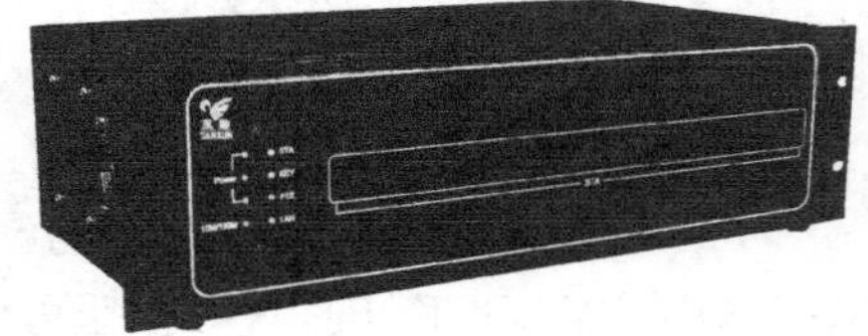

图 3-10　系统主机实物图

在按下控制面板或控制键盘上的按钮时，微处理器能正确判断该按钮的功能含义，并向相应控制电路发出控制指令信号，使外接设备做与主控端指令相符的动作。受控的外接设备包括云台、电动三可变镜头、室外防护罩的雨刮器及除霜器、摄像机的电源、红外灯或其他可控制设备。

3.2 认识系统主机

1. 系统主控器

如图 3-11 所示，系统主机的系统主控器主要由微处理器 CPU 及周边设备组成。其中，微处理器 CPU 是系统的核心，它不断地对主控制键盘、编/解码器接口及控制单元进行扫描，查询本地及远端控制键盘是否有键按下。如果有键按下，CPU 会正确解释该按键的含义，并发出指令控制相应设备的动作；如果报警控制电路接收到报警信号，CPU 则根据报警探测器的端口号将对应于该端口号的摄像机画面切换到主输出监视器或其他指定的监视器上，同时将报警信号送到其他外设。

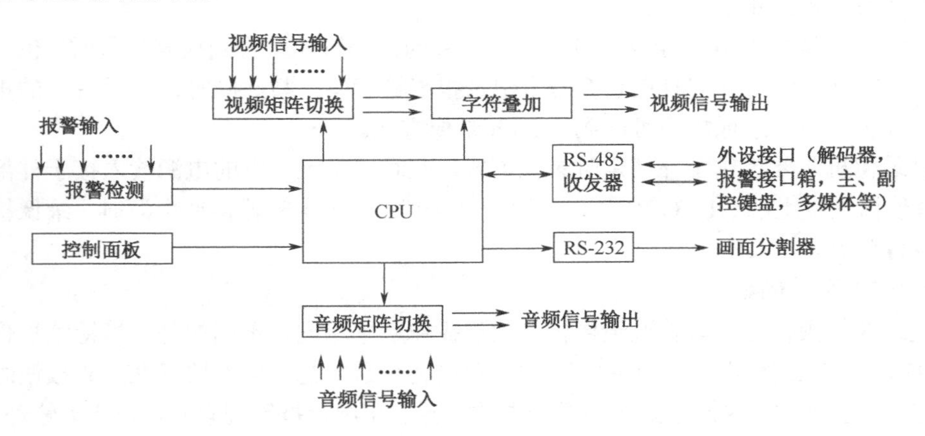

图 3-11　系统主控器的结构

有些系统主机还可以通过 OSD（On Screen Display）菜单设置，将多个报警探测器与多个摄像机关联。例如，某房间有一个摄像机，但有红外探测器、门磁开关及紧急按钮 3 个不同类型的报警装置，则将这些报警装置与该摄像机进行关联设置后，无论是哪一个报警装置发生报警，都会使切换系统将与该报警装置联动的摄像机所摄画面切换到主监视器上。再如，某房间有一个报警探测器，却有两个不同角度（位置）的摄像机，则进行报警关联设置后，如果发生报警，系统主机就会将两个摄像机的画面轮流切换到主监视器上，或是将两个摄像机的画面分别切换到不同的两个监视器上。其控制部分的具体工作流程如图 3-12 所示。

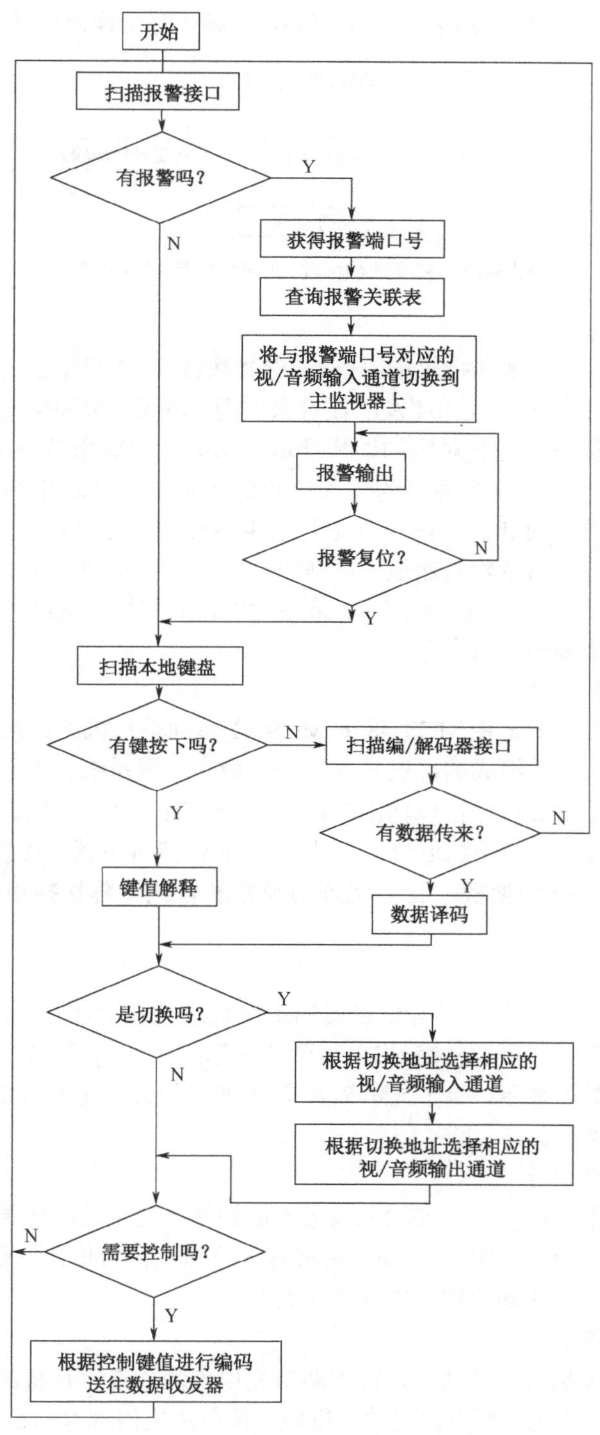

图 3-12　控制部分的工作流程

2．视/音频矩阵切换器

与一般的矩阵切换器（在后面介绍）不同，对视/音频矩阵切换器的各种操作全部由微处理器控制。对于某些音频矩阵切换器，有两种配置，一种是从系统主机中分出来，成为独立的由 CPU 控制的视/音频矩阵切换器；另一种是和主控制器共享 CPU，成为系统主机中的一个重要分支。图 3-13 所示为早期应用的 8×8 路视/音频矩阵切换部分的原理框图。

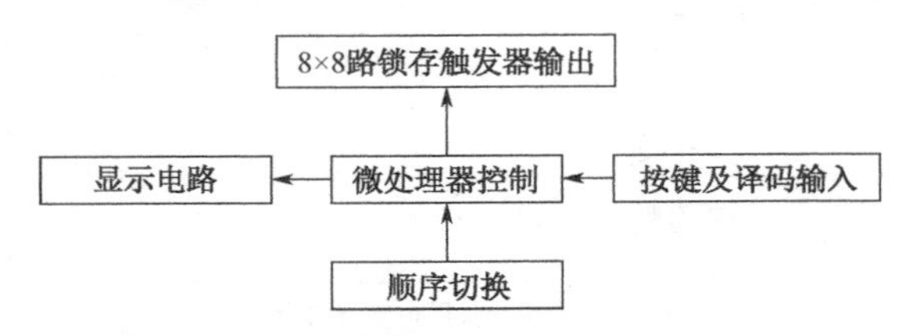

图 3-13　视/音频矩阵切换部分的原理方框图

（1）按键、译码输入部分

按键、译码输入部分主要包括对 16 只输入选择按键和 16 只输出选择按键的译码。译码工作可由十进制 BCD 码译码器 C304 及二极管来实现，该部分可根据对输入或输出的不同选择分别输出两组二进制码，送到对应的切换通道。例如，在输出按键区选“3”而在输入按键区选“8”，即表示把第 8 路摄像机的输入信号切换到第 3 个输出端口上。目前流行的译码方式采用两级，即首先对状态译码（判定是选定输出端口还是选定输入端口），而后再通过共用的数字按键选定输出及输入通道号，例如，“MON”→“3”表示选择了第 3 个输出端口；而“CAM”→“8”则表示选择了第 8 路摄像机输入信号，其结果也是将第 8 路摄像机输入信号切换到第 3 个输出端口上。

（2）微处理器控制部分

微处理器控制部分一般是由 MCS-48 或 MCS-51 系列单片机配合地址锁存器 74LS373 和程序存储器 EPROM2764 等组成的，也是单片机的最小应用系统。由于矩阵切换器在完成切换动作后，每一路的输出必须保持该输出端口所选择的输入信号，因此，必须保持固定的对应于该输入信号的码位（相当于通道号）。这里码位的保持可由锁存触发器 CC4042 实现，其输出同时被送往视频矩阵切换板、音频矩阵切换板和音频矩阵切换板的多路模拟开关（如 CC4067）的地址端。

（3）显示电路

显示电路用于显示系统主机/矩阵切换器的工作状态（通道号），选用 4 位 LED 数码管，其中两位显示输入通道号（摄像机编号），另两位显示输出通道号（监视器编号）。有些系统主机选用多字符的液晶屏显示，除了显示输入/输出通道号外，还可以显示控制状态信息，或是用来显示系统设置菜单。

（4）顺序切换按键装置

顺序切换按键是指将第 1～16 路输入信号轮流切换至选定的输出端。当顺序切换按键被按下时，单片机的 T_1 端口为高电平，此时，可将每一路输入信号依次送到选定的输出端口（端口的选定及轮换时间间隔的确定均可由软件调整）。

（5）状态记忆装置

系统主机一般都有状态记忆功能，可用两节充电电池加在单片机的 V_{CC} 引脚。平时，电池处于充电状态，一旦断电，则电池对 V_{CC} 供电，使单片机内部 RAM 单元的内容得以保存。

另外，该电池还通过一个二极管接至锁存触发器 CC4042 的电源端，一旦断电，CC4042 在电池供电的情况下可保持原输出状态。

3.3 认识系统主机的通信分系统

系统主机与分控键盘、解码器之间有特定的通信端口（DB9/RJ-45），通过 5 类线进行物理方式连接。一般采用 RS-485 与曼彻斯特两种通信协议。

1. RS-485 通信协议

RS-485 通信方式是目前国内厂家应用的一种编码通信方式，其正式名称为 TIA-485-A。

（1）RS-485 通信芯片

RS-485 通信方式使用的芯片主要是 Maxim 公司的 MAX3082、MAX1487，以及 TI（Texas Instruments）公司的 SN75176、SN65LBC184 和 SN75LBC184 等。

RS-485 通信系列芯片包括有多个系列的几十个种类，如其中的+3 V/+5 V 供电系列、可进行逻辑选择全双工/半双工系列等。RS-485 通信芯片如表 3-3 所示，常用的为 MAX481～MAX491 与 MAX3080～MAX3089 等+5 V 供电系列。

表 3-3 RS-485 通信芯片

型　号	数据速率（Mbps）	双　工	最多可并接数量	特　性
MAX481	2.5	半双工	32	slew
MAX483	0.25	半双工	32	减少电磁干扰和反射
MAX485	2.5	半双工	32	可直接替代 LTC485
MAX487	0.25	半双工	128	具有 1/4 负载的 MAX483
MAX488	0.25	全双工	32	减少电磁干扰和反射
MAX489	0.25	全双工	32	MAX488 加上驱动/接收使能
MAX490	2.5	全双工	32	可直接替代 LTC490
MAX491	2.5	全双工	32	可直接替代 LTC491
MAX1481	0.25	全双工	256	10 脚封装
MAX1482	0.25	全双工	256	20μA 驱动电流
MAX1483	0.25	半双工	256	20μA 驱动电流
MAX1484	1.2	全双工	256	10 脚封装
MAX1487	2.5	半双工	128	2.5Mb/s 数据率
MAX3080	0.115	全双工	256	与 75180 兼容
MAX3081	0.115	全双工	256	与 75179 兼容
MAX3082	0.115	半双工	256	与 75176 兼容
MAX3083	0.5	全双工	256	与 75180 兼容
MAX3084	0.5	全双工	256	与 75179 兼容
MAX3085	0.5	半双工	256	与 75176 兼容
MAX3086	1.0	全双工	256	与 75180 兼容
MAX3087	1.0	全双工	256	与 75179 兼容
MAX3088	1.0	半双工	256	与 75176 兼容
MAX3089	可选择	可选择	256	与 75180 兼容

一般每种芯片都包括发送和接收两个部分。由于 MAX487 和 MAX1487 允许在通信总线上并接 128 片同样的芯片，而该系列其他芯片最多只能在总线上并接 32 片同样的芯片，因此，国内厂家大都选择 MAX478 和 MAX1487 应用于其系统主机上，使该主机最多可以挂接 128 个解码器，满足了一般中型监控系统的需要。

RS-485 通信芯片有全双工通信、半双工通信两种工作模式，全双工通信需两对双绞线。MAX487 与 MAX1487 为半双工通信模式，一根双绞线上分时完成双向通信，其芯片有时为发送状态，而有时为接收状态。RS-485 通信芯片实物图如图 3-14 所示。

图 3-14　RS-485 通信芯片实物图

RS-485 通信芯片采用单−5 V 电源供电，可接受−7 ～ +12 V 信号输入电平。图 3-15 所示为 MAX487 与 MAX1487 的电路。

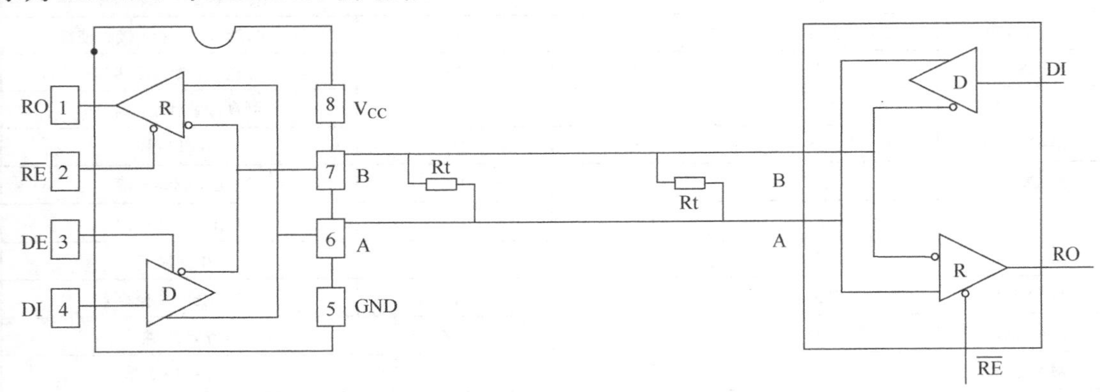

图 3-15　MAX487 与 MAX1487 的电路

RS-485 接收器的单位输入阻抗为 12 kΩ，总线上最多可以带 32 个芯片，而 MAX487 和 MAX1487 采用了 1/4 单位负载，即 48 kΩ，总线上的最大负载数量增加为原来的 4 倍，达 128 个芯片。

表 3-4 与表 3-5 分别给出了 MAX487 与 MAX1487 芯片的发射与接收真值表，由表可以看出，只有 $\overline{\text{RE}}$ 为高电平“1”，同时 DE 为低电平“0”时，器件才关闭。此时，器件消耗电流仅为 0.1μA。

表 3-4　MAX487 芯片的发射与接收真值表

输　入			输　出	
$\overline{RE}$	DE	DI	Z（B）	Y（A）
×	1	1	0	1
×	1	0	1	0
0	0	×	高阻	高阻
1	0	×	关闭	关闭

表 3-5　MAX1487 芯片的发射与接收真值表

输　入			输　出
$\overline{RE}$	DE	A-B	RO
0	0	≥+0.2 V	1
0	0	≤−0.2 V	0
0	0	输入开路	1
1	0	×	关闭

（2）RS-485 通信芯片应用实例

RS-485 通信的标准通信长度约为 1.2 km，如增加双绞线的线径，则通信长度还可延长。实际应用中，用 RVV-2/1.0 的两芯护套线作通信线，其通信长度可达 2 km 以上。但是，当 RS-485 通信线的长度继续延长时，需要使用中继器。中继器可以将 RS-485 通信控制信号进行放大、整形后再继续传输。在某些应用场合，使用光隔离型的中继器还可以将前端设备与中心端设备的"地"隔离，避免因前端与中心端的地电位不同而造成的干扰。

图 3-16 所示为 MAX487 和 MAX1487 的典型网络应用，整个网络上最多可并接 128 个同样的芯片。

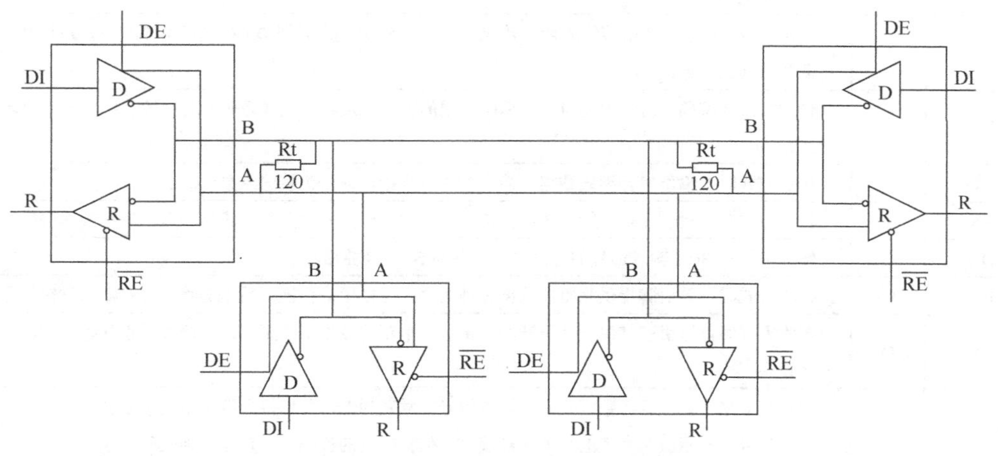

图 3-16　MAX487 和 MAX1487 的典型网络应用

2. 曼彻斯特通信协议

曼彻斯特通信协议是在专用的编/解码芯片的支持下得以运行的。常见的有华隆生产的曼彻斯特编/解码器 HM9209、HM9210 及 HM9215 等，均为收/发一体型芯片。该芯片的收/发工作状态，取决于收/发控制端 Tx/Rx 的状态。3 种芯片的差别是并行处理的曼彻斯特码的位数，HM9209 可并行处理 9 位，HM9215 可并行处理 15 位。下面对 28 针脚的 HM9215 芯片的基本功能做简单的介绍。

（1）HM9512 的结构

HM9512 芯片专门应用在远程控制、安全监控、报警控制及无绳电话等领域，是单片曼彻斯特编/解码器。每个芯片都含有发送器和接收器电路，由引脚 Tx/Rx 的状态决定其是发送方式还是接收方式。在发送方式时，该芯片可以将输入的 15 位曼彻斯特码形式的数码编码成 1～32 768 之间的串行数据发送出去。在接收方式时，该芯片则可以将被发送过来的串行数据进行译码，并与本地码进行比较鉴别，输出比较结果。

HM9512 芯片的工作电压为 3～9 V，如果提供的 V_{DD} 高于 9.5 V，则必须加上限流电阻和齐纳二极管。芯片采用施密特触发输入电路，具有优良的消除噪声和抖动的性能。HM9512 芯片的引脚配置如图 3-17 所示，各引脚功能的说明如表 3-6 所示。

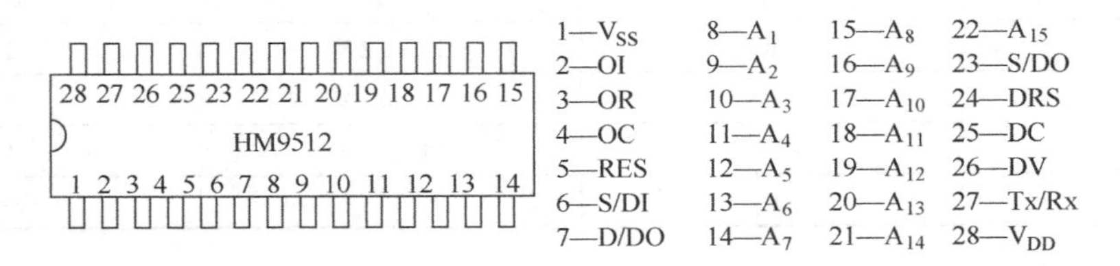

图 3-17　HM9512 芯片引脚配置图

表 3-6　HM9512 芯片引脚功能的说明

引脚名称	I/O	功能说明
V_{SS}	I	负向电源
OI	I	振荡器输入
OR	I	振荡器电阻
OC	I	振荡器电容
RES	I	复位信号，用于使数据传输周期无效或强制一个 S/DI 输入，把 D/DO 清除为 0 状态，并复位内部振荡器和数据比较电路
S/DI	I	传送方式（编码）时，启动 16 位编码数据的输入；接收方式（译码）时，输入待处理和比较的串行数据
D/DO	O	传送方式时，输出串行编码数据；接收方式时，指示数据比较的结果
A_1～A_{15}	I	传送方式时，提供并行的输入数据；接收方式时，作为本地并行代码与输入的串行数据进行比较
S/DO	O	输出信号是 S/DI 输入信号的缓冲输出，并与 S/DI 极性相同
DC	O	接收方式时，该引脚提供恢复的数据时钟信号，可以用来作恢复数据的移动寄存器的时钟信号
DRS	O	接收方式时，该引脚产生一个正脉冲，指示一个新的数据正要到来，该接收器正开始工作，并复位外部设备
DV	O	数据有效信号，当输入数据开始时，该信号被触发为低，并保持到整个数据字处理结束。注意：该输出信号只是指示一个有效的数据字被接收，但接收到的代码不一定与本地代码相匹配
Tx/Rx	I	决定芯片操作方式的控制引脚，当它为“H”时，操作方式为传送方式（编码方式），当它为“L”时，操作方式为接收方式（译码方式）
V_{DD}	I	正向电源

（2）HM9512 工作原理

如上所述，HM9512 由输入控制信号 Tx/Rx 决定是发送或者接收方式。当开关从 V_{DD} 拨到 V_{SS} 时，该电路将自动地改变振荡器，操作方式从发送方式变为接收方式，输入从启动脉冲输入变为串行数据输入，输出从串行数据输出变为译码结果输出。

每个输入数据线都带有下拉电阻，以便“1”信号的输入，只需将输入线用跳线接到 V_{DD} 即可。Tx/Rx 信号线不带上/下拉电阻，S/DI 信号线也相同，但为消除噪声和抖动，需施密特触发输入电路配合使用。

① 编码功能。如图 3-18 所示，其编码功能是把 Tx/Rx 控制信号线接到 V_{DD} 上，为发送方式。该电路一次获取 15 位并行数据，使其编码为不归零（NRZ）制，与时钟信号混合成曼彻斯特码，再送到 D/DO 脚发送。

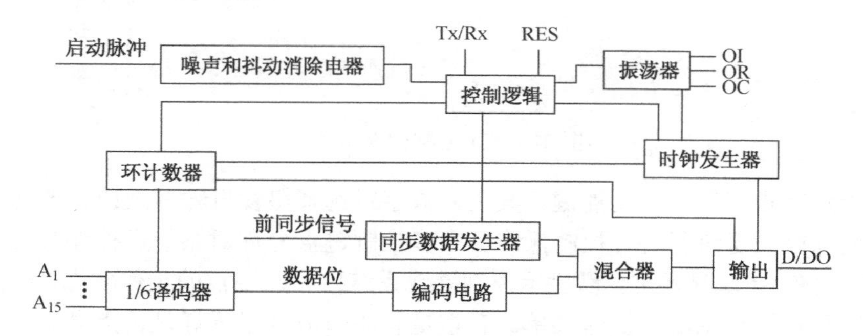

图 3-18 编码功能图

S/DI 每激活一次，编码器就发出一组串行数据，分两部分发送：

a．一串 12 个“1”，作为前同步信号，其后跟着一个空格指示编码数据。此前同步信号用来同步接收器的锁定为低的一个脉冲。

b．编码信息，包含 15 位地址或控制信号。

② 译码功能。如图 3-19 所示，其译码功能是把 Tx/Rx 控制信号线接地，电路将接收串行曼彻斯特码格式的数据，并将其中的时钟信号释出，再取 15 位数据同本地数据进行比较，比较情况如下。

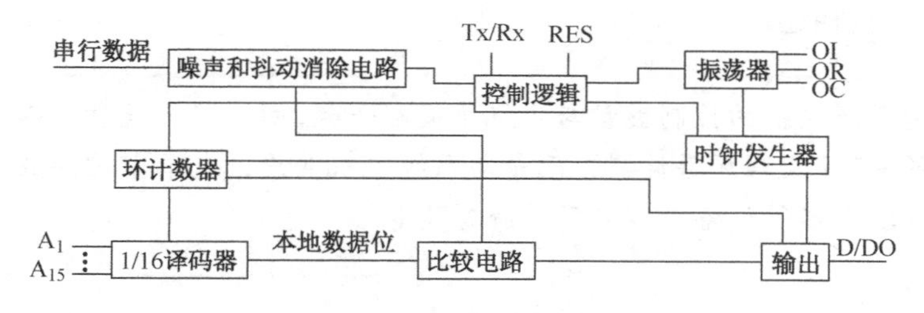

图 3-19 译码功能图

a．若两个数据匹配，则 D/DO 输出将变为逻辑“1”。

b．若两个数据不匹配，则 D/DO 输出将保持为“0”。

c．若这两个数据不匹配，但 15 位数据流有效，则只有输出有效信号 DV 为逻辑“1”。

3.4 控制键盘

1．控制键盘的功能

控制键盘是集成监控系统中必不可少的设备，摄像机画面的选择/切换、云台及电动镜头的全方位控制、室外防护罩的雨刷及辅助照明灯的控制等都必须通过对控制键盘的操作来实现。

图 3-20 所示为独立/一体式主控制键盘示意图。小型视频监控系统的主机一般自带控制键盘，大型主机的控制键盘则是外置的，与系统主机需要 RS-485 通信线连接。

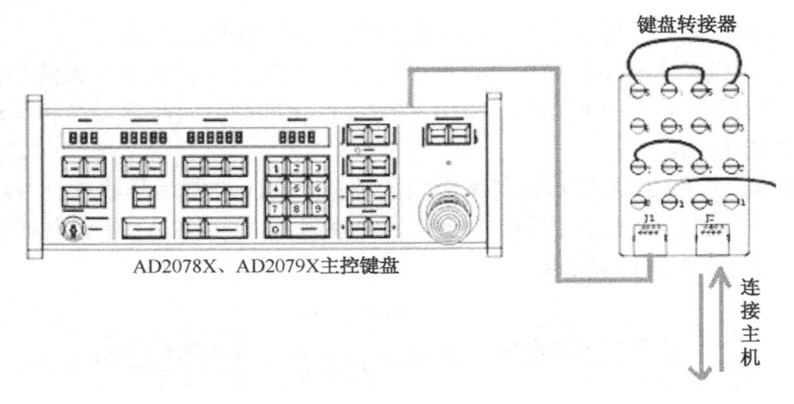

图 3-20　主控制键盘示意图

该控制键盘有很多数字、功能键。其中，数字键选择摄像机输入及监视器输出，功能键则是对选定的前端设备进行各种控制操作。很多控制键盘允许对系统进行编程设置。在控制键盘上，通常还有 LED 显示屏，以显示控制键或系统内各监视点的工作状态，国内有些厂家开发的产品甚至可以显示汉字操作菜单。各按键状态一般以指示灯是否点亮来标明。中、小系统的控制键盘一般仅以数码管显示工作状态。

每个系统只有一个主控制键盘，但可以有若干分控制键盘。其中，分控制键盘往往放置于各主管领导的办公室内，用于对整个视频监控系统的远端控制操作。

2．控制键盘的结构

控制键盘实际上也是一个单片机应用系统，内含单片机、程序存储器、控制数据编码器、数据收发器及状态显示驱动器等，通过通信线向系统主机发送指令。大多数控制键盘都是通过两芯、三芯、四芯屏蔽线以 RS-485 通信方式与系统主机相连，但也有个别厂家用多股扁平的排线与系统主机相连。

由于小型系统主机的控制键盘与主机集成在一起，因此这种键盘可以不再设置独立的 CPU 及程序存储器，而是与系统主机共用，也不需控制数据编码器、数据收发器等设备，节省了系统费用。

3.5　选择、安装系统主机

1．选择系统主机

选择系统主机时，首先应该确定自己有多少个摄像机需要控制，是否还会扩充，把现有的和将来有可能扩充的摄像机数目相加，选择控制器的输入路数。例如，某居住小区目前只盖好 10 栋楼房（后期会有 15 栋），每栋楼房安装 1 只摄像机，那么最少也要有 25 路视频输入给控制主机（控制主机大部分以输入/输出模块形式扩充，输入以 8 的倍数递增），需要选择 32 路输入主机。

选择控制器的输出路数是看监控室内需要几台监视器。比如上面举的例子，如果监控室需要至少 4 台监视器，那么输出就选择 4 路或 5 路输出（输出多一些不会影响性能，但价格会增加）的控制主机。

目前控制主机常用的输入有 8、16、32、48、64、80、96、128、512 路，一般以 8 或 16 的倍数递增；输出有 2、4、5、8、16、24、32，一般以 2 或 4 的倍数递增。

主机的控制码有多种，大部分不兼容，必须配合其系列产品或说明可以使用的设备（如解码器、辅助跟随器、报警接口、分控键盘、多媒体软件等）工作。

2. 安装系统主机

安装时必须提供解码器的 220 V 电源，跳开解码器的地址码以避免冲突。还要注意云台的工作电压，因为云台工作电压有 24V 和 220 V 两种，如果与解码器配合不对，轻则无法工作，重则烧毁云台电机，造成不必要的损失。

解码器到云台、镜头的连接线不要太长，因为控制镜头的电压为直流 12 V 左右，传输太远则压降太大，会导致不能控制镜头。另外，由于多芯控制电缆比屏蔽双绞线要贵，所以成本也会增加。

室外解码器要做好防水处理，在进线口处用防水胶封好是一种不错的方法，而且操作简单。

从主机到解码器通常采用屏蔽双绞线，一条线上可以并联多台解码器，总长度不超过 1 500 m（视现场情况而定）。如果解码器数量太多，需要增加一些辅助设备，如增加控制码分配器或在最后一台解码器上并联一个匹配电阻（以厂家的说明为准）。

除监控室以外还要有操作云台、镜头等设备；需要配分控键盘，每个主机的分控键盘的个数不同，分控键盘的功能也有差异，有的可以控制监视器的输出，有的可以控制变速云台。分控键盘与主机一般也用屏蔽双绞线连接。

随着计算机多媒体技术的发展，监控系统也有向其靠拢的趋势，多数厂商在设计监控主机时留有计算机接口，通过连接电缆和接口与计算机的串行口通信，在计算机上插一块视频捕捉卡来观看图像，插一块声卡来监听声音。多媒体控制软件一般有如下功能：

① 设置系统控制主机的型号；
② 设置通信口；
③ 设置系统密码；
④ 设置操作人员的操作等级；
⑤ 画电子地图；
⑥ 设置前端摄像机的性质（是否带云台、电动镜头）；
⑦ 对已有的地图进行增加和删除修改；
⑧ 对报警探测器布防和撤防；
⑨ 控制视频的切换、云台转动、镜头聚焦、辅助开关的闭合等。

由于多媒体软件操作界面良好，操作者更容易理解和接受，现在已广泛应用。

监控主机输出信号是 RS-485 码，与模拟信号无法抗衡，所以在安装时，要做好设备的接地工作，保证回路内没有强电反馈给通信口，否则会烧坏通信芯片，使主机无法工作。

为更具体地掌握系统主机的安装方法，教学光盘中，配备了 KC2100 系统主机的安装手册，供大家进一步学习。

任务4　云台镜头控制器

知识链接　什么是云台镜头控制器

在不配置系统主机的小型视频监控系统中，如果前端摄像机配有云台及电动镜头，或者在室外应用中配有带雨刷的室外防护罩，或者系统还要求控制监视现场的照明灯等辅助设备，就必须配置操纵云台、电动镜头动作及辅助设备开关的控制器，如图3-21所示。这种控制器一般受面板按键的控制，输出交流电压（对云台）或直流电压（对电动镜头）到云台（或电动镜头）的控制电压输入端，使云台或电动镜头相应动作。在某些应用场合，系统中可能只用到了水平或全方位云台，因而控制器仅需对云台进行控制。而在其他应用场合，系统中可能同时用到云台及电动镜头（或者还用到了某些辅助设备），因而，控制器既要对云台进行控制，也要对电动镜头进行控制，还需要对辅助设备进行控制。

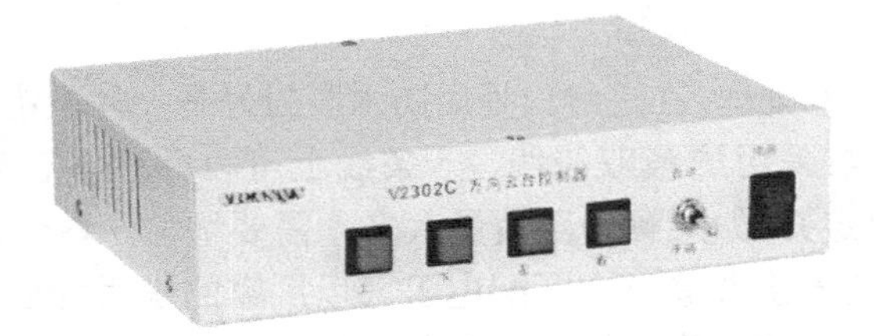

图3-21　云台镜头控制器

4.1　认识各类型云台控制器

按控制功能，云台控制器可分为水平云台控制器和全方位云台控制器两种。若按控制路数，则可分为单路控制器和多路控制器两种（多路控制器实际上是将多个单路控制器做在一起，由开关选路，共用控制键）。另外，按输出控制电压来分，还可分为输出24 V、110 V和220 V三种。

4.2　解剖云台控制器控制线路

单路水平云台控制器控制线路如图3-22所示。SB_1为自锁按钮开关，用于云台自动扫描或手动控制扫描的切换，SB_2、SB_3为非自锁按钮开关，交流电压的一端直接接到控制器的输出端口2（公共端）。

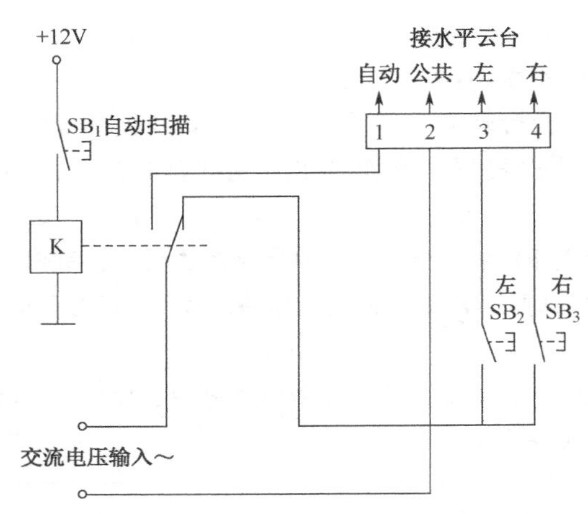

图3-22　单路水平云台控制器控制线路

当 SB_1 处于常态（未被按下）时，继电器 K 不吸合，交流电压的另一端（称为扫描端或自动端）通过 K 的常闭点加到 SB_2、SB_3 的一端。此时，按下 SB_2 或 SB_3 的按钮，便可将这一交流电压输出到控制器的输出端口 3 或 4，使水平云台做向左或向右方向的旋转。

当自动扫描按钮 SB_1 被按下时，继电器 K 吸合工作，交流电压的扫描端通过继电器 K 的吸合触点加到控制器的输出端口 1，使水平云台做自动扫描运动。此时，SB_2 或 SB_3 按钮的通路被继电器 K 切断，不再起作用。

4.3　云台控制器的操作

从以上分析可知，若要对全方位云台进行控制，只需在图 3-21 的电路中增加两个垂直控制电压输出端口及相应按钮即可，图 3-23 所示为单路全方位云台控制器原理图。

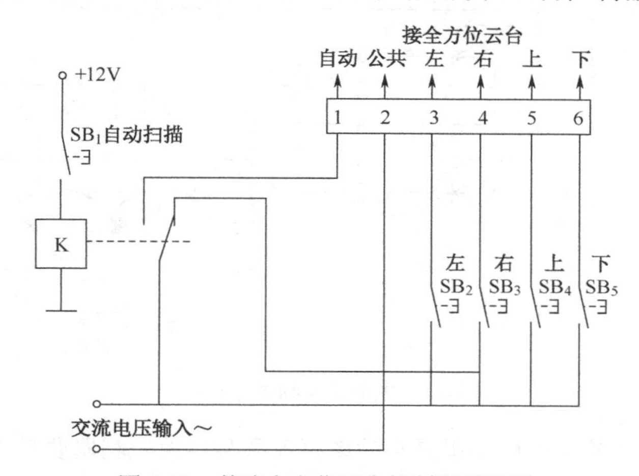

图 3-23　单路全方位云台控制器原理图

由图 3-22 与图 3-23 对比可见，全方位云台控制器与水平云台控制器的主要差别是增加了 SB_4、SB_5 两个控制按钮，它们不经过继电器而直接与交流电压输入端相连。因此，无论是自动方式还是手动方式（即无论 SB_1 是否按下），按下 SB_4 或 SB_5 按钮即可使云台在垂直方向上做向上或向下的转动。

若要对多个云台进行控制，可以在单路控制器的基础上增加多个用于云台选通的继电器及选通按钮，而控制键可以共用。

任务 5　多功能控制器

知识连接　什么是多功能控制器

多功能控制器的全称是云台镜头多功能控制器，主要用于对云台、电动三可变镜头、射灯、红外灯、防护罩用雨刷等其他控制设备的控制。

5.1　认识多功能控制器

多功能控制器的结构拓扑如图 3-24 所示。多功能控制器是在单一功能的云台控制器的基础上，增加对电动三可变镜头及防护罩等其他受控设备的控制功能与相应电路，所以比前者复杂。

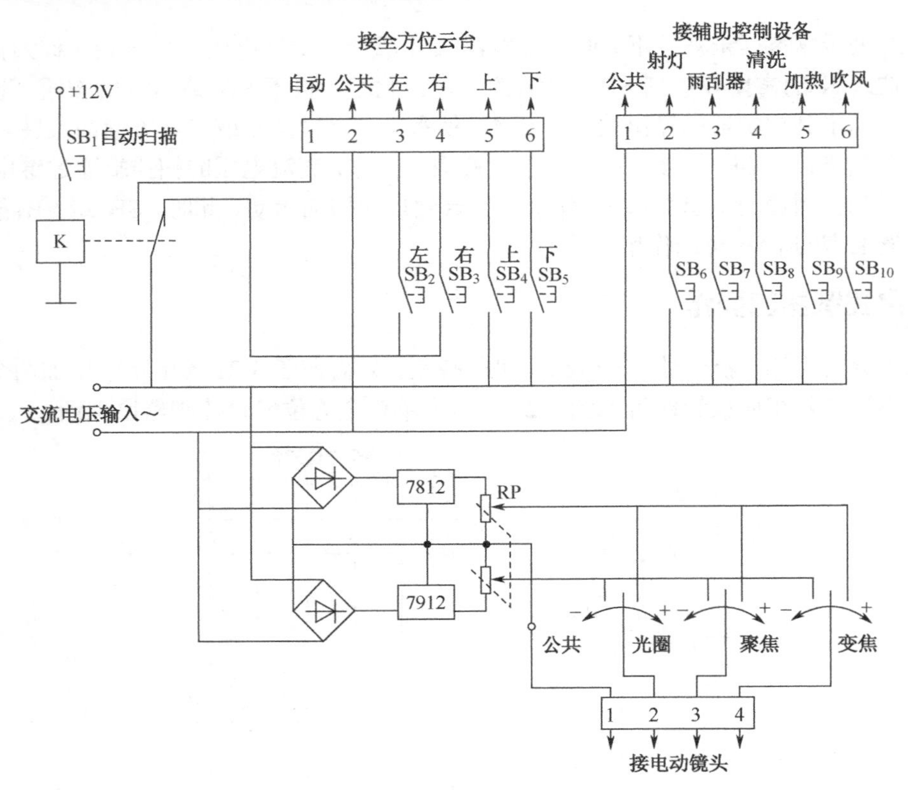

图 3-24　多功能控制器结构拓扑

电动三可变镜头内的微型电动机是小功率直流型号，故控制器要对电动三可变镜头进行控制，就需输出小功率的直流电压，所以要求控制器内必须单独配备稳压装置，且输出的稳压直流能在 6～12A 范围内可调。某些控制器除了具有上述云台镜头控制的功能外，还能够对室外防护罩的喷水清洗、雨刷及射灯、红外灯等辅助照明设备进行控制，此电路原理和云台控制原理相同。

5.2　多功能控制器的使用

在控制器后板上加装辅助控制端子，通过前面板辅助控制按钮进行操作，可将 220 V 或 24 V 的交流电压输出到辅助控制端子上来，用以启动喷水装置、雨刷器、辅助照明灯等。需说明一点：对一般控制器而言，辅助控制输出端口的输出电压和云台的控制电压是基本一致的。如 220 V 的控制器外接云台及其他辅助设备的驱动电压都是 220 V，若云台及各外接辅助设备所需驱动电压各不一样时，就要通过加装变压器进行转换。

云台、警号、射灯及自动录像的启动既可以通过外接传感器的输出（常开触点闭合）来控制，也可由面板按钮直接控制。单路云台镜头多功能控制器的前、后面板示意图如图 3-25 所示。

如图 3-24（a）所示，辅助控制按钮及自动扫描按钮均为自锁按钮，云台控制按钮为非自锁按钮，镜头控制按钮为鸭嘴式自复位开关，具有上、下两组触点，当向上或向下按压手柄时，可以接通正极性或负极性的镜头控制电源，使电动镜头相应动作，松开鸭嘴式手柄时开关自动复位。在某些应用场合，当需要 220 V 的控制器去控制交流 24 V 的云台时，可以拆开控制器的机箱盖板，在连接输出端口的控制按钮及连接控制按钮的交流 220 V 电源之间串入一个 220 V→24 V 的变压器，这样，当按压云台控制按钮时，220 V 的交流电源先经过 24 V

变压器降压才经由按钮开关到达输出端口。相反，当需用 24 V 的控制器去控制交流 220 V 的云台时，可以在机箱内断开上述变压器，将 220 V 电源接到原控制按钮即可。如果仅对辅助控制端口的几个针脚进行改动，则只能在该针脚与外接设备之间串接变压器。

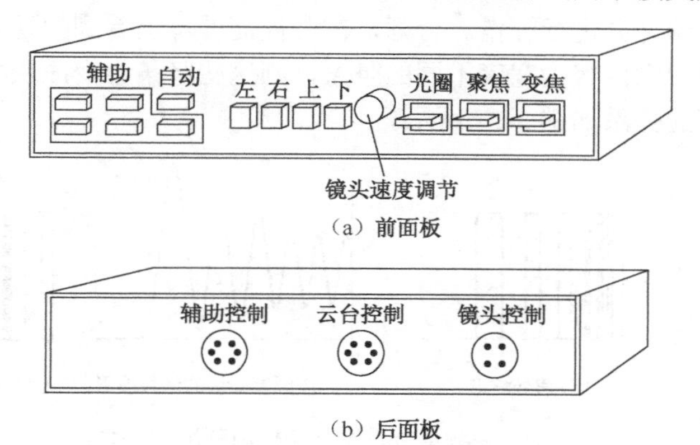

图 3-25　单路云台镜头多功能控制器的面板示意图

此外在实际使用中，由于一般控制器的辅助控制输出端口各针脚的结构与电特性是一致的，可自行编制外接设备与面板按钮的标准，不必严格按控制器面板上的文字标注来接线。

任务 6　视频处理设备

6.1　视频监控系统中的视频处理设备

在视频监控系统中，还有些相关的视频处理设备，如将微弱视频信号进行放大的视频放大器、将一路视频信号均匀分配为多路视频信号的视频分配器及画面分割、处理设备等。

1. 认识视频放大器

视频信号经同轴电缆做长距离传输后会造成一定的衰减，特别是高频部分衰减尤为严重。一般，SYV－75－5 的同轴电缆传输视频信号的最远距离为 400 m 左右，SYV－75－3 电缆为 300 m 左右。超过这一距离后（如 400 m），仍可看到较为稳定的图像，但图像的边缘部分已变得模糊。因此，当长距离视频信号传输时，必须经过中间放大。

视频放大器与普通放大器的区别主要是带宽不同。理论上，视频信号下限频率为 0，标称上限频率高达 6 MHz。实际视频放大器一般都在 100～10 000 000 Hz，且要求通带平坦。早期的视频放大器一般选用高频三极管组成的共发射极电路 VT_1、VT_2 和 VT_3 用于阻抗变换。

视频放大器现在大都采用单片线性集成电路配合周边电路来实现。图 3-26 所示为采用宽带集成运放 LF357 构成的视频放大器。

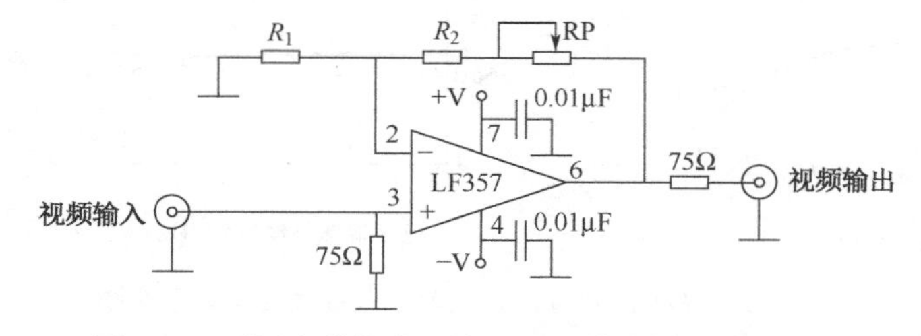

图 3-26　采用宽带集成运放 LF357 构成的视频放大器

图 3-26 中所示放大器的增益由电阻 R_1、R_2 及电位器 RP 决定，调整 RP 的值即可改变放大器的增益。

在长距离传输时，视频信号的高频成分损耗最大，所以在对视频信号进行均匀放大的同时，还特别要对其高频部分进行补偿。否则，在监视器屏幕上看到的视频图像的轮廓部分将变得模糊不清，如果图像内容为宽度不同的竖条，则这些竖条会变成灰蒙蒙的一片。视频信号带宽与图像清晰度的关系如图 3-27 所示。

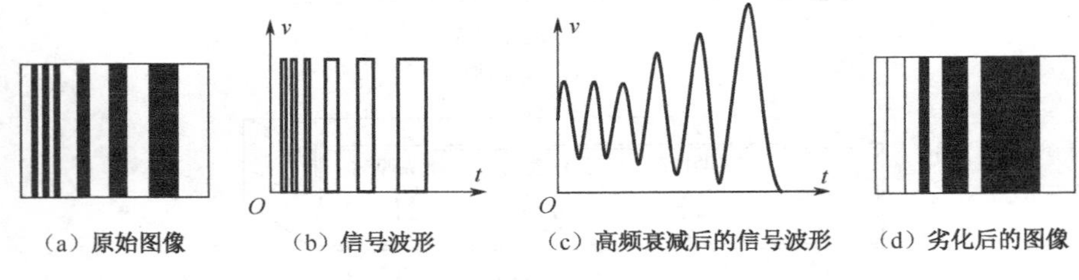

图 3-27　视频信号带宽与图像清晰度的关系

视频放大器的高频补偿方法有两种：在放大器的反馈回路中进行补偿；在放大器的输出回路中进行补偿。如在视频信号的输出回路中设有阻尼的低 Q 值 LC 谐振回路，并将其中心频率调谐在视频信号的高端，则当高频受损的视频信号通过该 LC 回路时，高频部分得到补偿。高频补偿电路的原理如图 3-28 所示。

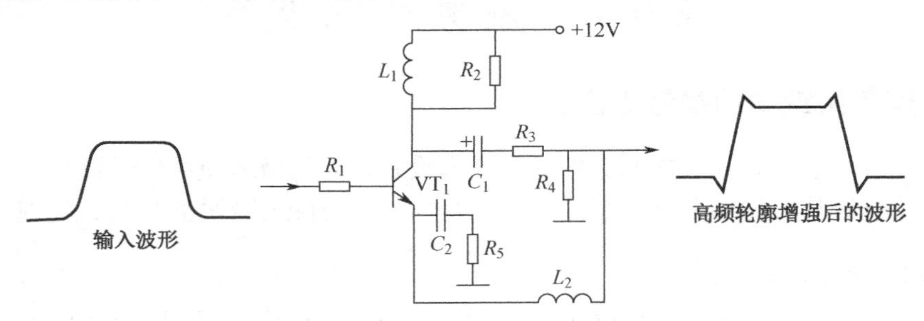

图 3-28　高频补偿电路的原理图

由图 3-28 可见，视频信号由晶体管 VT_1 基极输入，分两路输出：一路由集电极倒相输出；另一路由发射极输出。就发射极输出而言，VT_1 相当于射极跟随器，信号通过由 C_2、L_2 和 C_1 等构成的π型低通网络后，输出已滤除高频分量和高频噪声的视频信号。在电阻 R_2、L_1 组成的一次微分电路微分，只有信号的跳变部分（脉冲的前、后沿部分）才有输出，此信号再经 R_3、R_4 和 L_2 组成的二次微分电路微分后，输出轮廓增强的波形。图 3-29 所示为高频补偿前、后视频信号带宽的变化示意图。显然，补偿后的视频信号带宽由原来的 f_1 延展到 f_2。

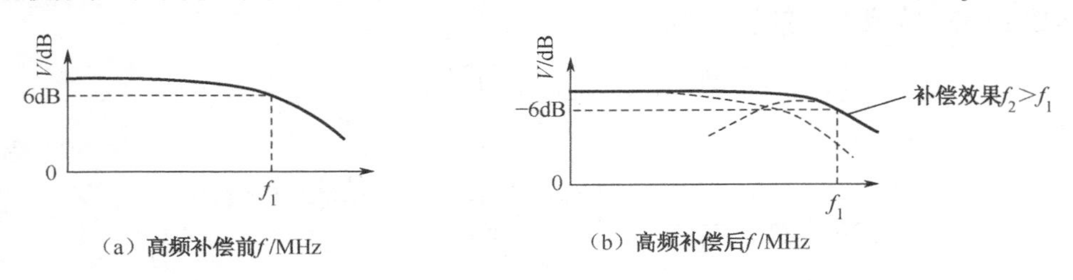

图 3-29　高频补偿前、后视频信号带宽的变化示意图

2. 认识视频分配器

（1）视频分配器的功能

视频分配器的功能是将一路视频信号均匀分配成多路视频信号，以便供多台监视器、录像机同时使用，如图 3-30 所示。由分配器输出的每一路视频信号还可保证与输入的信号格式完全一致，即 6 MHz 视频带宽、1 V（峰-峰值）电压、75 Ω 输出阻抗。其中，信号电压为 0.7 V，同步电压为 0.3 V，然而它却不能按简单的并联方式来进行分配，因为并联就要改变结点处的阻抗，进而造成信号的回波反射与衰减；也不能用三通头来进行分配，因为这样虽不会改变结点处的阻抗，但信号却衰减了 6 dB。

视频分配器有单输入与多路输入两大类型。这里只介绍单输入视频分配器。

（2）单输入视频分配器的结构原理

单输入视频分配器的功能是对单一的视频信号进行分配，常见的有一分二、一分四、一分五、一分十等几种类型。

如图 3-31 所示，输入的视频信号先由缓冲器隔离，经宽带放大，最后再通过两个缓冲器隔离输出，由于各路缓冲器的参数是一致的，因此不仅可保证各个输出端口的视频信号相对独立，还能保证信号格式完全一致。

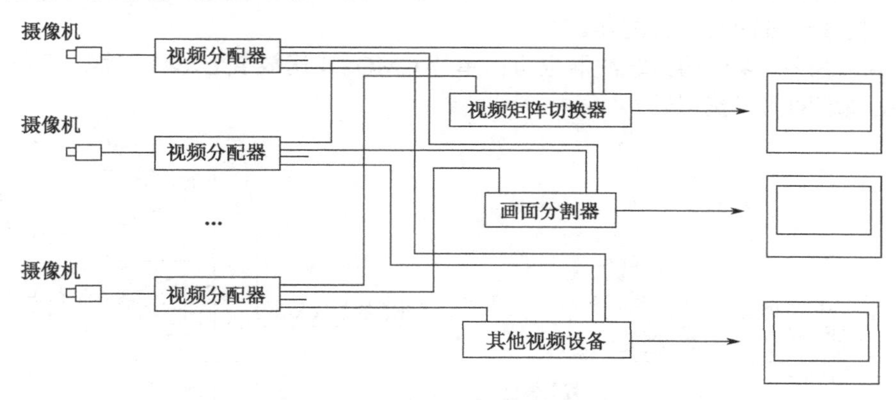

图 3-30　视频分配器实际应用示意图

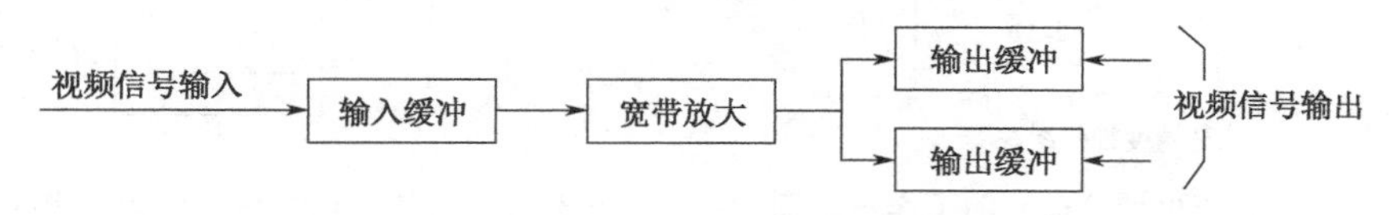

图 3-31　单路一分四视频分配器工作示意图

① 分立型单输入视频分配器。图 3-32 所示为分立元件构成的单路一分五视频分配器的电路图。其输入端和输出端的缓冲器均采用由晶体三极管构成的射极跟随器，且多个输出端共用一个输出缓冲器。

从图 3-32 可知，输入的视频信号先经 C_1、C_2 耦合送到由 VT_1、VT_2 组成的差分放大电路中，再通过由 VT_4、VT_5 组成的高速射极跟随器缓冲后分配输出。其中，差分放大器可提供大约 23 dB 的增益。三极管 VT_3 与 VT_6 分别组成电流为 30 mA 和 200 mA 的恒流源。R_7、R_6、R_5、C_3、C_4 构成放大电路的反馈网络，而 C_5 的作用是防高频自激。

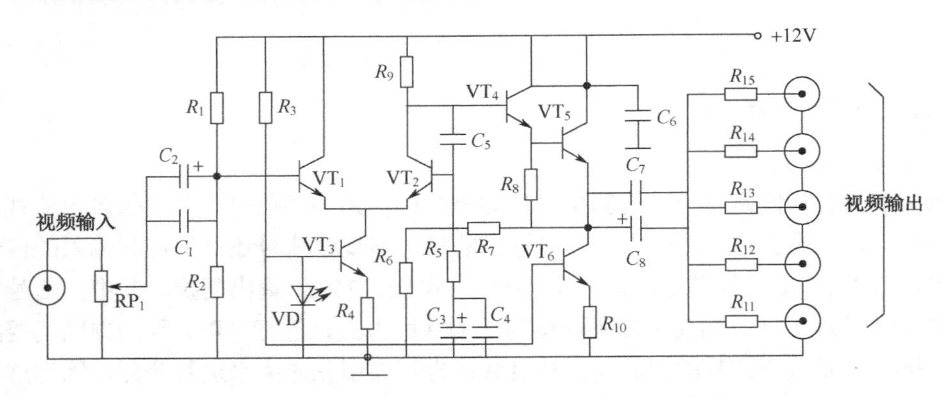

图 3-32 单路一分五视频分配器的电路图

② IC 型单输入视频分配器。

a．现在的视频分配器大多以单片、多片集成电路为核心，并配以较少的外围元件构成，电路的性能有所提高，但其结构非常简单。如 MAXIM 公司的高精度视频缓冲器 MAX405，是具有 180 MHz 带宽、650 V/μs 转换速率的高精度缓冲放大器，其增益可达 0.99 dB，比常见的 HA5033 视频缓冲器提高 8 倍。同时，它还可接收反向输入信号，使用者可在 0.99～1.10 的范围内作出精确的调整。在一般的应用场合中，只需将其输出端与反向输入端短接即可。图 3-33 所示为 MAX405 在可调增益时的工作示意图。MAX405 能够直接驱动 4 个 75Ω 负载，可以方便地构成一分四视频分配器。

如图 3-34 所示，4 个输出缓冲器也可由单片 CMOS 4 运放 ICL7641 组成，且能进一步地减少各输出通道间的串扰问题。

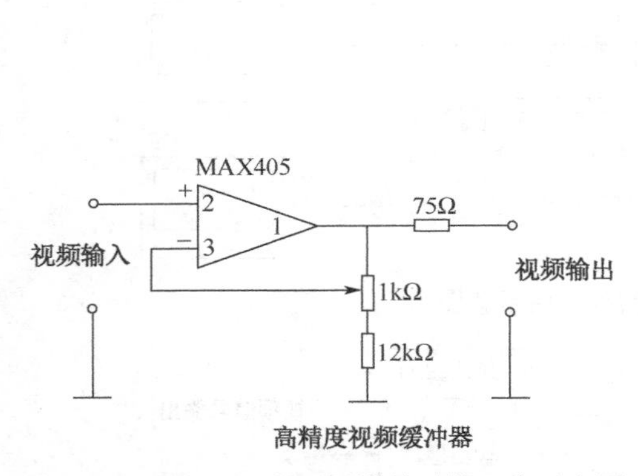

图 3-33 MAX405 在可调增益时的工作示意图

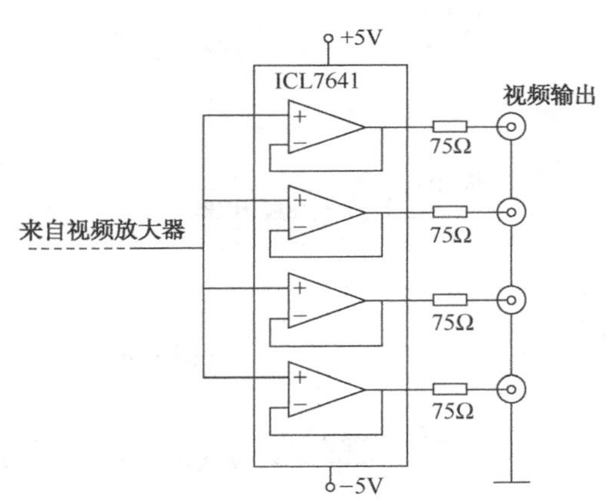

图 3-34 由单片 CMOS 4 个运放构成的输入/输出缓冲器

b．TEA5114 单片视频信号分配器电路。图 3-35 所示为 TEA5114 的内部结构和各引脚功能。TEA5114 采用双列直插的封装形式，内含 3 路独立的缓冲放大器和电子选择形状。通常情况下，其电压放大倍数为 6 dB。当输入/输出信号峰-峰值幅度超过 1.2 V/1.5 V（峰-峰值）时，电压放大倍数将自动降为 0。

由 TEA5114 构成的视频信号 3 分配器电路如图 3-36 所示。视频输入信号经 R_4、R_5 分压后（R_4、R_5 同时还与 75Ω 输入阻抗匹配作用），通过 C_2、C_3 和 C_4 耦合到 IC 内部的 3 路放大器。输出端串联的 R_1、R_2、R_3 分别为各路的输出电阻，用以保证整个分配器输出端的阻抗为 75Ω。

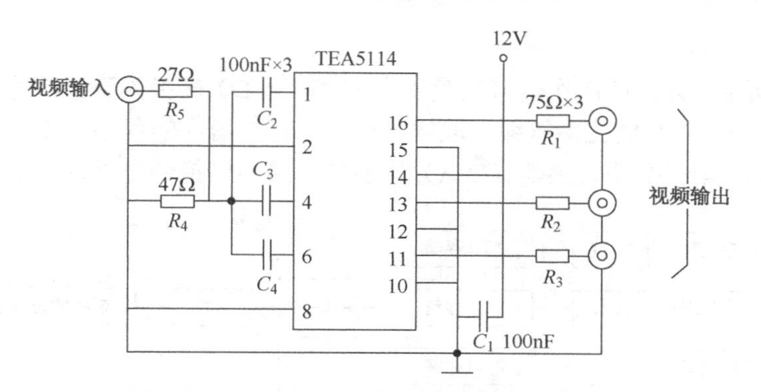

图 3-35　TEA5114 的内部结构和各引脚功能

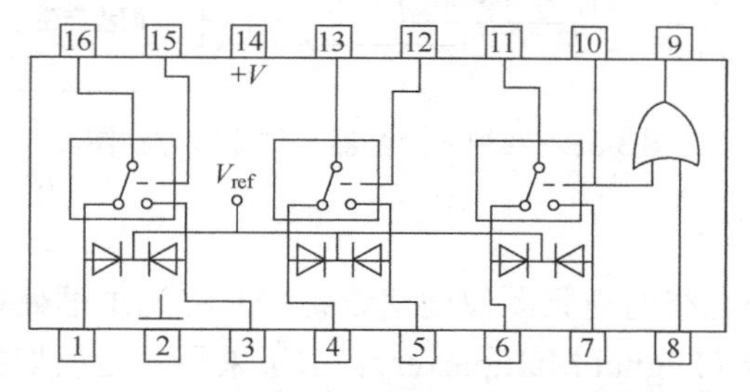

图 3-36　TEA5114 构成的视频信号 3 分配器电路

3．认识画面分割器

画面分割器是一种专业的视频处理设备，其作用是对多个摄像机送来的视频信号进行处理（先“分拆”，后“组合”），重新形成一路特定视频信号，发往各个监视器，使一个监视器可同时显示多个小画面。

画面分割器有画中画处理器、四画面分割器、九画面分割器、十六画面处理器等几种形式。这里对四画面分割器进行介绍。

（1）四画面分割器的作用

四画面分割器的界面如图 3-37 所示，可以将 4 个画面压缩组合后显示在同一个画面上。除具有分割图像显示外，还可通过操作设定视频图像的顺序切换、单画面显示、分割显示等。较高档次的画面分割器可使录像机录制的分割图像进行单画面的放大回放，其优点是节省多个视频设备，直观性强。

图 3-37　四画面分割界面

（2）画面分割过程

如图 3-38 所示，外来的图像信号经模/数转换器（A/D）转换为数字信号后，分别在水平和垂直方向上按照 2∶1 的比率压缩、取样、存储。存储器内的各路样点信号在同一时钟的驱动下顺序输出，再经数/模转换器（D/A）转换成一路的模拟信号进行显示。

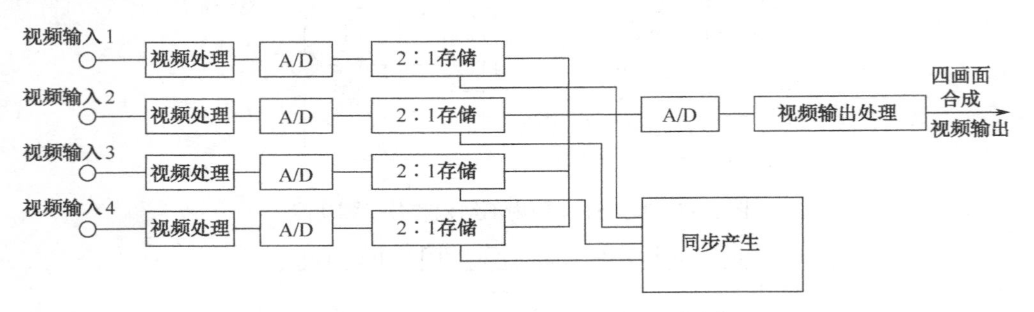

图 3-38　四画面分割器工作原理方框图

4．认识多画面处理器

多画面处理器是一种高级的视频图像处理设备，又称为画框处理器（Frame Processor），欧美称为数字多工处理器（Digital Multiplexer）。由于采用的是场切换或帧切换技术，因此也可以称为帧场切换处理器。

一帧图像是由两场扫描组成的，因此帧切换的时间间隔为 40 ms，场切换的时间间隔为 20 ms。

在实际应用中，帧场切换器必须与录像机配合使用，如图 3-39 所示，可以将各监控点传来的多路视频信号以帧/场间隔进行切换，并用一台录像机进行记录。回放时通过帧场切换器进行多画面或单画面的回放。

录制的单帧图像是与实际监视场景相同的未压缩画面，对细节分析十分有利。但是由于是切换式录像，存在丢帧（场）现象，因此同一监视点记录的图像在回放时会产生卡通效应。

在帧场切换器中经常会提到单工与双工类型。所谓双工处理，是从电路结构上看，其一部分电路要处理送往录像机的视频信号，另一部分要处理送往监视器的视频信号。但是各个厂家对于双工的定义不同，我们习惯于美国公司的定义方式，即在记录或重放录像带的同时可以监视多路图像的分割显示。这样的双工处理器可实现两台录像机同时放像和录像，而互不影响，同时，在录像的同时不影响观看分割图像。

帧场切换器的性能和档次要高于画面分割器，但是其录像的丢帧现象却给安防记录带来不便。因此，欧美国家的一些厂家采用了一种基于视频图像移动监测技术的“动态时间分配”输出方式，通过对画面的活动情况进行连续分析，并根据画面的活动状况确定优先处理的摄像机，使该路图像获得更多的录像时间。这样就能有效降低活动画面的丢帧数量，使录制的图像接近于实时。

帧切换器一般有 4 路、8 路、9 路、16 路等，场切换器一般有 4 路和 8 路。

帧场切换器为我们带来了强大的录像功能，还具有多项画面处理和其他操作功能，如画中画显示、单画面显示、多画面任意组合分割显示、图像数码变焦放大、视频信号丢失检测、时间发生、图像通道名称标题编辑及报警处理功能等。

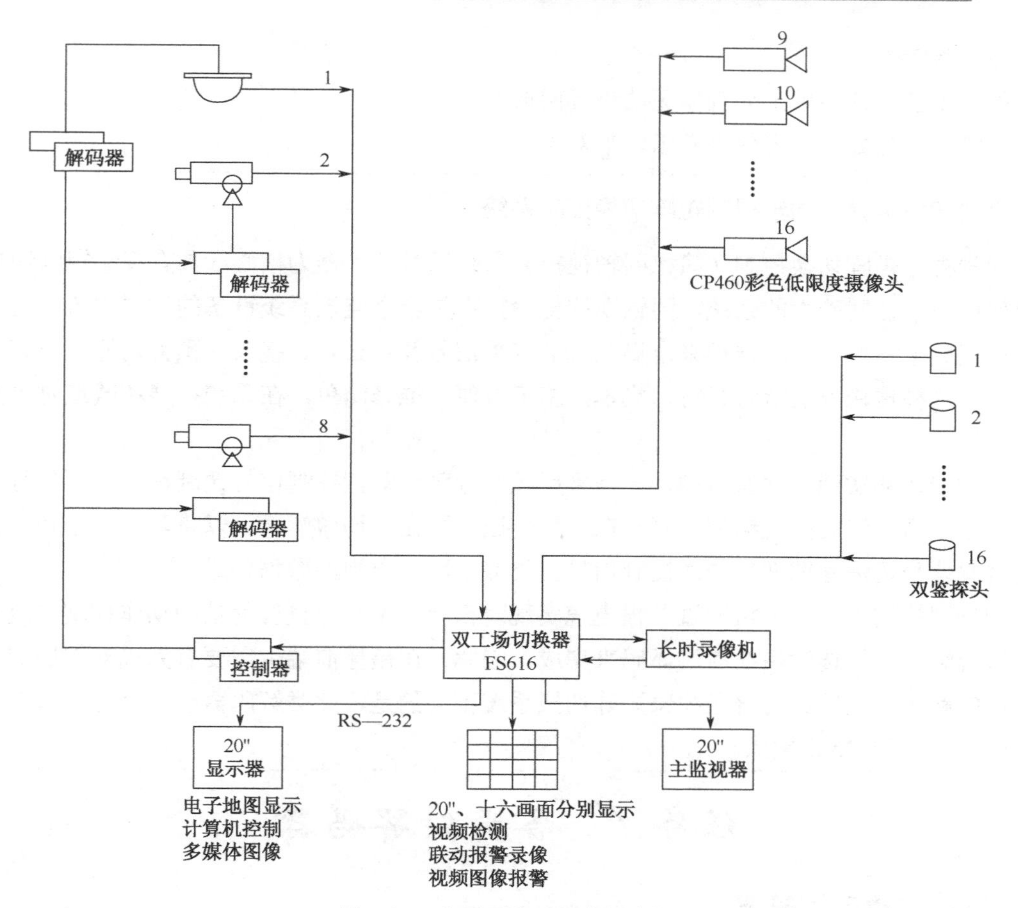

图 3-39 多画面处理器应用实例

6.2 各类型视频处理设备故障的处置

（1）故障 1

故障现象：分割器锁机。

故障原因与处理：一般是由于电源工作不正常引起分割器锁机，更换电源即可。

（2）故障 2

故障现象：画面跳动。

故障原因与处理：一般是由于视频线 BNC 接入头接触不良，造成画面跳动，应更换新的 BNC 接入头。

（3）故障 3

故障现象：分割器工作混乱。

故障原因与处理：一般是由于错误设置程序，造成分割器工作混乱，须重新设置。

（4）故障 4

故障现象：画面无法回放。

故障原因与处理：这是由于在使用录像时，接错了回放口，造成画面无法回放，需要重新设置。

（5）故障5

故障现象：使用单工分割器无法进行回放。

故障原因与处理：可使用双工、半双工。

相关知识链接　同轴视频矩阵切换控制系统

同轴视频矩阵切换控制（简称同轴视控）系统以微处理器为核心，具有视频矩阵切换和对摄像机前端控制能力的系统。同轴视控传输技术是当今监控系统设备的发展主流，它只需要一根视频电缆便可同时传输来自摄像机的视频信号及对云台、镜头、预置功能等所有的控制信号。这种传输方式节省材料、成本，施工方便，维修简单，在系统扩展和改造时更具灵活性。

同轴视控的实现方法有两类，一是采用频率分割，即把控制信号调制在与视频信号不同的频率范围内，然后同视频信号复合在一起传送，再在现场做解调，以将两者区分开；二是利用视频信号场消隐期间来传送控制信号，类似于图文电视的数据传送。

同轴视控切换控制主机通过单根电缆实现对云台、镜头等摄像前端的动作控制，故必须要主机端编码、经传输后在前端译码来完成。因此，在摄像前端也需要有完成动作控制译码和驱动的解码器装置。与普通视频矩阵切换系统不同的是，此类解码器与主机之间只有一个连接同轴电缆的BNC插头。

任务7　各类型解码器

7.1　认识各类型解码器

（1）按照云台的供电电压分类，解码器有交流解码器和直流解码器两种。交流解码器为交流云台提供交流220 V或24 V的电压驱动云台转动；直流解码器为直流云台提供直流12 V或24 V电源，如果云台是变速控制的，还要求直流解码器为云台提供0～33 V或36 V的直流电压信号，来控制直流云台的变速转动。

（2）按照通信方式分类，解码器有单向通信解码器和双向通信解码器两种。单向通信解码器只接收来自控制器的通信信号，并将其翻译为对应动作的电压、电流信号驱动前端设备；双向通信解码器除了具有单向通信解码器的性能外，还向控制器发送通信信号，因此，可以实时将解码器的工作状态传送给控制器进行分析，还可以将报警探测器等前端设备信号直接输入到解码器中，由双向通信传送现场的报警探测信号，以减少线缆的使用。

（3）按照通信信号的传输方式分类，解码器有同轴传输和双绞线传输两种。一般的解码器都支持双绞线传输的通信信号，而有些解码器还支持或者同时支持同轴电缆传输方式，即将通信信号经过调制与视频信号以不同的频率共同传输在同一条视频电缆上。

7.2　认识解码器及其外接线图

解码器的电路以单片机为核心，由电源电路、通信接口电路、自检及地址输入电路、输出驱动电路、报警输入接口等电路组成。图3-40所示为解码器的接线示意图。

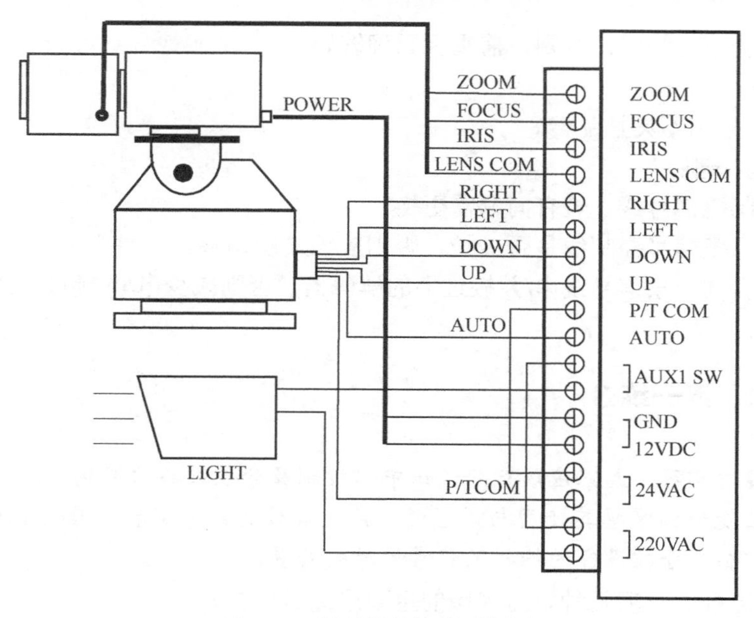

图 3-40　解码器的接线示意图

当云台、镜头与解码器连接使用时，必须根据云台、镜头的工作电源来选择解码器的端子，满足要求。否则很容易造成云台、镜头的损坏。

7.3　处置解码器常见故障

（1）故障 1

故障现象：接通电源，电源指示灯不亮。

故障原因与处理：

① 检查电源是否加到接线柱，如果没有，应该检查电源本身及电源传输线。

② 检查电源保险是否损坏，此时切忌重新更换保险，应用万用表检查电源本身及电源传输线是否有短路故障存在（其电阻值在 10Ω 以下）。若有短路，应先解决后再更换保险，以免引起更大的损失与人员伤害。

（2）故障 2

故障现象：通电即烧保险（排除电源短路的故障因素）。

故障原因与处理：

① 检查接线端子的公共端（COM）是否接错。

② 检查云台输出电压是否选对。

（3）故障 3

故障现象：电源灯亮但无法控制。

故障原因与处理：

① 检查信号线是否接对，若没有接对，需重新连接。

② 检查控制时信号灯是否闪烁，若不闪烁，则说明是信号没有传输或信号线错接的原因，应该检查控制信号源头或重新连接信号线。

③ 检查是否正确编码；否则，需重新正确编码。

（4）故障 4

故障现象：控制不灵且乱转。

故障原因与处理：

① 检查控制码信号线，若有问题需更换。

② 考虑同一条信号控制线是否过长，否则应该加以调整。

③ 考虑是否同一条信号线串/并接过多的解码器，否则减少串/并接过多的解码器，或者重新连接。

想一想、练一练 3

通过本项目的学习，大家应该充分认识中心控制及分控设备的架构原理，并且在此基础上通过大量的技能培训掌握其使用与设置的方法（具体见教学光盘“模拟操作”部分），并初步具备中心控制及分控设备的维护及日常故障的处置能力。

1．现行的监视器有哪几种？监视墙的主要用途是什么？
2．LCD 监视器的优、缺点是什么？
3．PDP 的显像原理是什么？有什么优点？它主要用来替代 CRT 作什么用途？
4．请分析 24 小时录像机的架构与工作原理。
5．什么是系统主机？其主要优点是什么？
6．为什么大型矩阵主机大都采用模块化结构？
7．控制键盘有几种形式？它们如何与系统主机进行通信？
8．什么是通信协议？为什么不同厂家的系统主机与解码器通常不能混用？
9．RS-485 通信有什么特点？终端匹配电阻的作用是什么？
10．解码器是如何工作的？多个解码器如何与系统主机连接？
11．在视频监控系统中，为什么要用到云台控制器？请简述云台控制器的工作原理。
12．多功能控制器的作用是什么？它有几种不同的构成形式？各自的特点是什么？
13．画面分割器在视频监控系统中有什么作用？它有哪几种类型？请简述各自的原理。
13．怎样处置画面分割器的日常故障？
14．如何维护 CRT、LCD 监视器？怎样处置其日常故障？

项目 4

传输系统设备的安装与维护

知识目标

1. 认识各类型传输电缆及其特性。
2. 了解各类型无线传输设备原理。
3. 认识各类型传输设备结构与原理。

技能目标

1. 会为系统选择合适的传输设备。
2. 能安装各类型传输电缆并进行日常维护。
3. 能正确使用各类型无线传输设备。

任务场景

视频监控系统的前端设备和后端设备连接，需要通过传输系统进行，如图 4-1 所示。传输系统一方面将前端的摄像机、监听头、报警探测器或数据传感器捕获的视/音频信号及各种探测数据传往中心控制端；另一方面将中心控制端的各种控制指令传往前端多功能解码器。因此，传输系统应该是双方向的。但在大多数情况下，传输系统都是通过不同的单方向传输介质来实现的，如用同轴电缆传输视频信号，而用 2 芯屏蔽线传输反向控制信号。在某些场合，也可用单一传输介质来传输按多工（Multiplexing）方式处理的视/音频及控制信号。最新的传输概念则是借用已有的通信传输线路或借助计算机网络来传输视频监控信号，在这种情况下，需要专用的信号格式转换、传输或接入设备。

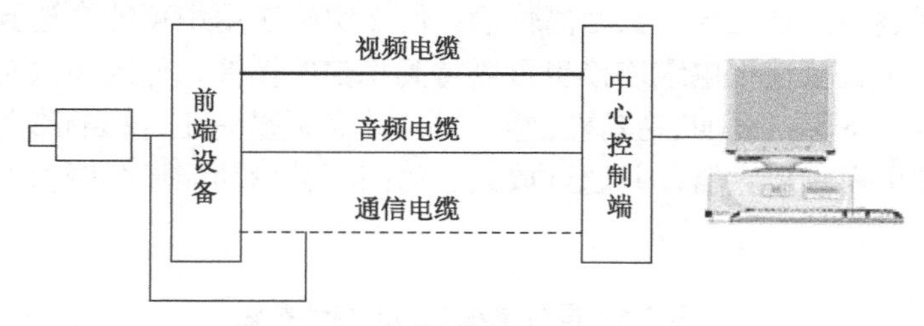

图 4-1 传输系统结构

在局域性质的视频监控系统中，由于前端设备和中心端之间的距离比较短（一般不超过 1 km），所以基本上都采用直接传输方式。从前端设备到中心控制端所需的各种电缆如图 4-1 所示。

（1）从系统主机发出的控制指令通过普通 2 芯线与前端解码器连接。

（2）由摄像机输出的视频信号采用同轴电缆连接；从监听头输出的音频信号采用2芯屏蔽线连接。

（3）从报警探测器输出的开关量信号用普通2芯线连接。

任务1　认识各类型传输电缆

1.1　传输电缆的选用

1. 认识视频同轴电缆

（1）视频同轴电缆的结构

视频同轴电缆的结构如图4-2所示，其中，外导体用铜丝编织而成。不同质量的视频电缆，其编织层的密度是不一样的，如80编、96编、120编，有的电缆编数少，但在纺织层外增加了一层铝箔。外导体接地、内导体接信号端。内、外导体之间填充有绝缘介质，电磁便被限制在内而不能向外界传输，降低了损耗，同时又避免外界杂散信号的干扰。

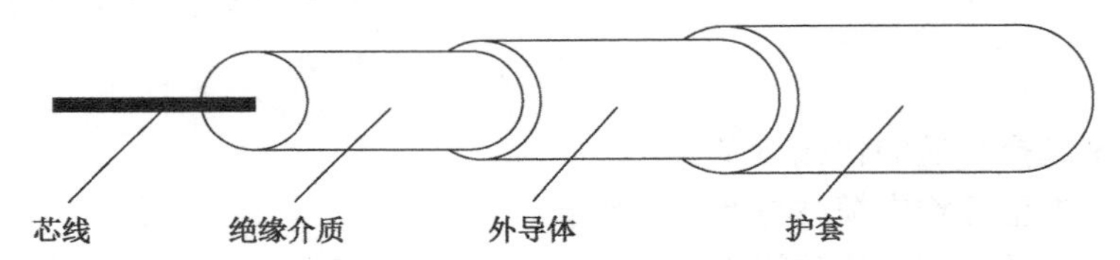

图4-2　视频同轴电缆的结构

（2）视频同轴电缆的特性

物理知识告诉人们：如果有电流通过导线，导线就会发热，这是由于导线具有一定的电阻，消耗了有用功功率；又由于导线间绝缘不完全而存在漏电，即导线之间处处有一定的电导；导线中有电流流过时，导线周围就会有磁场产生，所以导线还有一定的电感；导线与导线间的电位差将使其间形成电场，使得导线间存在一定的电容。上述这些分布在电路布线及其结构中的参数统称为“分布参数”，它使得线路中的任一点都呈现出已定的阻抗，这个阻抗即被称为特性阻抗。因此，特性阻抗的大小完全取决于电缆的结构。

不同线径的同轴电缆对视频信号的衰减程度是不一样的，线径越粗，衰减越小。符合国家标准GB12269—1990的某种同轴电缆系列的特性参数，如表4-1所示。从中可知，电缆的线径越粗，则衰减越小，越适合于长距离传输。但在实际应用中可能会遇到这样的情况，即虽然在长距离传输中直接使用电缆连接也可以得到稳定的图像，但因高频衰减会使图像的细节损失过多，分辨率下降，画面有些朦胧感，另外，高频损失还会影响彩色的重现。在这种情况下，就需要使用视频放大器，并通过放大器的高频补偿功能增强图像的轮廓，使图像变得清晰、明快。

表4-1　同轴电缆系列的特性参数

型　号	特性阻抗/Ω	绝缘电阻不小于MΩ/km	电容不大于pF/m	电容不大于pF/m			内导体直径/mm	绝缘层外径/mm	电缆外径/mm
				30MHz	200MHz	300MHz			
SYV—75—2	75±3	10	76	0.2200	0.579	2.97	7/0.08	1.5±0.1	2.9±1.0
SYV—75—3—1	75±3	10	76	0.1220	0.308	1.676	1/0.51	3.0±0.15	5.0±0.2
SYV—75—3—2	75±3	10	76	0.0706	0.308	1.676	7/0.17	3.0±0.15	5.0±0.2

续表

型号	特性阻抗/Ω	绝缘电阻不小于 MΩ/km	电容不大于 pF/m	电容不大于 pF/m			内导体根/直径 mm	绝缘层外径/mm	电缆外径/mm
				30MHz	200MHz	300MHz			
SYV—75—4—1	75±3	10	76	0.0706	0.190	1.028	1/0.64	3.8±0.2	6.3±0.2
SYV—75—4—2	75±3	10	76	0.0706	0.190	1.028	7/0.21	3.8±0.2	6.3±0.2
SYV—75—5—1	75±3	10	76	0.0706	0.190	1.028	1/0.72	4.6±0.2	7.1±0.3
SYV—75—5—2	75±3	10	76	0.0706	0.190	1.028	7/0.26	4.6±0.2	7.1±0.3
SYV—75—7	75±3	10	76	0.0510	0.104	0.864	7/0.4	7.3±0.25	10.2±0.3
SYV—75—9	75±3	10	76	0.0369	0.104	0.693	1/1.37	9.0±0.3	12.4±0.4
SYV—75—12	75±3	10	76	0.0344	0.0968	0.659	7/0.64	11.5±0.4	15.0±0.5

2. 视频电缆的选用

从电学知识可知，当传输线终端阻抗等于特性阻抗时，传输线传播的能量将全部被吸收，此时电源输出的功率最大，即阻抗匹配状态。广播电视标准规定传输线缆的特性阻抗及设备终端阻抗均为 75Ω。所以，视频电缆一般用 75 Ω的同轴电缆，当视频信号的无中继传输距离在 300～500 m 时，常用 SYV－75－3 和 SYV－75－5 两种型号。若超过此距离，则应该选用 SYV－75－7、SYV－75－9/12 的粗型号同轴电缆，一般来说，传输距离越长则信号的衰减越大，频率越高则信号的衰减也越大，但线径越粗则信号衰减越小。当长距离无中继传输时，由于视频信号的高频成分被过多地衰减而使图像变模糊，而当视频信号的同步头被衰减得不足以被监视器等视频设备捕捉时，图像就无法稳定地显示出来。

视频信号实际传输的距离与同轴电缆的质量成正比，也和系统选用的摄像机、监视器有关。当摄像机输出电阻、同轴电缆特性阻抗、监视器输入电阻 3 个量不能完全匹配时，就会在同轴电缆中造成回波反射，因而长距离传输会使图像出现重影及波纹，甚至跳动。因此，在实际工程中，尽可能一根电缆一贯到底，中间不留接头，因为中间接头很容易改变接点处的特性阻抗，还会引入插入损耗。如西南某大型物流配送中心的视频监控系统的布线，其周界的边长就达 350 m，几个远端摄像机到主控室的距离达到了 600～900 m 的范围，该工程事先定制 SYV－75－7 和 SYV－75－9 两种超长电缆，每一根电缆都直接引到主控室，没有使用视频放大器，得到了较好的图像质量。

3. 连接器的使用

视频电缆与设备的连接通常为 BNC 连接器（如图 4-3（a）所示），个别设备也选用 RCA 连接器（如图 4-3（b）所示），还有些系统选用射频传输常用的 F 头。当接头与插座的规格不一致时，可以用转换器进行转换，如 BNC→RCA 转换器或 RCA→BNC 转换器（图 4-4）。

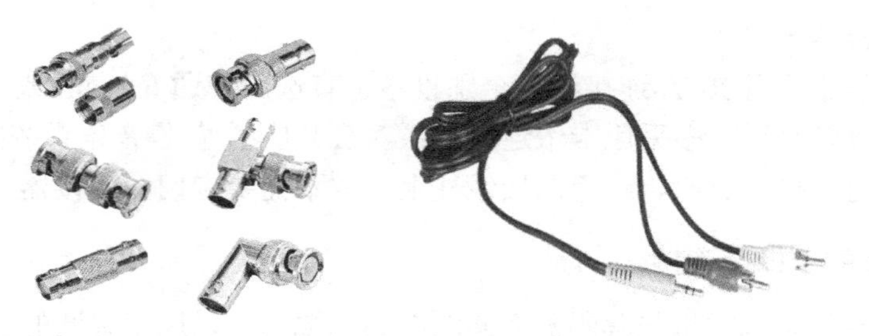

（a）各种规格的 BNC 连接器　　（b）RCA 连接器

图 4-3　连接器

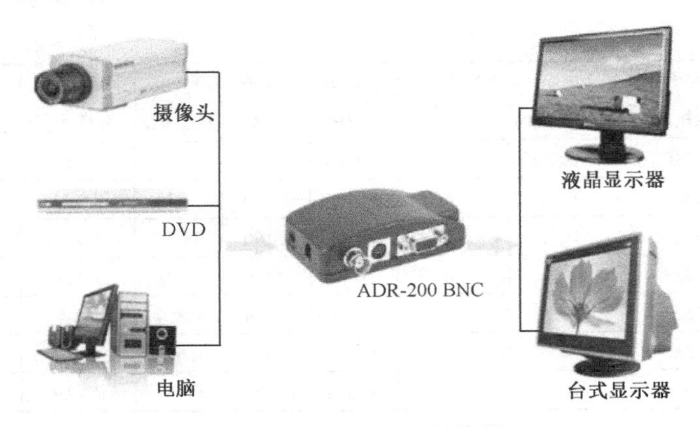

图 4-4　RCA→BNC 转换器

1.2　音频、通信与控制电缆的选用

音频、通信及控制电缆都是非同轴电缆，其中，音频及通信电缆为 2 芯线，而控制电缆为 10 芯线。显然，它们传输的信号内容不同，但电缆的类型却可以是相同的。音频及通信电缆通常可选为同样的 2 芯屏蔽电缆；在非干扰环境下，也可选为非屏蔽双绞线，如在综合布线中常用的 5 类双绞线。

1．认识音频电缆及连接器

（1）音频电缆

音频电缆的结构如图 4-5 所示。在有干扰的情况下，一般选用 2 芯屏蔽线，因为长距离传输时易引入干扰噪声。音频电缆的屏蔽层有防止干扰的作用，还应在系统主机处单端接地。常用的音频电缆型号为 RVVP—2/0.3 或 RVVP—2/0.5。

图 4-5　音频电缆的结构

学校、超市、车站等应根据自身的使用特点，要求其视频监控系统兼备公共广播或背景音乐的功能，这就同时需布置音频电缆。公共广播系统的声音是采用 120 V 定压小电流方式传输的，所以也可选用非屏蔽的 2 芯电缆，如 RVV—2/0.5 等。由于音频电缆采用总线式布线，所以它和监控系统采用的点对点式布线方式（用于将监听头的音频信号传送到监控中心）不一样。

（2）音频连接器的选用

音频电缆一般都配备 RCA 连接器，个别设备也有选用普通 6.5 mm 或 3.5 mm 的插头/座的。对专业音频设备来说，多采用卡侬连接器；对公共广播/背景音乐系统的音频电缆来说，由于大多数直接将其接在喇叭、音箱的接线柱上，故不需要专门的连接器。

2．通信电缆的选择、连接

通信电缆是接于系统主机与解码器之间的 2 芯电缆，可以选用普通的 2 芯扩套线，但一般来说，带有屏蔽层的 2 芯线干扰性能要好些，更适合于强干扰环境下的远距离传输。可选用的通信线如 RVV—2/0.15 或 RVVP—2/0.3 等。除少数系统在主机一端用 DB9 型连接器或

RJ—11 型连接器外，通信电缆基本上不需要单独的连接器，通常都是直接将线头接在电路板的接线座上，并用螺钉拧紧即可。

3. 控制电缆的连接

（1）连接控制电缆

控制电缆是用于控制云台及电动三可变镜头的多芯电缆（如图 4-6 所示），其一端连接于控制器的云台、电动镜头控制接线端，另一端则直接接到云台、电动镜头的相应端子上。

图 4-6　用于控制云台及电动三可变镜头的多芯电缆

（2）选用控制电缆

① 从控制器到云台和电动镜头的距离最长有数百米，导线的直流电阻与导线的截面积平方成反比，而控制信号经长距离导线传输时会因导线电阻而产生压降，线径越小或传输距离越长则导线电阻越大，控制信号压降越大，以至于控制信号到达云台或电动镜头时不能驱动负载电动机动作。这种现象对低电压控制信号尤为明显，如对于交流 24 V 驱动的云台及直流 6～12 V 驱动的电动镜头，云台会经常被卡住而导致电动镜头不动作。如图 4-7 所示，控制电流 I 会在导线电阻 R 上产生压降。实际上，控制器的输出电压是减去该压降后再加在云台或电动镜头上的。

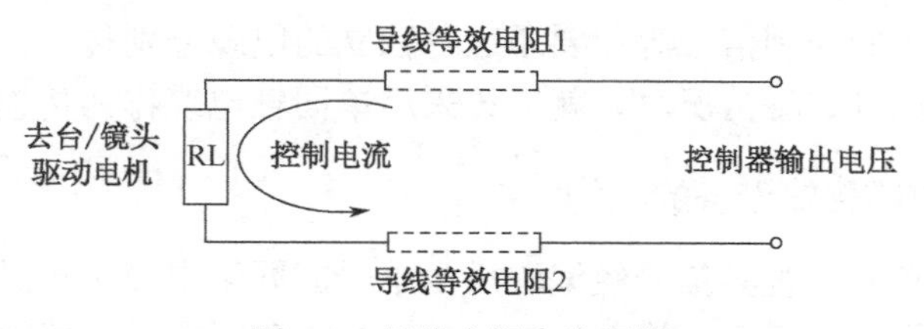

图 4-7　导线电阻产生压降

综上所述，对控制信号进行长距离传输的电缆的线径必须要大，如选用 RVV—10/0.5 或 RVV—10/0.75 等。

② 从摄像机到控制器相应端子，距离只有几米，并且控制电缆提供的是直流或交流电压，一般不存在干扰问题，所以其控制电缆不需要使用屏蔽线。常用的控制电线大多采用 6 芯或 10 芯电缆，如 RVV—6/0.2、RVV—10/0.12 等。其中，6 芯电缆分别接于云台的上、下、左、右、自动、公共 6 个接线端；10 芯电缆所接端子除了接云台的 6 个接线端外还包括电动镜头的变倍、聚焦、光圈、公共端 4 个接线端，如图 4-8 所示。

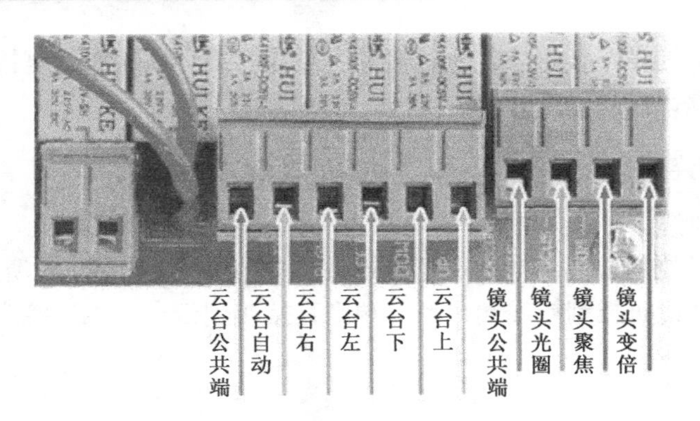

图 4-8　变倍、聚焦、光圈、公共 4 个接线端

1.3　供电方式与电源线的选择

1．交流供电方式相应电源线的选择

电源线在监控系统中基本上都是单独布设，一般在监控中心设置总开关对整个监控系统直接控制。电源线是按交流 220 V 布线，到摄像机端经过适配器换成直流 12 V，这样可采用总线式布线路，并且线径不需要很粗。

2．直流供电方式相应电源线的选择

小型视频监控系统在监控中心用大功率的直流稳压电源，采用 12 V 直流电对整个系统供电的方式。这样，电源线就需要选用线径粗的线，且距离不能太长，否则系统不能正常工作。

1.4　单同轴电缆传输设备

从前面的学习中可知，一般情况下，视频监控系统都使用同轴电缆传送视频信号，而摄像机电源、云台、镜头的控制信号等却要通过各独立的电缆分别传送。有些用户对这种方式从费用上无法接受，遇到这种情况时，就应该采用单同轴电缆作为传输设备。

1．认识单同轴电缆传输设备的结构

电源、控制信号和复合视频信号经编码后由单一的同轴电缆来传送，在接收端将上述各种信号解调复原。如图 4-9 所示，其中，CH0 ～ CH7 分别表示远端的 8 台摄像机输出的视频信号。

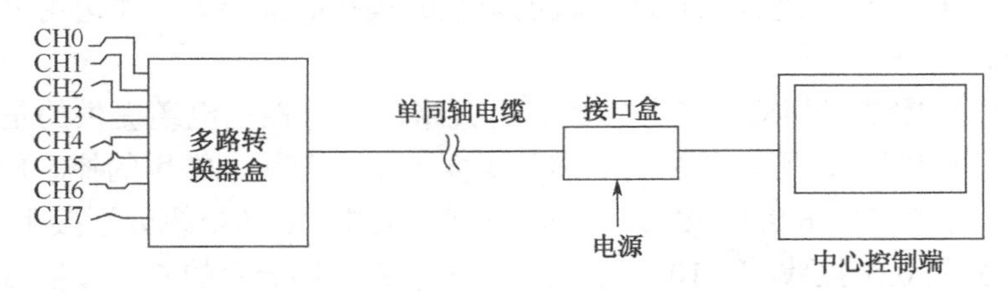

图 4-9　采用单同轴电缆传送多种信号示意图

单同轴电缆可以通过接口盒把电源传送到远端，选择远端的 8 个视频信号源之一，并将该视频信号回传到中心控制端。

2．多路转换盒的原理

多路转换盒的电路原理图如图 4-10 所示。其核心部件 MAX455 是一个 8 通道多路转换器和视频放大器的组合集成电路。电容 C_{11} 的作用是隔直耦合，将多路转换器选择的基带视频信号输出耦合到同轴电缆，向中心端的接口盒传送，同时阻止由同轴电缆传来的直流电源分量。电感 L_1 可看做是一个扼流圈。由它把中心端提供的、经由同轴电缆传来的直流电源分离出来，为多路转换盒中的所有电路供电，起高频扼流的作用。同时还可以把中心端提供并经由同轴电缆传来的低频控制信号耦合到晶体管 VT_1 的发射极。此外，L_1 还可以阻止 MAX455 输出的视频信号窜回本电路中。

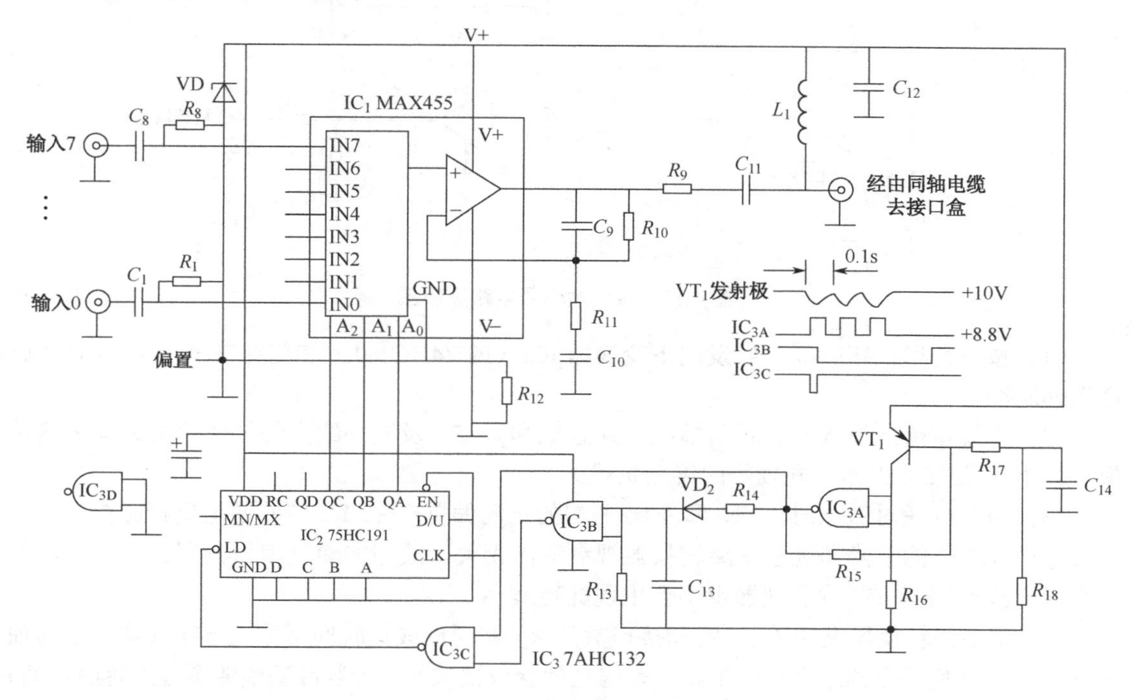

图 4-10　多路转换盒的电路原理图

多路转换盒的原理如下所述。

① 通道选择信号在接口盒中产生，通道 0 为 1 个脉冲、…、通道 7 为 8 个脉冲，由同轴电缆传来 10 Hz 的速率把 10 V 电源降至 8.8 V 再返至 10 V。

② VT_1 和多路转换盒内的有关元件把脉冲变换为 5 V 的逻辑电平，将其作为 4 位计数器 74HC191（IC_2）的时钟，并通过 IC_2 的输出即可由 IC_1 选择所需的多路转换器通道。

③ 脉冲串的第一脉冲选择通道 0。后续的脉冲在延时网络 $R_{13}C_{13}$ 放电前到达，每次使 IC_2 的计数加 1，于是通道 0 几乎立即出现，而通道 7（当其被选择时）出现在 0.8s 脉冲串的末尾附近。

3．接口盒信号电路的工作原理

接口盒信号的电路如图 4-11 所示，已被选择的通道要用 3 位编码，可以用开关设置，也可由外加的数字输入设置。

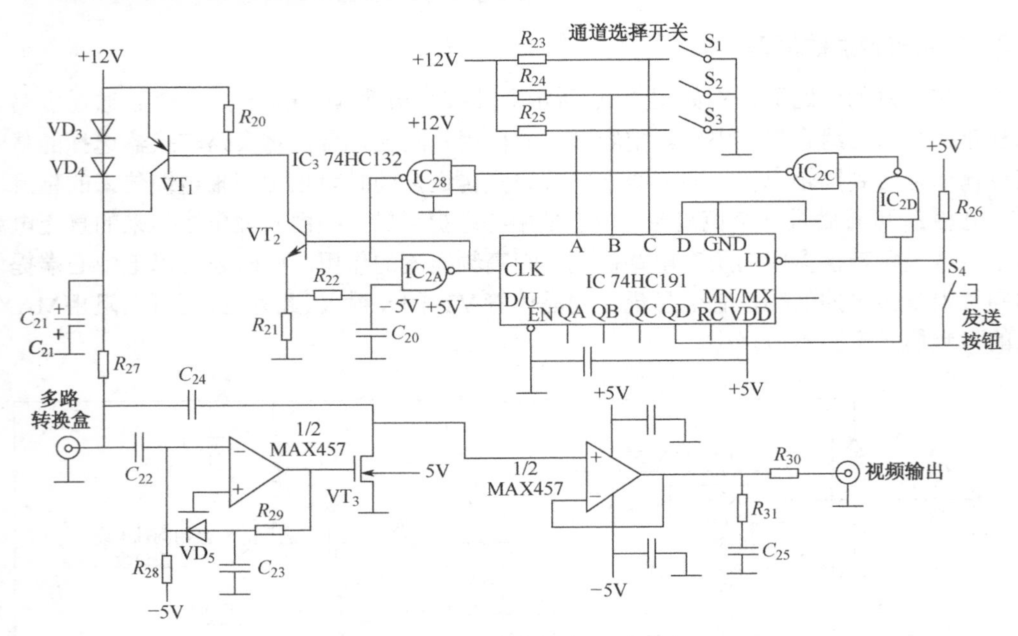

图 4-11　接口盒信号电路原理图

（1）按下发送按钮瞬间，触发向下变换器 IC_1（IC 74HC191）和门振荡器 IC_{2A} 以启动通道选择脉冲串。

（2）电源电流通过 VT_1（正常情况下通且饱和）、R_{27} 及同轴线内的导体流至远程多路转换盒。R_{27} 经过 C_{21} 也作为同轴线的终端负载。

（3）当 VT_1 瞬时截止时，VD_3 和 VD_4 两端的正向偏置产生-1.2 V 的通道选择脉冲（由于电源电压 1.2 V 的下降和远程多路转换器视频输出无关。故假如通道信号具有公共同步，即使在通道改变期间，视频监视器也不会出现翻转）。

（4）由多路转换器盒的 C_{11}、R_9 和接口盒的 R_{27} 共同构成短时间常数（与视频耦合至同轴线有关），使任何通道的选择小于 1 s，但是它也使合成视频的同步脉冲基线随图像内容而移动。

任务 2　双绞线视频传输设备

任务场景

在视频监控系统中，视频信号还可以用双绞线传输，前提条件是采用双绞线传输设备。双绞线传输设备在视频监控系统中采用得比较少。随着综合布线方式的兴起，建筑物内部已按 EIA/TIA-568 综合布线标准铺设大量的双绞线；并在各相关房间内均留有 RJ-11/45 等接口时，那么视/音频信号及控制数据都将通过已铺设的双绞线来传输。

此外，由于双绞线传输设备本身具有视频放大的作用，所以也适合长距离的信号传输。在信号传输距离达到 1km 以上的视频监控系统中，考虑到不用同轴电缆可减少其用量，同时又节省用同轴电缆传输所需的视频放大器及用单根 5 类线布线时可节约的工作量，也会用到双绞线传输设备。

1. 双绞线视频传输设备的功能

双绞线视频传输设备是在前端将适合非平衡传输的视频信号转换为适合平衡传输的视

频信号；在接收端则进行与前端相反的处理，将通过双绞线传来的视频信号重新转换为非平衡的视频信号。

2. 双绞线传输设备的原理

如图 4-12 所示，双绞线传输设备由两部分电路组成，其中，在发送端电路中，放大器 IC_1 和 IC_2 先将组合彩色视频信号变换为差分信号，以减少在双绞线上的线路损耗和失真，同时也消除发、收两端两块印制电路板上地电位差带来的接地误差。此部分电路的增益设计为 2 dB，这样可以补偿终端 6 dB 的衰耗。调整电阻 R_G 可使双绞线的衰耗最小。另外，R_G 还可以用作视频系统的对比度调整。

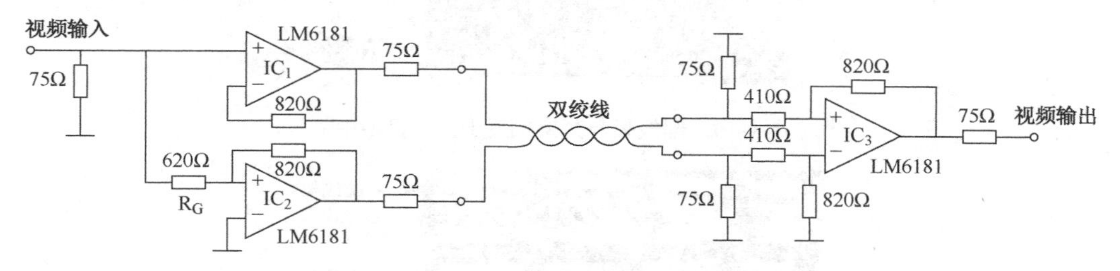

图 4-12　双绞线传输设备

在接收端电路中，放大器 IC_3 将差分信号再变换回单端信号。此电路的增益也设计为 2 dB，使视频放大器具有高的驱动能力。

3. 双绞线传输设备的选择

若用 600 Ω 终端电阻，则由于电缆电容与终端电阻组成的时间常数可能使信号的变化部分劣化，因而造成图像模糊不清。所以，在电路中的双绞线两端的匹配电阻选用的是 75 Ω 终端电阻。同样，为避免过高的分布电容增加 *RC* 时间常数，也不采用屏蔽双绞线。

4. 双绞线网络线路连接

1）连接方式

一般来说，每条链路中包括一段永久的水平链路和两条跳线。其中，一条跳线用于连接工作区的计算机与信息插座，另一条跳线则用于连接楼层配线架与接入交换机。双绞线整体链路的连接方式如图 4-13 所示。

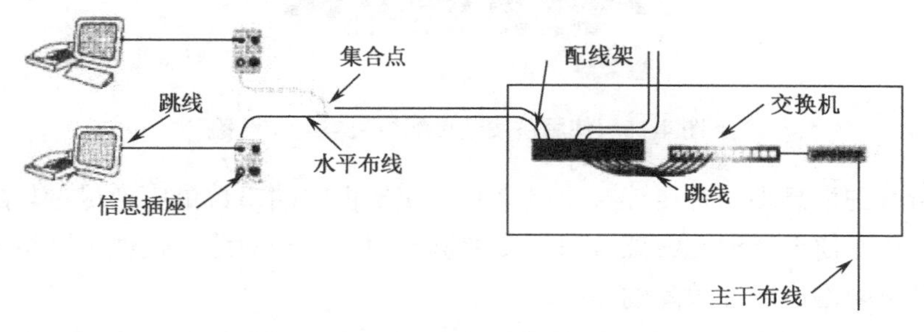

图 4-13　双绞线链路

2）配线架与交换机的布置

配线架与交换机的布置通常采用两种形式，一种是将配线架与交换机置于同一机柜中，彼此间隔摆放，如图 4-14 所示;另一种是将配线架和交换机分别置于不同的机柜中，机柜间隔摆放如图 4-15 所示。

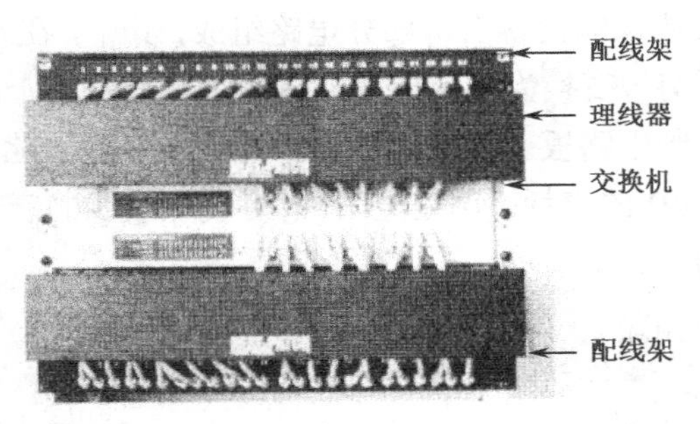

图 4-14　配线架与交换机置于同一机柜中

图 4-15　配线架与交换机置于不同机柜中

5. 跳线的连接

使用跳线将配线架端口与交换机端口连接在一起，如图 4-16 所示。

图 4-16　使用跳线连接配线架与集线设备

当几乎所有的信息端口都要连接至网络时，交换机的端口数量应当尽量与配线架的端口数量相一致，从而便于实现配线架端口与交换机端口的一一对应，也便于网络布线的日常维护和管理，以及网络连通性故障的排除。

按图 4-17 所示的连接线序进行连接即可。另外，为方便区别不同楼层、房间或部门的连接，建议采用不同颜色的跳线连接配线架与集线设备。

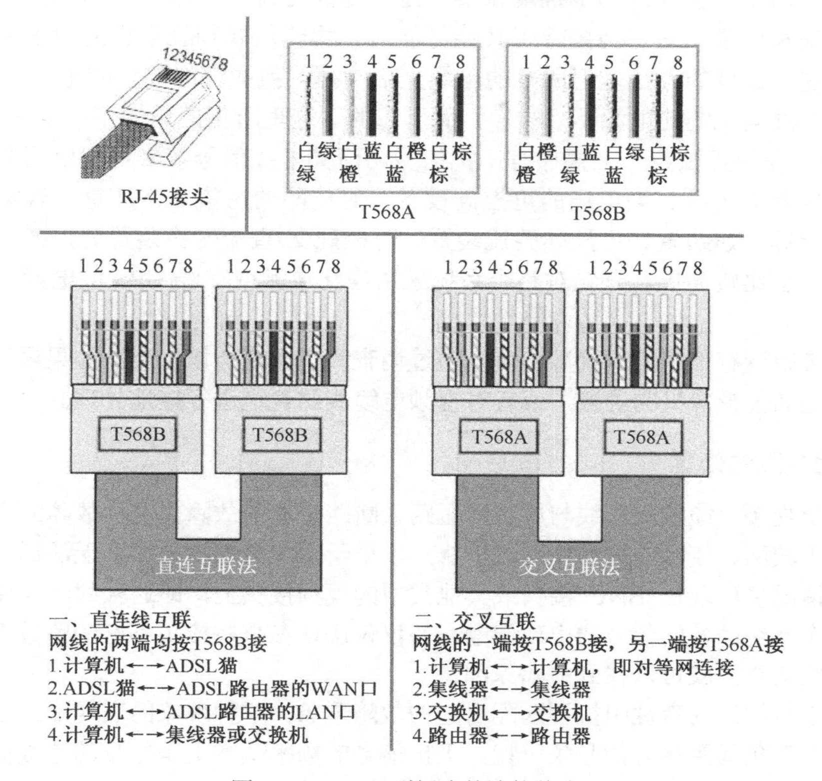

图 4-17　RJ-45 型插头的连接线序

任务 3　视频传输设备日常故障的处置

在视频传输设备中，最容易出现两种故障：第一种故障现象表现为在监视器的画面上出现一条黑白杠，并且向上或向下慢慢滚动，第二种故障现象表现为在监视器上出现木纹状的干扰。下面分别对这两种故障进行剖析。

1．出现一条黑白杠的故障原因及处置方法

在分析这类故障现象时，要分清产生故障的原因是电源的问题还是地环路的问题。一种简易的方法是，在控制主机上，就近只接入一台电源没有问题的摄像机输出信号，如果在监视器上没有出现上述的干扰现象，则说明控制主机正常。然后用一台便携式监视器就近接在前端摄像机的视频输出端，并逐个检查每台摄像机。如有干扰，则进行处理；如无干扰，则干扰是由地环路等其他原因造成的。

2．出现木纹状干扰的原因及处置方法

木纹状干扰的出现，轻微时不会淹没正常图像，而严重时会因同步破坏图像而无法观察。此故障产生的原因较多且复杂。大致有如下几种原因：

（1）视频传输线的质量不好，特别是屏蔽性能差（屏蔽网不是质量很好的铜线网，或屏蔽网过稀而起不到屏蔽作用）。这类视频线的线电阻过大，因而造成信号产生较大衰减也是加重故障的原因。此外，这类视频线的特性阻抗不是 75 Ω 及参数超出规定也是产生故障

的原因之一。由于产生上述的干扰现象不一定就是因为视频线不良，因此在判断这种故障原因时要准确和慎重。只有当排除了其他可能后，才能从视频线不良的角度去考虑。若电缆质量有问题，最好的办法是把所有的电缆全部换掉，换成符合要求的电缆。

（2）由于供电系统的电源不“洁净”而引起的。这里所指的电源不“洁净”，是指在正常的电源（50 周的正弦波）上叠加有干扰信号。而其干扰信号多来自本电网中使用可控硅的设备。特别是大电流、高电压的可控硅设备，对电网的污染非常严重。若本电网中有大功率可控硅调频调速装置、可控硅整流装置、可控硅交/直流变换装置等，都会对电源产生污染。解决方法比较简单，只要对整个系统采用净化电源或在线 UPS 供电就可基本上解决问题。

（3）系统附近有很强的干扰源。可以通过调查和了解而加以判断。如果属于这种原因，解决的办法是加强摄像机的屏蔽，或者对视频电缆线的管道进行接地处理。

3．其他故障的处置

（1）由于视频电缆线的芯线与屏蔽网短路、断路造成的故障。这种故障的表现形式是在监视器上产生较深、较乱的大面积网纹干扰，以至于图像全部被破坏，无法形成图像和同步信号。这种情况多出现在 BNC 接头或其他类型的视频接头上，即这种故障现象出现时，往往不会是整个系统的各路信号均出现问题，而仅仅出现在那些接头不好的路数上。只要认真逐个检查这些接头，就可以找到故障原因。

（2）由于传输线的特性阻抗不匹配引起的故障现象。这种现象的表现形式是在监视器的画面上产生若干条间距相等的竖条干扰，干扰信号的频率基本上是行频的整数倍。这是由于视频传输线的特性阻抗不是 75 Ω 而导致阻抗失配造成的。也可以说，产生这种干扰现象是由视频电缆的特性阻抗和分布参数都不符合要求引起的。一般靠“始端串接电阻”或“终端并接电阻”的方法解决。另外，值得注意的是，在视频传输距离很短（一般为 150 m 以内）时，使用上述阻抗失配和分布参数过大的视频电缆不一定会出现上述的干扰现象。

（3）由传输线引入的空间辐射干扰。这种干扰现象的产生，多数是因为在传输系统中、系统前端或中心控制室附近有较强的、频率较高的空间辐射源。遇到这种情况，在系统建立时，应对周边环境有所了解，尽量设法避开或远离辐射源；另一个办法是当无法避开辐射源时，对前端及中心设备加强屏蔽，对传输线的管路采用钢管并良好接地。

解决上述问题的根本办法是在选购视频电缆时，一定要保证质量，必要时应对电缆进行抽样检测。

任务 4　认识射频传输设备

1．射频传输原理

射频（RF）是信号经过调制的高频电磁波。射频传输方式是基于 CCTV 的、仍属于电缆传输的一种传输方式。它先将视/音频信号调制到高频，然后再进行传输，在接收端经解调后才可恢复视/音频信号。

射频传输原理如图 4-18 所示，在前端使用调制器和混合器，在中心端对应使用分配器和解调器。各调制器的输出频道各自独立，每个频道的频带宽度为 8 MHz；混合器将各 FDM 方式的射频信号分为多路，供每一个解调器解调出基带视/音频。图中所示的射频传输仅仅是单方向的视/音频传输，因此，对于具有系统主机及解码器的全方位监控系统来说，还需另外布设通信电缆。

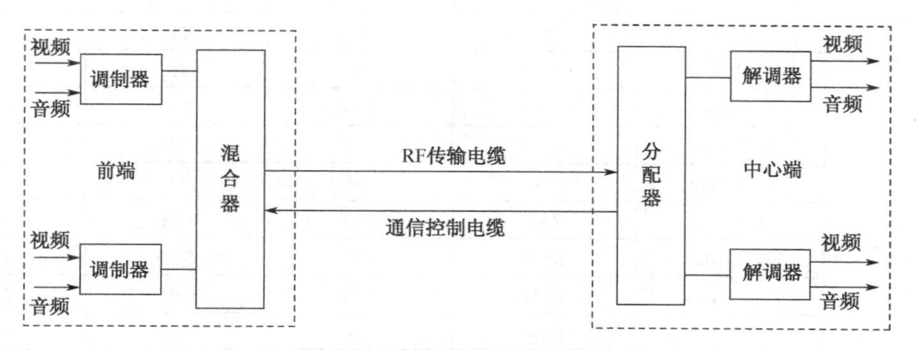

图 4-18　射频传输原理示意图

2．射频传输方式

（1）低频、强干扰环境下的传输

如电力系统的视频监控系统，由于其系统屏蔽接地等环节处理得不好，导致传输的图像受到低频干扰，这种低频干扰又称为工频干扰 50 Hz（强电信号及其谐波成分对图像的干扰）。表现在监视器上，显示的图像出现了明显的干扰纹，有时像雪片那样飞舞，有时又产生强烈滚动。

解决的方法很简单，把摄像机输出的视频信号用射频调制器调制到 VHF 或 UHF 频段进行传输，在中心控制室再用解调器将视频信号解调出来，就可以有效地消除上述低频干扰。这里就需要用到射频传输设备。

（2）多路视、音频的长距离传输

在实际的视频监控系统中受应用需求、环境的影响，其前端设备与控制中心距离相对较远又相对集中时，应该就地将多路视/音频信号经射频调制并混合后，再经由一根射频同轴电缆来传输。这种方式省去了传输环节的大量线缆。特别是当从前端摄像机到中心控制室之间没有或很难有宽裕的布线通路时，射频传输方式便是首选方案了。

（3）认识射频同轴电缆

如图 4-19 所示，射频同轴电缆和视频同轴电缆的结构基本相同，但其内、外导体间的绝缘材料不一样，外导体材料也不全是铜线编织网，有些外导体采用氩弧焊接铝管。常见的射频电缆有 SYKV 系列纵孔聚乙烯绝缘同轴电缆和 SYWV 高物理发泡同轴电缆。这两种电缆的高频特性要比前述的 SYV 系列好一些。某种国产 SYWV 系列射频电缆的频率特性如表 4-2 所示。

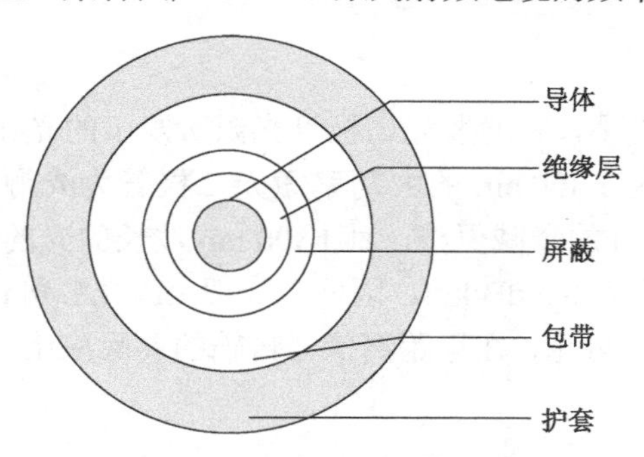

图 4-19　射频同轴电缆的结构

表 4-2　某种国产 SYWV 系列射频电缆的频率特性

型　号		SYWV—75—5	SYWV—75—7	SYWV—75—9	SYWV—75—12
回波损耗/dB	VHF	20	20	20	20
	UHF	18	18	18	18
衰减常数 dB/100m	5（MHz）	1.37	0.83	0.66	0.51
	55（MHz）	4.40	2.82	2.25	1.75
	83（MHz）	5.44	3.48	2.8	2.18
	211（MHz）	8.84	5.69	4.58	3.58
	300（MHz）	10.64	6.87	5.54	4.34
	450（MHz）	13.21	8.56	6.92	5.44
	500（MHz）	13.98	9.06	7.42	5.77
	550（MHz）	14.72	9.55	7.73	6.09
	865（MHz）	18.82	12.28	9.98	7.89
	1000（MHz）	20.39	13.32	10.85	8.59

除采用闭路方式外，射频传输也可采用开路方式，即将调制后的视/音频信号经无线发射机发送出去，再在接收端用天线及接收机解调出来。但这涉及远程开路的传输方式，或者采用频率更高的微波传输方式。由于现在大多数远程数字视频监控系统的建设，已逐步应用先进的高速视频光纤传输网络（SDH）。所以开路方式的射频、微波传输方式，除了某些特种系统外，大多数视频监控系统已经不再使用。

任务 5　光纤传输

5.1　光纤传输的特点

1．宽频带

光纤传输的信号带宽可达 1.0 GHz 以上，而普通视频信号只有 6 MHz，用 1 芯光纤来传输一路视频信号是绰绰有余的。实际上，经过对多路视频信号进行预处理，可以利用 1 芯光纤来传输 2 路、4 路、8 路甚至更多路数的视频信号。若是将多路视/音频信号经调制、混合形成宽带射频信号并经由射频光端机来传输，则 1 芯光纤就可以传输几十路视/音频信号。

除了上述宽带的视频信号以外，利用光纤的宽频带特性还可以同时传送音频信号，控制信号的开关量信号，并可以在 1 芯光纤上实现各种信号的双向传输。

2．低衰减

光纤对信号的衰减非常小，普通发光二极管光源所发出的光在无放大器的情况下可以传输 3～5 km，而若用波长为 1 300 nm 的大功率激光二极管为光源，无放大器传输距离可达 12 km。9/125 μm 的单模光纤的衰减更小，对 1 300 nm 波长的光的衰减约为 0.4 dB/km，而对 1 500 nm 波长的光的衰减约为 0.3 dB/km。因此，一般 LD 光源可传输 15～20 km，最新的产品甚至可传输 100 km。由此可见，在远距离信号传输的实际应用中，光纤传输远比同轴电缆的传输效果好。

3. 不受电磁波干扰

光纤传输的另一个优点就是不受电磁波干扰，因而特别适合在大型工厂、电厂、通信机房等强电磁波干扰环境中应用。即使与电源线同时布放在同一条管道内，也不会受到任何干扰。另外，由于光纤采用玻璃材质，不导电，可以防雷击，因此在雷击过程中也不会使两端的设备遭受损坏。

4. 不会产生火花

信号在光纤中以光的形式进行传输，因而不会像一般电线那样因短路或接触不良而产生火花。因此，光纤传输还特别适合于油库、弹药库、瓦斯储存槽、化学工厂等易燃易爆的场合应用。

5. 其他特点

光纤细小如丝，重量极轻，虽然外加保护层及抗拉钢丝等材料使光缆重量增加，但大路数光缆平均分配到每一路的重量并不多。相比之下，当增加同轴电缆的路数时，电缆束的重量和外径都是成倍增加的。另外，由于光信号在光纤中传输，无电磁辐射，其保密性也比普通同轴电缆要好。

5.2 认识光纤传输设备与光纤通信

1. 光纤传输过程

光纤传输过程如图 4-20 所示，由发光二极管 LED 或注入型激光二极管 ILD 发出光信号，沿光媒体传播，在另一端则有 PIN 或 APD 光电二极管作为检波器接收信号。对光载波的调制为移幅键控法，又称为亮度调制（Intensity Modulation）。典型的做法是在给定的频率下，以光的出现和消失来表示两个二进制数字。发光二极管 LED 和注入型激光二极管 ILD 的信号都可以用这种方法调制，PIN 和 APD 检波器直接响应亮度调制。

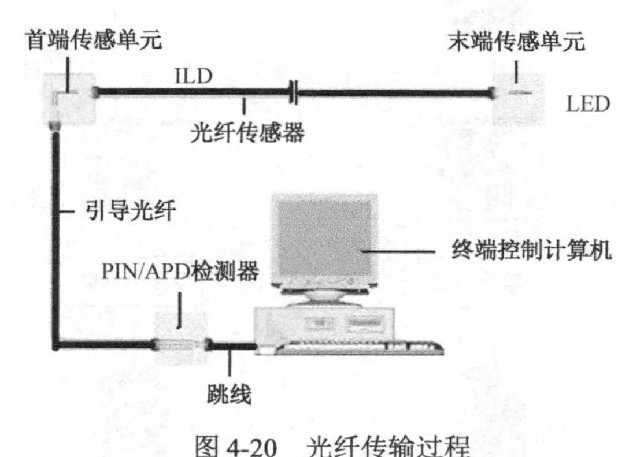

图 4-20　光纤传输过程

2. 光纤传输设备

光纤传输设备主要由光端机（光发射机、光接收机）、波分复用器、光放大器、光切换器、光分配器等几部分构成。

（1）光端机

在发射端有完成电光转换的光端机，在接收端应有完成光电转换的光端机，发、收端之间为一段数千米或数十千米的光纤。完成电光转换的方式有调幅和调频两种。

在调幅方式下，输出光的强度随输入视频信号的变化而变化；而在调频方式下，输出光脉冲的频率随输入视频信号的变化而变化，如图4-21和图4-22所示。

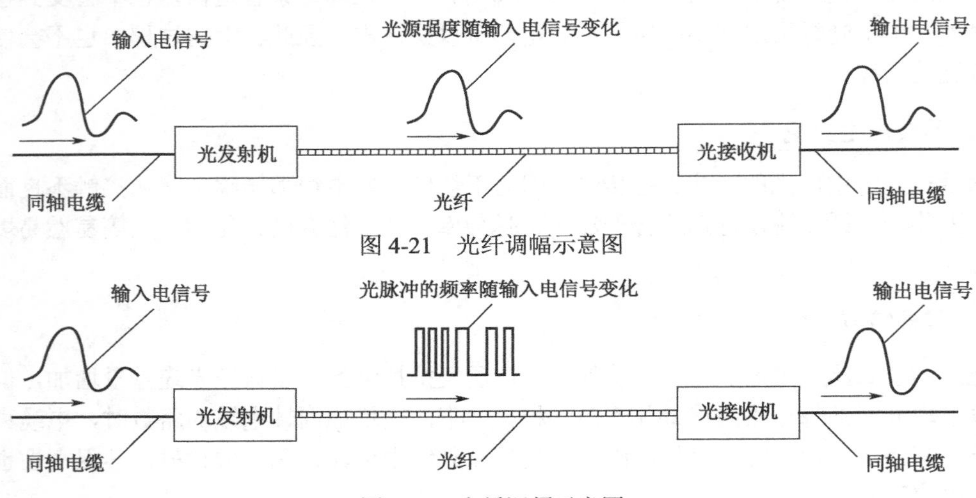

图4-21　光纤调幅示意图

图4-22　光纤调频示意图

单向、单通道的视频传输系统最简单，系统造价低，但光纤的利用率也低，一般多用于短距离的通信业务。

除此之外，有些光端机还具有视/音频同步传送等功能，IMD-16V-8A（D）-E 系列数字光端机通过一根光纤同时传输十六路视频、八通道任意可选双向音频、双向数据信号，以及以太网信号，如图4-23所示。

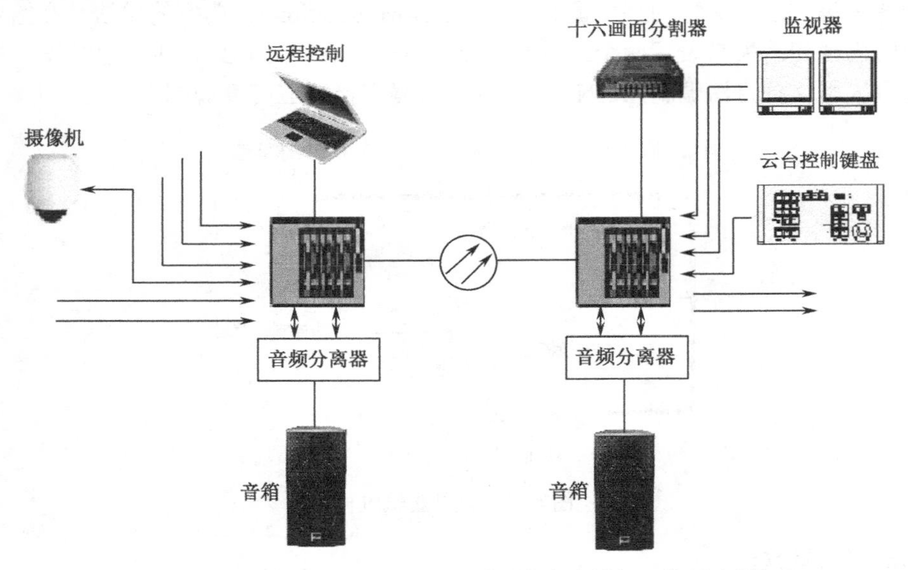

图4-23　IMD-16V-8A（D）-E 系列数字光端机工作示意图

（2）其他设备

光放大器用于长距离传输场合的光中继；光切换器用于从多路光信号中选择一路或几路光输出；而光分配器则是将一路光信号分配为多路。专门用于光纤网络系统的光端机又简称光纤收发器。另外，当两路光信号在同一根光纤中进行传输时，就要用到波分复用器。

3．波分复用原理

目前大多使用的是二波长的复用器，如 1300/850 nm、980/1 550 nm 和 1 480/1 550 nm 等，前者用于通信线路，后两种用于光纤放大器。如图 4-24 所示，980 nm 的光信号和 1 550 nm 的光信号同时在同一根光纤中传输且互不干扰，这种波分复用技术有时也称为双波长技术或双窗口技术。利用波分复用技术 ，可以方便地在单根光纤中传送视频信号及反射控制数据，同时还可以实现双向对讲功能。

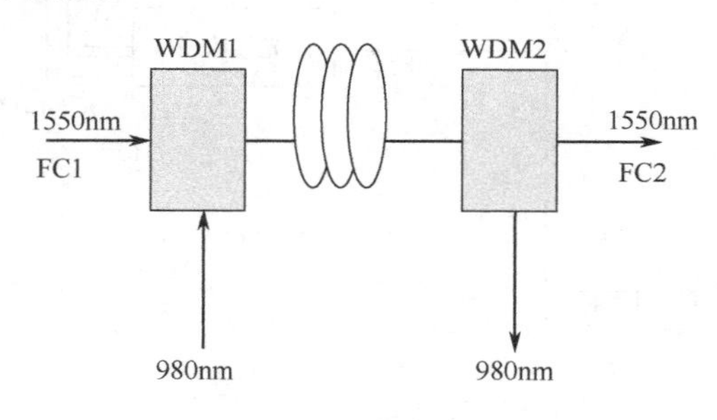

图 4-24　波分复用原理

4．应用实例分析

图 4-25 所示为波分复用技术应用的某种实例，前端摄像机摄取的视频信号及麦克风感应的声音信号在混合器中形成基带信号，并以 850 nm 的光波长经单根光纤传输到中心端的分离器，该基带信号经解调后分别送往监视器和音箱；同时，中心端的声音信号及由控制器发出的控制信号经混合器后以 1300 nm 的光波长经同一根光纤返送到前端的分离器，分离出来的控制信号被送往解码器，经解码后可形成控制云台、电动变焦镜头及其他前端设备动作的各种控制电压。这样，借助单根光纤就实现了在中心端遥控远端摄像机组件的目的。

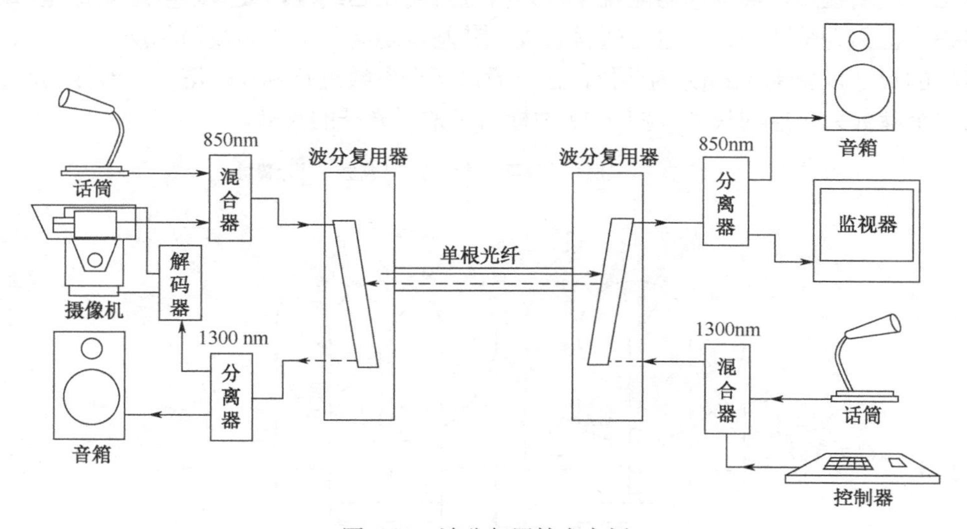

图 4-25　波分复用技术实例

通过以上分析，再结合光纤传输的特点可知，除可在单根光纤中传送两种不同波长的光信号外，在同一波长上也可以通过调幅和调频两种方式来传送光信号，这样就可以方便地在单根光纤中同时传送 4 路光信号。图 4-26 所示为采用双 8 路视频复用器的系统应用图。

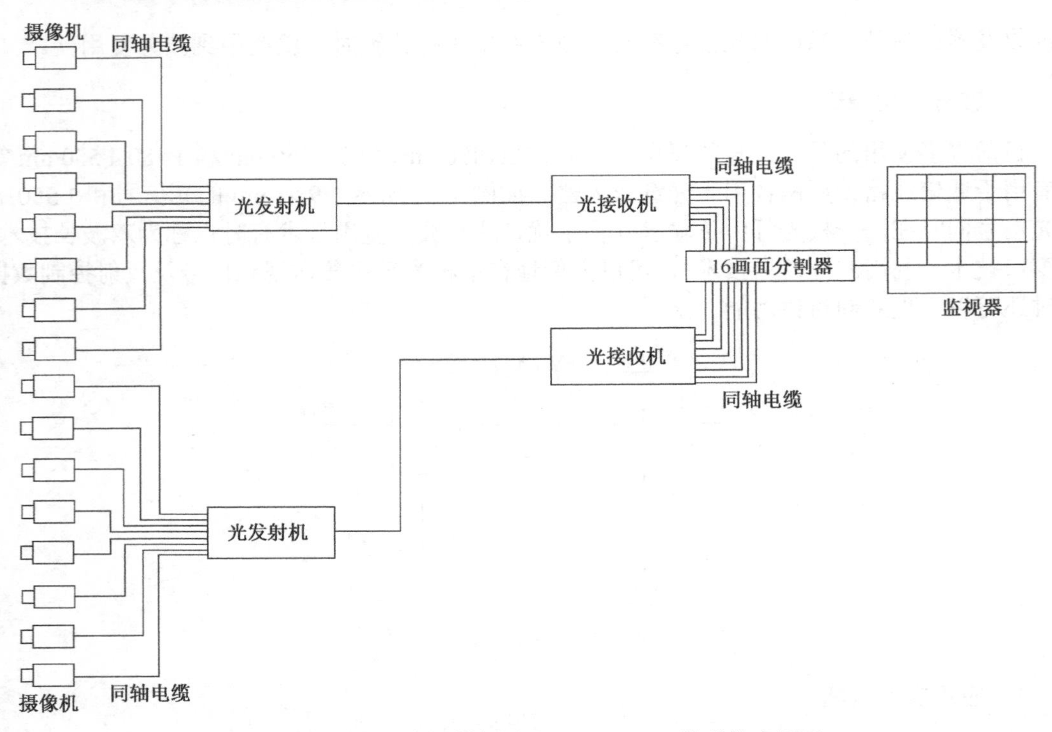

图 4-26 采用 4 路视频复用器 VT/VR5010 的系统应用图

5.3 光纤与光缆

1. 光纤

如图 4-27 所示，光纤一般由纤芯、包层和涂覆层组成。其芯线材料一般为玻璃；光信号层一般也由玻璃组成，其基本功能就是将光信号封闭在芯线内，最大限度地保持光信号的能量；保护层也称为缓冲层，一般由塑料组成，其基本功能是保护芯线与包层。

光纤的尺寸以微米（μm）为单位，且一般以两个参数进行标识，第一个参数为芯线的尺寸，第二个参数为包层的尺寸。图 4-27 中标出了常用光纤的尺寸。

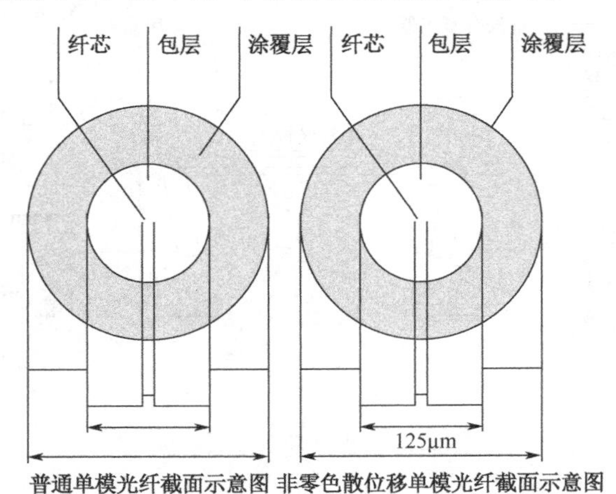

图 4-27 常用光纤的结构与尺寸

根据光的传播路径不同，光纤一般可分为单模光纤和多模光纤两种，如图 4-28 所示。

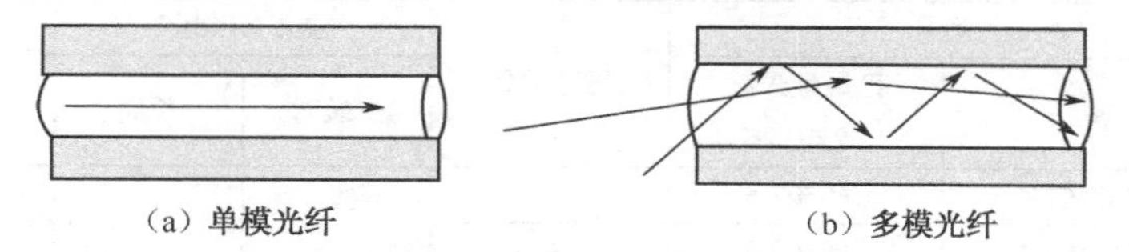

图 4-28　不同的光传播路径

这两种光纤的结构示意图如图 4-29 所示。

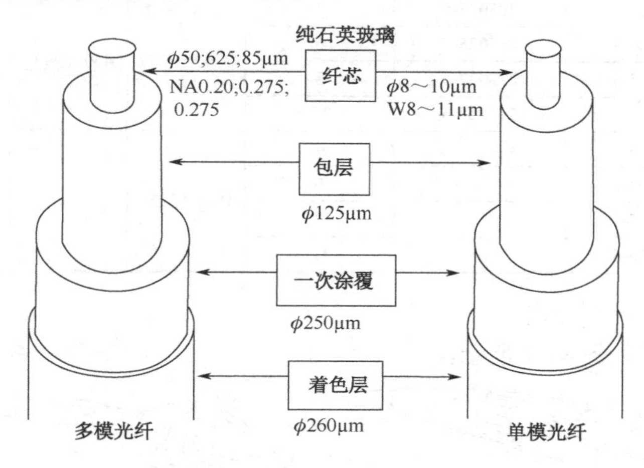

图 4-29　单、多模光纤的结构示意图

由于光纤的材料与制造工艺不同，光在光纤中传输时会有一定的衰减，其衰减量用 dB/km 表示。不同波长的光在光纤中传播时造成的衰减是不一样的。在以纳米表示波长的一些特定点上，光的衰减最小。因此，光纤通信中常用的光波长一般选用使光衰减量最小的 850 nm、1 300 nm 及 1 550 nm 等波长。

2. 光缆

光缆是对光纤进行防护、加强后使之成为具有实用价值的传输介质，有两种基本类型。

（1）室外用的松管型

松管光缆如图 4-30 所示，其内填充有防潮用的软胶，每根管最多可以装 12 根光纤。在多光纤室外应用时，一般采用多光纤室外光缆，如图 4-31 所示。该光缆除具有多层金属与非金属的保护套管外，其中心还有一根抗拉钢丝，以进一步提高光缆的抗拉强度。某种室外光缆的机械性能如表 4-3 所示。

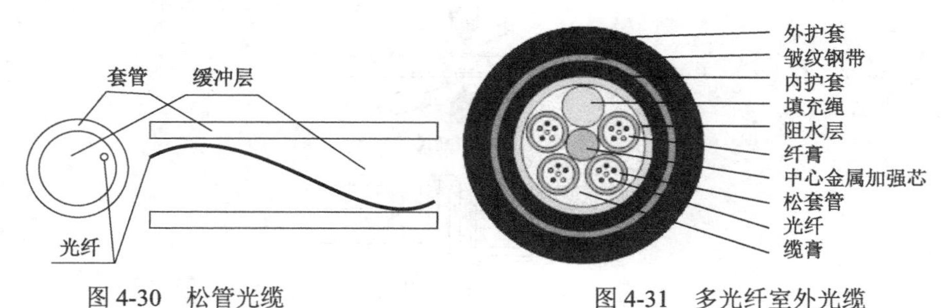

图 4-30　松管光缆　　图 4-31　多光纤室外光缆

表 4-3　某种室外光缆的机械性能

光缆种类	型号		纤芯数量	拉力 N（lb）		弯曲半径 cm（in）	
	单模	延展型光纤 62.5/125		安装时	长期	安装时	长期
松散套管型	769507-4	769507-5	4	2700（609）	440（99）	16（6.3）	8 3.1
	769509-4	769509-5	6				
	769623-4	769623-5	8				
	769510-4	769510-5	12				
单套管铠装型	295025-4	295025-5	4	2700（609）	440（99）	20（8）	10（4）
	295026-4	295026-5	6				
	295027-4	295027-5	8				
	295028-4	295028-5	12				
单套管铝防潮膜	349265-1		4	1000（225）		12（4.7）	
	349265-2		6				
	349265-3		8				
	349265-4		12				

（2）室内用的紧包缓冲型

紧包缓冲型光缆如图 4-32 所示。

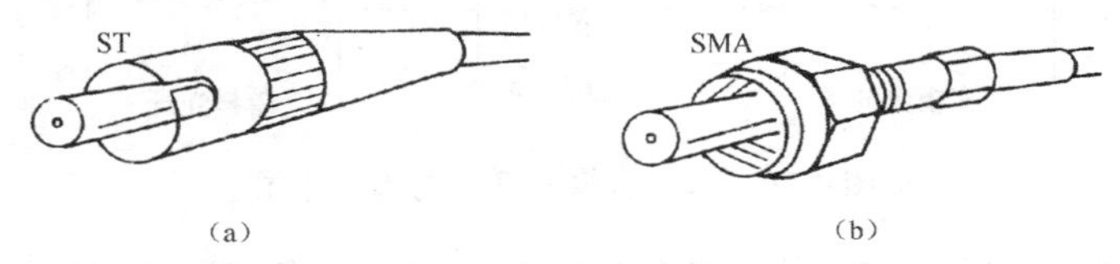

图 4-32　紧包缓冲型光缆

5.4　光缆的连接

1. 光缆连接器

在光纤传输系统中，为实现不同模块、设备和系统间灵活连接的需要，必须有一种能在光纤与光纤之间进行可拆卸连接的器件，使光路能按所需的通道进行传输，以实现期望的目的与要求。能实现这种功能的器件称为连接器。它是光纤系统中使用最多的光纤无源器件。目前，连接器的主流品种是 FC 型（螺纹连接式）、SC 型（直插式）和 ST 型（卡扣式）3 种，如图 4-33 所示。

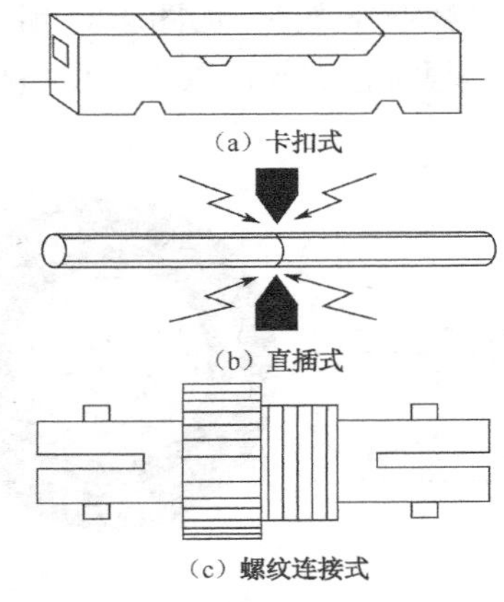

图 4-33　几种光缆连接器

尽管人眼看不见大多数光纤传输使用的激光，但在光输出连接器端口和未经连接的传输光纤的末端仍存在潜在的辐射伤害，故不要直视光纤连接器，否则可能导致人身伤害。

2．光芯截面的磨光处理

若要光纤连接器的光芯和光发射机、光接收机上接口座内的光芯部分平滑无缝地连接，必须对光纤连接器的光芯截面进行磨光处理，其具体操作如图 4-33 所示。通过使光芯在磨光薄膜表面绕“8”字形的轨迹反复摩擦运动，以尽可能地减小光纤连接点处的插入损耗。

光芯截面的磨光处理有如下两种方法。

（1）PF 磨光方法

PF（Protruding Fiber）是 STII 连接器使用的磨光方法。STII 使用铅陶质平面的金属圈，必须将光纤连接器磨光直至陶质部分。不同材料的金属圈需要使用不同的磨光程序和磨光纸。经过正确的磨光操作后，将露出 1～3 μm 的光纤，当连接器进行耦合时，唯一的接触部分就是光纤，如图 4-34 所示。

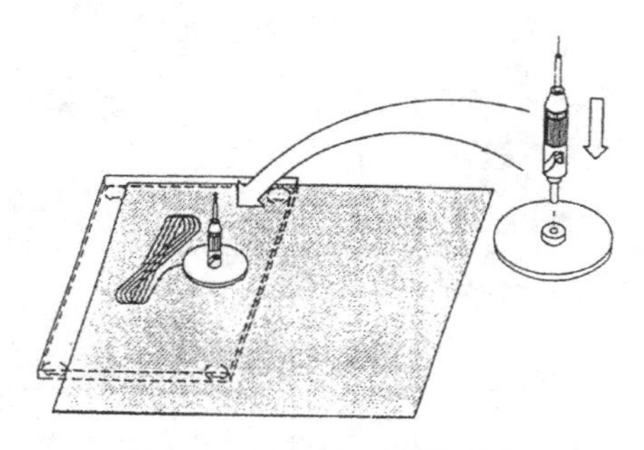

图 4-34　磨光处理具体操作

（2）PC 磨光方法

PC（Pcgsica Contact）是 STII 连接器使用的圆顶金属连接器的交接。PC 磨光方法中，圆顶的顶正部位恰好配合金属圈上光纤的位置，当连接器交接时，唯一产生接触的地方在圆顶，并构成紧密的接触，如图 4-35 所示。PC 磨光方法可得到较佳的回波耗损（Return Loss），如图 4-36 所示。目前，工程上常常采用 PC 磨光方法。

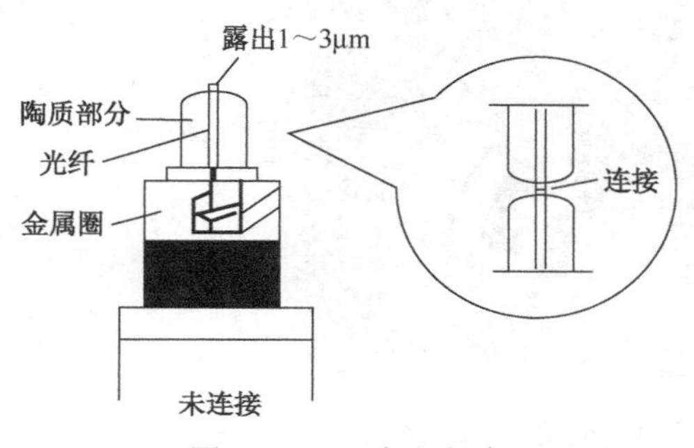

图 4-35　PF 磨光方法

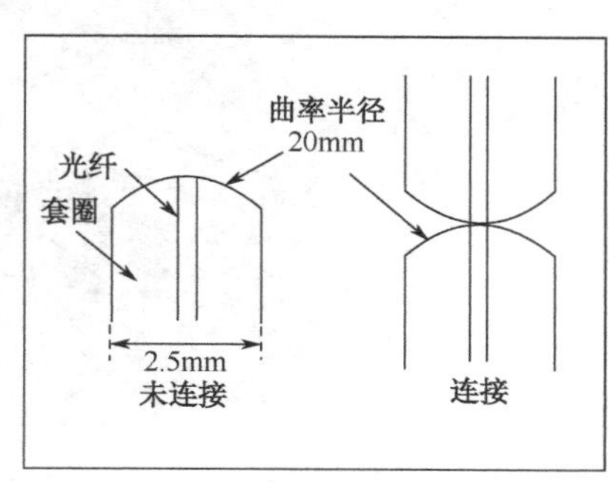

图 4-36　PC 磨光方法

3. 光缆连接头的连接

如果两个光纤端面完全接触，则不考虑损耗的存在，但是两个光纤端面会相互擦伤甚至挤碎，因而不可取。现实中，通过对端面的合理设计，在加工中采取恰当的手段可以保证合理的光纤端面与插针体（Ferrule）端面的相对位置。一般要求光纤端面的凹凸量 $U=0\pm0.05\mu m$，另外，Ferrule 端面的曲率半径 R 在 10～25 mm 间为佳。实际工程中一般都通过电烧烤或者化学环氯工艺与光学接口连在一起，还应确保光通道不被阻塞。

（1）如图 4-37 所示，光缆的接头处的焊接要借助电烧烤机对所连接的光纤进行熔接。

（2）如图 4-38 所示，使用机械接头，可以在很多场合代替熔接接头。在与机架连接时，可以使用图 4-39 所示的接头套管。

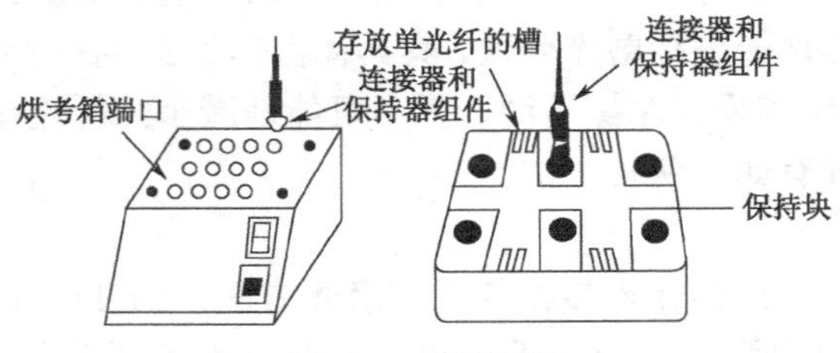

图 4-37　熔接接头

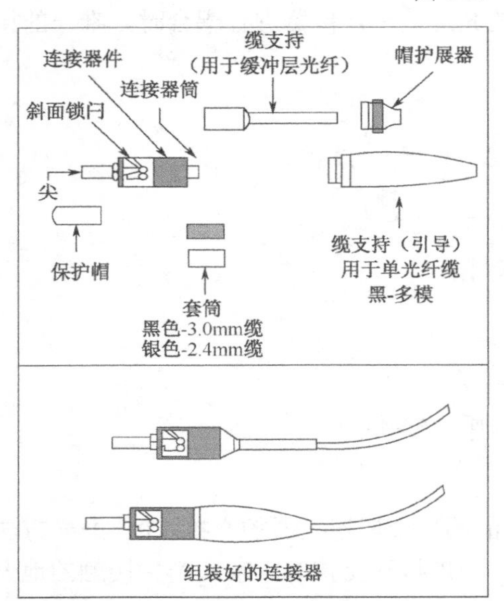

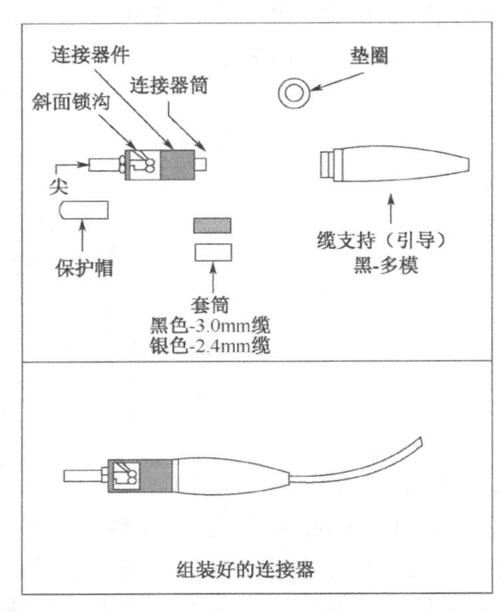

图 4-38　机械接头

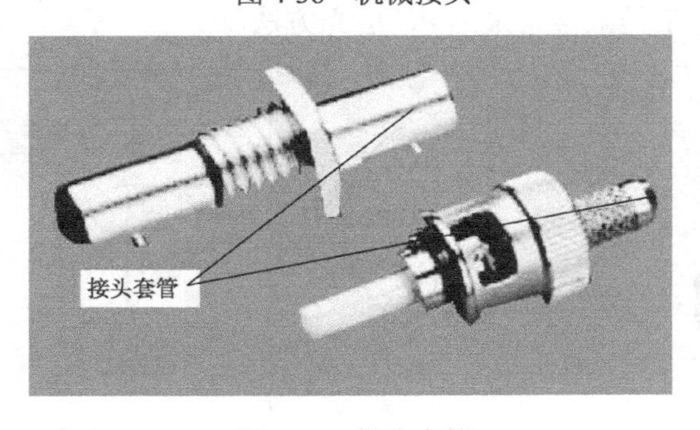

图 4-39　接头套管

温馨提示

这三种接头中，熔接接头的衰减最小，为 0.1～0.2 dB；机械接头会带来 0.2～0.5 dB 的衰减；接头套管的衰减量则达到 0.5～1.0 dB。

光纤不能拉得太紧，也不能形成直角。

4．光缆接头的防护

由于熔接后的光纤是裸露的，因此必须使用防护装置进行防护。其具体功能如下所述。

（1）保证接头部分的密封性，防止潮湿进入防护腔内（因为潮湿是引起光纤损耗增加和寿命降低的主要原因）。另外也防止内部机械件的锈蚀而失去原有的功能。

（2）能够很好地安放剩余的光纤。光纤的熔接必须有一定的余量，还可能出现余量长度不同的情况，因此安放这些光纤时，要求有足够的尺寸，使之可在最小折弯限度以上顺畅地盘放，并很好地固定。

（3）可靠地固定光缆接头，以保证加上防护装置后，光缆仍有一定的机械强度。

（4）要便于现场的操作与使用。光缆接头防护主要在室外，最好不需要特殊工具和方法就能安装，即具有好的工程性能。

常用的防护装置一般是一些机械结构件，为腔体结构，内部有安放剩余光纤的空间和固定光缆端头、光纤的结构。光缆的出入口要采用一定的密封技术，腔体的结合处也要采用密封装置。

5.5　光纤传输设备的维护

（1）光发射机的维护

光发射机是光传输系统的核心部分，由于其价格昂贵，又对外界环境要求高，因此，技术维护要做到以下方面。

① 机房配备足够容量的不间断电源 UPS，机房温度要保持在 25 ℃左右，各种设备的面板要保持无尘。

② 对光发射机、光放大器及接收机进行定期检测，检查和分析各项运行数据，借此判断光发射机的射频输入电平、输出光功率、光放大器的输入和输出光功率是否正常。

③ 检查声光报警装置、各种按键和指示灯的状态是否正常；检查电源插头、电缆接头、尾纤接插头等各种接插头有无松动或脱落；检查各种设备接地是否良好；检查和整理光缆终端配线柜；检查尾纤有无受压、受牵引或过度弯曲。

（2）光接收机的维护

① 检查光接收功率的射频输出电平是否正常。

② 检查光纤尾纤和光接收机有无进水；检查光接收机里的尾纤有无受压、受牵引和过度弯曲；检查光纤连接器是否松动、洁净。

③ 检查光接收机的供电电压是否正常（最好配备不间断电源 UPS）、电缆接头接触是否良好。

④ 检测光接收机的接地电阻是否符合要求。

⑤ 检测整条光缆的主要技术指标 C/N、C/CSO、C/CTB，并对数据进行分析。

（3）光缆的维护

光缆的基本特性参数是损耗与色散，损耗可直接影响传输距离，色散则将引起光脉冲信号的展宽和码间串扰，影响传输距离和容量。为此，在维护中要保证光缆具有低损耗和低色散特性。一般光纤的最小色散出现在波长 1310 nm 处，最小衰减却出现在波长 1550 nm 处。

在光缆的维护中，要定期检查其外形（包括光缆接头）有无异常变化，定期对光缆进行损耗测试。在敷设好后的一年内可多测试几次，一年以后逐渐减少。对衰减变化较大的光纤，可用 OTDR 测试，打印出背向散射曲线，与验收时的曲线对比分析（注意：定期检查和测试的结果均应做好记录，存档备查）。

总之，对光纤传输系统的维护，必须了解各个部分的性能指标及检测方法，并做好各种数据的记录，建立原始档案，便于维护时作参考。

想一想、练一练 4

通过对几种有线介质传输设备架构与原理的认识及了解，结合对其连接、系统维护及日常故障处置方法的学习，能够初步掌握有线介质传输设备连接、维护及日常故障处置的技能。

1. 若采用直接电缆传输方式，由某前端点到控制室最多需要几条电缆？各是何种电缆？作用是什么？
2. 单同轴电缆传输设备为什么能够同时双向传输多种信号？
3. 双绞线传输设备的主要优点是什么？
4. 在什么情况下适宜用射频传输方式？为什么？
5. 单模光纤与多模光纤有什么不同？光纤与光缆有什么不同？
6. 采用光纤传输有什么优点？哪些监控系统应该首选光纤传输方式？
7. 如何具体连接光纤？又如何维护光纤线路？
8. 如何维护光纤设备？
9. 在网络视频监控的传输部分容易出现哪些故障？如何处置这些故障？

项目 5

多媒体视频监控系统的操作与维护

知识目标

1．掌握数字视频信号的形成过程。
2．认识编码方法。
3．认识多媒体计算机系统架构。
4．认识硬盘录像机的类型和基本结构。
5．掌握硬盘录像机的工作原理。

技能目标

1．能够准确画出多媒体视频监控系统拓扑图。
2．能够正确操作多媒体视频监控系统。
3．能够对多媒体视频监控系统进行日常维护。
4．掌握硬盘录像机操作方法。
5．会维护硬盘录像机。

场景描述

多媒体监控系统相对于传统型闭路电视监控系统（CCTV）而言，属于第 2 代产品。是多媒体计算机与视频监控系统（CCTV）相结合的产物。按多媒体计算机与监控系统的融合程度的高低，分为简单的多媒体监控系统和标准的多媒体监控系统。此分法也间接地反映了多媒体监控系统的发展过程：由最早简单地在传统监控系统主机外挂多媒体计算机，经过数字化改造而逐渐发展最终演变为将多媒体计算机融入监控系统，使其形成一个统一使用数字信号、完全融入多媒体计算机体系中新型产品。

现在的视频监控系统，基本上已完全采用数字视频技术，其具体内容是：将连续、模拟的视频信号经取样、量化及编码转换成用二进制表示的数字视频信号，再进行各种功能的处理、传输、存储和记录，最后利用计算机进行处理、监测和控制。采用数字处理技术不仅使各种视频设备获得比模拟设备更高的技术性能，而且还具有模拟技术的全部新功能：视频监控技术将进入崭新的时代。

特别是数字视频录像技术的发展，使得硬盘录像机（DVR）不但替代了传统的时滞录像机，更是集画面分割、切换、云/镜控制、录像、网络传输、与字符叠加、视频报警与报警联动等多功能于一体。可部分替代矩阵主机功能或作为子系统主机使用。

在本项目阶段内，我们将对多媒体视频监控系统的架构、原理及其维护方法进行分析，并介绍其维护与日常故障的处理方法。此外，为进一步认识多媒体视频监控系统，还以嵌入式多媒体监控系统为例，对其系统软件的设置进行相关的训练。由于多媒体视频监控系统中使用的视/音频及控制信号大多为数字式，所以有必要先掌握数字视频信号的基础知识。

任务1 压缩图像

图像压缩有减少数据存储量、降低传输速率、压缩频带、降低传输成本的作用。数字视频信号的压缩分为有损压缩和无损压缩两类。如果在进行数据压缩的过程中不丢弃任何无效信息，使还原出的数据与未经压缩的原始信号完全相同，就称为无损压缩。有损压缩在压缩过程中丢弃了一些视频信息（又称为图像编码），使还原后的视频信号与原始信号有所差别。但因人眼的分辨率有限，某些图像信息被丢弃后是难以察觉的，因而能保证视频信号仍有较高的信号质量。从而达到压缩数据率的目的，从而节约传输带宽或存储空间。

1. 编码方法

实质上，对视频信号的压缩就是对其进行编码，理论中有多种编码方法，但实际应用中主要有如下几种。

（1）预测编码

预测编码技术的重要应用就是差分脉冲编码调制，在依靠图像信号冗余度高的条件下，当前的像素值可用与其邻近的像素值预测获得。由于视频信号的相关性很强，即邻近像素的样值很接近，所以预测有较高的准确性。在预测编码中，并不直接传送像素样值本身，而是对实际样值及其中一个预测值之间的差值进行量化、编码再传送，以达到很大的压缩比。这个差值称为预测误差，预测误差被量化后再编码的方式称为DPCM，是预测编码中最重要的一种编码方法。

（2）变换编码

①变化编码方法。变化编码方法是将空间域描写的图像信号变换到一个正交的变换域进行描写。如果所选的正交向量空间的基准向量与图像本身的特性向量很接近，那么同一信号在这种变换域内的描写就简单得多。空间域的一个由 $N\times N$ 个像素组成的像块经过正交变换后，在变换域变成了同样 $N\times N$ 的变换系数块。变换前后的明显差别是，在空间域像素块中的像素之间存在着很强的相关性，能量集中在直流和少数低频系数上，去除了相关性，降低了冗余度，在变换域内进行滤波、量化及统计编码，即可实现有效的码率压缩。

②应用方法。例如，对图像进行二维傅里叶变换，就是将空间域变换到频域，在水平和垂直方向上进行频谱展开。经过传输后，在接收端可用这些频谱恢复出信号。因为视频信号的能量主要集中在低频部分，随着频率的升高，能量迅速下降。考虑到人眼的主观视觉对调频不如对低频敏感的特点，在编码时对高、低频成分分别采用粗、细不同的量化，甚至对很高的频率成分舍去不传，这样既可以降低码率又可以保持良好的主观图像质量。

（3）熵编码

熵编码又称为统计编码，其目的是降低平均字长，以达到压缩码率的目的。在熵编码过程中保持信息的熵值不变，因此也称为熵保持编码或无损伤编码。算术编码也属于熵编码，其中的自适应二进制算术编码已经为新的视频标准H264所采用。

2．数字视频信号

在认识数字信号之前，有必要了解传统的模拟视频信号，以便更深入地认识前者的重要性。

（1）传统的模拟视频信号

传统视频信号采用模拟技术，在传统的视频监控系统中，由前端的摄像机输出到中心端的矩阵切换、监视及录像，采用的都是模拟视频信号，在整个系统中传输的也都是模拟视频信号。即使 DSP 摄像机采用了数字信号处理技术，其输出仍为模拟视频信号。传统的模拟视频信号标准主要有复合视频、Y/C 视频、分量视频。

（2）数字视频信号

由于大规模集成电路 LSI（LARGE-Scale Integrated Circuit）向着微型化、高速化的方向发展，数字技术已经应用于视频信号的处理。通过模/数（A/D）转换，将模拟信号数值化，模拟信号就可变换为数字信号。

同模拟信号相比，数字信号主要有以下几方面的优点。

首先是数字信号处理技术（DSP）能轻易对付传统模拟信号模式难以进行的算法、处理技术及各种功能；其次，采用计算机处理，并通过计算机网络传输。最后，数字信号能全面、有效地在大规模集成电路中应用。

3．数字灰度图像

关于灰度图像的数字化，一般是利用 Flash A/D 变换器进行，而 A/D 变换设备一般为 8 位，产生 256 级灰度，足以保证灰度的层次，如图 5-1 所示。

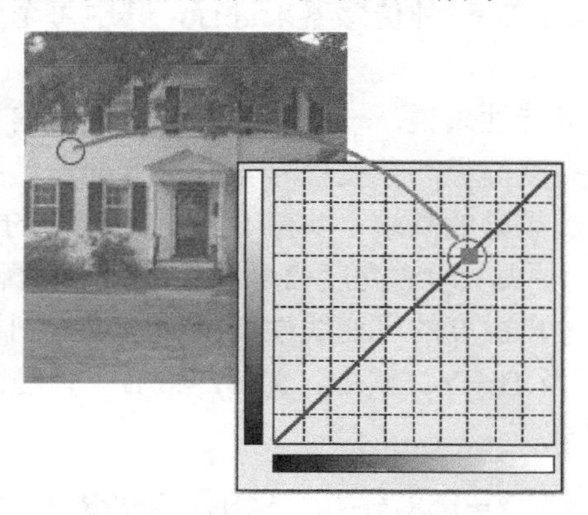

图 5-1　数字灰度图像数字化的例子

（1）观察图 5-1，其中，灰度图像是指人类视觉对物体的亮度的反映（先用 Flash A/D 变换器来进行转换）。

（2）图像分成栅格状，其中的每一个小格子代表一个位置确定像素。

（3）通过光电亮度传感器，可以得到物体的灰度信号。

$$Z=f(x,y)$$

式中，Z 是光强信号；(x,y)是二维空间坐标。

（4）还可以利用矩阵对灰度图像进行数字化，以更直观、科学。

例如，一幅灰度图像被划分为以空间坐标(x,y)表示的 $N \times M$ 个点，则灰度信号的数学表达式为

$$F(x,y)=\begin{bmatrix} f(0,0) & f(0,1) & \cdots & f(0,M-1) \\ f(1,0) & f(1,1) & \cdots & f(1,M-1) \\ \cdots & \cdots & \cdots & \cdots \\ f(N-1,0) & f(N-1,1) & \cdots & f(N-1,M-1) \end{bmatrix}$$

一幅黑白灰度图像，要对其进行数字化，步骤如下：

① 用 Flash A/D 变换器对每个像素进行取样；

② 将每个像素的取样值（如灰度级）以 2 的整数幂表示，即 $G=2^m$。当 m=8,7,6,…,1 时，其对应的灰度等级为 256,128,64,…,2；

③ Flash A/D 变换器处理这些数据；

④ Flash A/D 变换器将经处理后的数据存储在存储器中，使图像变为计算机可以操作的一系列数据。

采用上述处理后，灰度图像除了可通过电子数据来描述外，还能通过电子数据来重建。

> 在多数情况下，视觉对亮度变化的敏感强于色度变化，所以我们在此只介绍灰度的数字化。至于彩色幅度如何，取决于所选用的彩色空间的表示方法。
>
> 温馨提示

4. 数字化彩色图像

众所周知，无论是视频模拟信号还是视频数字信号，对彩色图像的还原与记录，都是采用三基色原理。其彩色信号可以分解为 R、G、B 三个分量。例如，要记录和重建一幅彩色画面，就可以方便地用 R、G、B 三种传感器来进行，其中每个分量都可以采用和灰度图像相同的方式表示。

实际上，对于人类的视觉特性来说，一幅彩色图像的亮度信息应该比色度信息丰富。因此，现行的电视系统都是把亮度信号和色度信号分开进行处理，并把调制后的色度信号以频谱交错的方式置于亮度信号的频谱的高端，以亮/色度信号混合的方式进行传输。而对于数字彩色视频信号，仍然遵循这一原则，即对亮度信号和色度信号分配以不同的比特率进行编码。

由 R、G、B 信号进行等自由度的可逆线性变换，就可得到构成彩色视频信号的亮度信号 Y 和两个色差信号 R—Y 及 B—Y。其中，R—Y 和 B—Y 经简单的幅度处理后分别用 V 和 U 表示，即有如下的变换式

$$Y=0.587G+0.3114B+0.3299R$$

$$U=-0.331G+0.500B-0.169R$$

$$V=-0.419G-0.081B+0.500R$$

针对人类视觉的亮度灵敏度比色度灵敏度高的特点，亮度信号和色度信号在编码时分配以不同的比特。其中，亮度信号经较多的比特进行编码，而色度信号则给以较少的比特。这也可以看作是对彩色数据的初始压缩。

> 对如 ITU-R-BT.709、FCC、ITU-R-BT.470-2、欧洲 SMPTE 170M、SMPTE 240M 等不同的制式及标准，上式所示线性变换矩阵的各系数稍有不同。
>
> 温馨提示

5．数字视频信号的形成

模拟信号在时间、数值上是连续的，所以，从信息理论上分析，模拟信号包含了无限的信息数量。而数字化是采取保留所考虑的信号的某些代表值的方法，使信息内容减少到一种合理层次。具体从时间和幅度上采样两方面来解决这个问题。数字视频也包括这两方面的内容，即空间位置的离散、数字化及亮度电平值的离散、数字化。这就关系到生成数字化视频信号的过程，即扫描、采样、量化和编码。

（1）扫描过程

①逐行扫描。逐行扫描有点像用眼睛阅读书籍，一行接一行地进行。逐行扫描将二维图像转换为一维电信号表示。为了将二维图像空间所覆盖面积上的每一个最小单位面积都照顾到，扫描过程都是按从左到右、从上到下的顺序进行。绝大多数计算机显示器都是采用逐行扫描，其集合称为帧。由于扫描过程是连续的，因此逐行扫描得到的图像具有较高的清晰度。

②隔行扫描。现行电视系统大多数都采用隔行扫描，其方式为隔一行后再扫描下一行。隔行扫描行的集合称为场。由于一场扫描仅得到逐行扫描所对应的一半的扫描行。一帧完整的图像应该由奇、偶两场组成，它们在时间上有一段延时，但在空间上却相互补充。

（2）采样过程

①采样。采样是指以一个周期为 T 的窄脉冲流对模拟信号的幅度进行抽取，把时间上连续变化的模拟信号变成时间上的离散信号，包括取样和抽样两部分。此过程是在每一条水平扫描线上等间隔地抽取视频图像的属性值。

②视频信号的属性。对模拟视频信号进行数字化，关键是捕获包含在模拟信号中的有用信息，并去除冗余成分。为了正确进行模/数转换，就须认识数字化信号的属性，如带宽、信噪比、信号失真度和动态范围等。

带宽说明给定时间周期内的模拟信号的最大可能变化，它决定了为保留信号的信息内容而必须在每个单位时间的采样点数。而动态范围和其他因素决定了保存信号振幅的精确程度。为了将模拟信号转换为数字信号，通常对模拟信号进行等时间间隔采样，而且每个采样的幅值都数量化，并分配给一个数字码字。

③采样频率的选取。采样频率对数字系统非常重要。若采样频率取得过高，其数字化后的数据比特率就很高，会造成传输和存储速度缓慢；过低则会丢失信号的重要信息，除产生某些干扰信号外，分辨率也会下降。应用奈奎斯特采样定理采样，如图 5-2 所示。

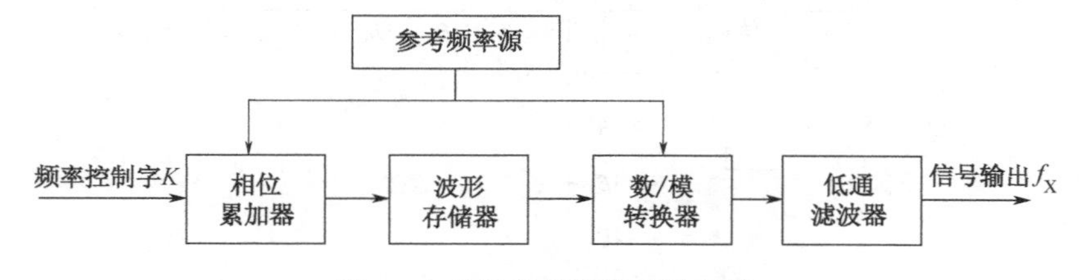

图 5-2　应用奈奎斯特采样定理

要保证采样的样值信号正确恢复其原始信号，采样频率 f_s 就要达到信号最高频率 f_M 的 2 倍以上。若采样频率 $f_s<2f_M$，则会出现混叠现象，将对视频图像信号本身产生干扰。要解决这个难题，在采样前，一般要对有噪声的视频图像信号进行低通滤波。

模拟信号被看做是一个连续的图像函数 $f(x, y)$，采样便是对图像函数 $f(x, y)$的空间坐标(x, y)进行离散化处理。对这样一个函数，沿 x 方向以等间隔Δx 采样，采样点数为 M；沿 y

方向以等间隔Δy采样，采样点数为N：于是得到一个$M \times N$的离散样本阵列$f(x,y)_{M \times N}$。

为保证由离散样本阵列以最小失真重建原始图像的目的，其密度要满足奈奎斯特采样定理。因为此定律已证明采样间隔与$f(x,y)$频带的依存关系，即频带窄时，相应采样频率就可低下来；当采样频率是图像信号最高频率的2倍时，就能保证由离散样值无失真地重建原始图像。

（3）量化过程

①量化的意义。经采样后的视频图像，仍以空间上的离散像素阵列行式存在，对每个像素的亮度值而言，还是连续的，需要把它转换为有限个离散值，这个过程称为量化，如图5-3所示。若像素值等间隔分层量化，则称为均匀量化；若使用非等间隔进行分层量化，则称为非均匀量化。

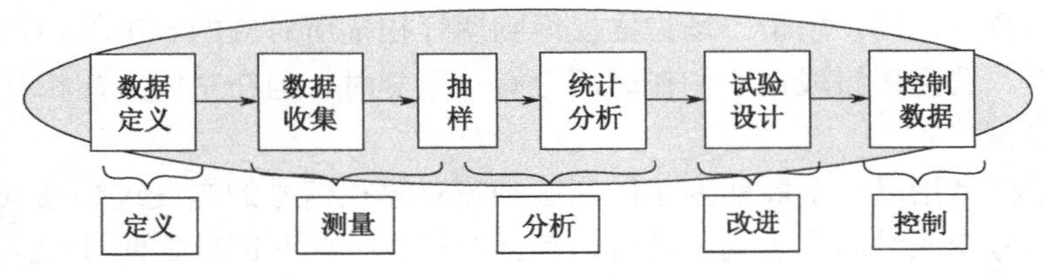

图5-3　量化过程

②量化的实质。量化的实质是对每个像素的灰度或颜色样本进行数字化处理，在样本幅值的动态范围内进行分层、取整，以正整数表示。

如图5-4所示，采用有限个量化电平来代替无数个采样电平，使原来幅度连续变化的模拟信号变成一系列离散的量化电平值。

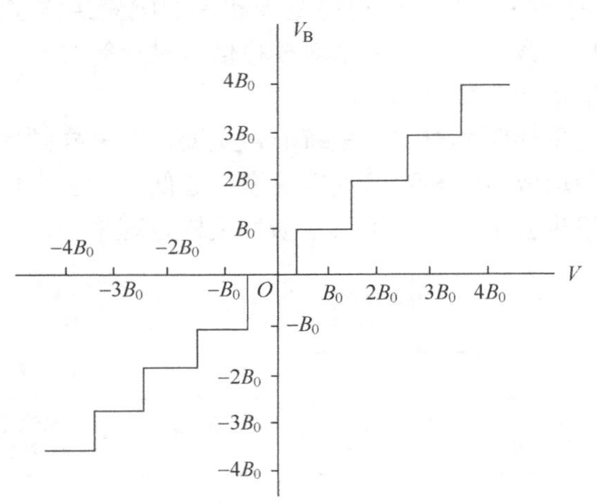

图5-4　有限个量化电平

为进一步显示信号幅值被数字化，在A/D转换器的输出端，模拟信号采样的瞬时值是由有限而且定长的二进制代码值表示的。转换到离散幅值时，可能引入舍入误差和量化噪声。对二进制方式，其量化比特数一般取为8位，由于其量化电平数为256（2^8）个量化电平，基本上满足了人眼的视觉特性。因此，现在的数字视频领域已广泛采用8位量化。

（4）编码实质

编码（Coding）就是按照一定的规律，将量化后的值用数字表示，然后变换成二进制或其他进制的数字信号。通过采样、量化和二进制编码所形成的信号称为脉冲编码调制信号，如图 5-5 所示。对于一个模拟信号，若采用 4 个量化电平，编码就是对每一个量化电平分配一个二进制码的过程。对于 4 个量化电平，通常用 2 位表示。如果这 4 个电平仅是 256 个量化电平中的一部分，那么就要用 8 位表示。视频信号是一种有灰度层次的图像信号。视频信号数字编码的实质是：在保证一定质量的前提下，以最少的比特数来表示视频图像。对标量量化来说，对视频信号进行线性 PCM 编码，其信噪比与量化比特数的关系为：当像素的编码比特数每增加或减少 1 时，其信噪比约增加或减少 6 dB。

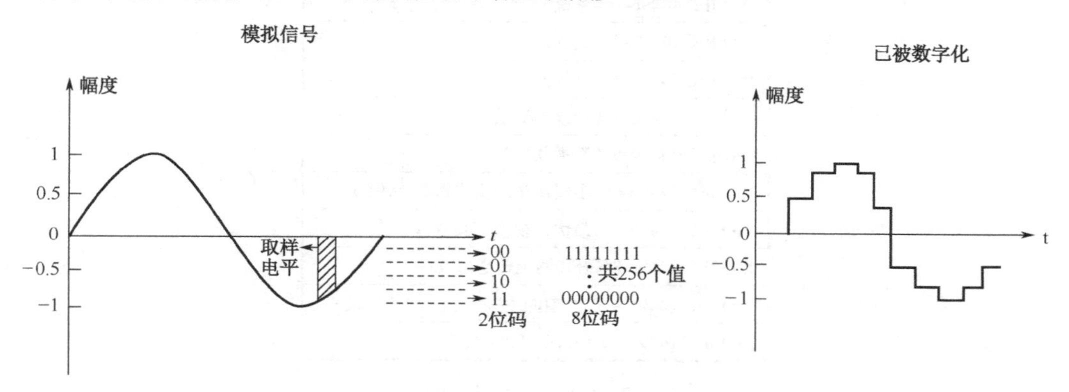

图 5-5　编码实质

6．数字视频编码标准

图像压缩编码标准主要有 ITU－R601、M—JPEG、MPEG、H.263、H.264 等几种。由于篇幅的因素，我们只来认识 MPEG-4 和 H.264 两种标准。

（1）MPEG-4 标准

MPEG 标准是指由 ISO 的活动图像专家组制定的一系列关于音/视频信号及多媒体信号的压缩与解压缩技术的标准，如图 5-6 所示。此标准又分成几种：1991 年批准的 MPEG-1 和 MPEG-3、1994 年批准的 MPEG-2、1999 年批准的 MPEG-44，以及正在制定的 MPEG-7 和 MEPG-21。现在，MPEG-4 已逐渐成为多媒体视频监控系统采用的主流数字视频标准。

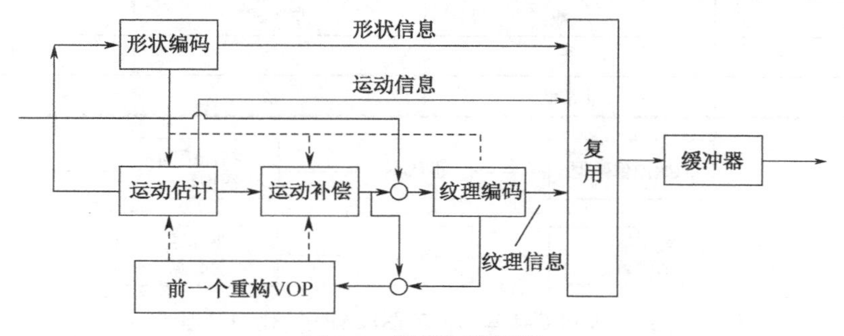

图 5-6　视频压缩标准

作为 MPEG 专家组于 1994 年开始制定的新标准，MPEG-4 编号为 ISO/IEC 14496，其基本框架如图 5-7 所示。MPEG-4 的主要特点是提出了基于各种媒体对象的编码规范，因而更便于对象的描述与交互处理。同时，其视频编码部分也保留了在 MPEG-1 和 MPEG-2 标准中的一些解决方案，如表 5-1 所示，MPEG-4 基于内容图像编码简化的原理图如图 5-8 所示。

MPEG-4 压缩标准由以下几方面构成。

① 多媒体传送整体框架。多媒体传送整体框架（The Delivery Multimedia Integration Framework，DMIF），主要解决交互网络中、广播电视环境下的多媒体视频监控系统及 DVR 中多媒体应用的操作问题。通过传输多路合成比特信息来建立客户端和服务器端的交互和传输。通过 DMIF、MPEG-4 可以建立具有特殊品质服务（QoS）的信道和面向每个基本流的带宽。

MPEG-4标准组成
ISO/IEC 14496-1（系统）
ISO/IEC 14496-2（视频）
ISO/IEC 14496-3（音频）
ISO/IEC 14496-4（一致性测试）
ISO/IEC 14496-5（参考软件）
ISO/IEC 14496-6（多媒体传送集成框架DMIF）
ISO/IEC 14496-7（最优化视觉工具软件）
ISO/IEC 14496-8（在IP网上传送MPEG-4）
ISO/IEC 14496-9（用VHDL描述MPEG-4的尝试）
ISO/IEC 14496-10（AVC/H.264编码）

图 5-7　MPEG4 标准的组成

表 5-1　MPEG-1、MPEG-2 和 MPEG-4 的比较

	MPEG-1	MPEG-2	MPEG-4
标准确定时间/年	1992	1995	1999
最大图像输出	352×288	1920×1152	720×576
默认图像输出（PAL）	352×288	720×576	720×576
最大音频取样/kHz	48	96	96
最大音频声道	2	8	8
最大数据率/Mbps	3	80	5～10
常用数据率	1.38 Mbps	6.5 Mbps	880 kbps
图像质量满意度	一般	非常好	好
编码硬件要求	低	高	非常高
解码硬件要求	非常低	一般	高

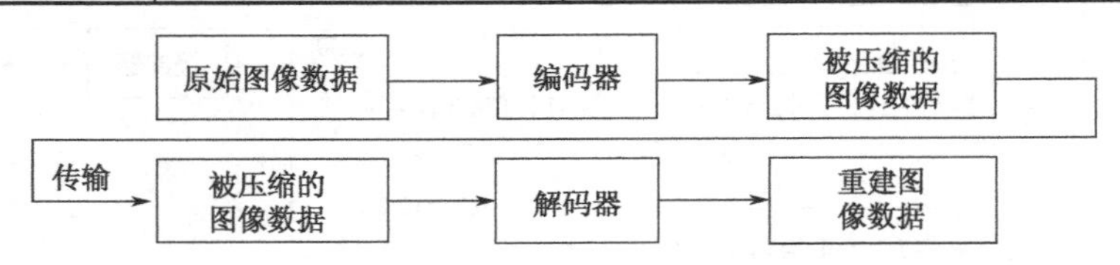

图 5-8　MPEG-4 基于内容图像编码简化的原理图

② 数据平面。MPEG-4 中的数据平面分为传输关系部分和媒体关系部分。为使基本流和 AV 对象在同一场景中出现，MPEG-4 引用了对象描述（OD）和流图桌面（SMT）的概念。OD 传输与特殊 AV 对象相关的基本流的信息流图。桌面把每一个流与一个 CAT（Channel

Association Tag）相连，CAT 可实现该流的顺利传输。

③ 缓冲区的管理和实时识别。MPEG-4 定义了一个系统解码模式（SDM），该解码模式描述一种理想的处理比特流句法语义的解码装置，它要求特殊的缓冲区和实时模式，通过有效地管理，可以更好地利用有限的缓冲区空间。

④ 音频编码。MPEG-4 的优越之处在于它不仅支持自然声音，而且支持合成声音。MPEG-4 的音频部分将音频的合成编码和自然声音的编码相结合，并支持音频的对象特征。

⑤ 视频编码。与音频编码类似，MPEG-4 也支持对自然和合成的视觉对象的编码。合成的视觉对象包括 2D、3D 动画和人类面部表情动画等。

a．形状编码。视频对象的形状信息有两类：二值形状信息和灰度形状信息。二值形状信息用 0、1 来表示，0 表示非视频对象面区域，1 表示视频对象面区域。二值形状信息的编码采用基于运动补偿块的技术，可以是无损失或有损失编码。灰度形状信息用 0～255 之间的数值来表示视频对象面的透明程度。其中，0 表示完全透明，相当于二值形状信息中的 0；255 则表示完全不透明，相当于二值形状信息中的 1。

b. 运动信息编码。在 MPBG-4 中也采用运动预测和运动补偿技术，与 MPEG-1 和 MPEG-2 不同的是，这些运动信息的编码技术是针对任意形状视频对象面的帧内、帧间预测和帧间双向预测编码。

c．纹理编码。纹理编码可针对任意视频对象面进行，编码方法仍采用基于 8×8 像素块的 DCT。但对位于视频对象面之外的像素块，则不进行编码。

d．分级编码。分级编码对系统在时域、空间及质量方面提供了一定的伸缩性，使解码系统可依据具体的信道带宽、系统处理能力、显示能力及用户需求进行分辨，即接收机可视具体情况对编码数据流进行部分解码，从而降低了解码的复杂度，当然此时的图像质量也有所下降。

⑥ 场景描述功能。MPEG-4 提供了一系列工具，用于组成场景中的一组对象。一些必要的合成信息就组成了场景描述，这些场景描述以二进制格式 BIFS（Binary Format for Scene description）表示，BIFS 与 AV 对象一同传输、编码。场景描述主要用于描述各 AV 对象在一具体 AV 场景坐标下如何组织与同步等问题。MPEG-4 为多媒体视频监控系统提供了丰富的 AV 场景。

（2）H.264 标准

H.264 是 ITU-T 的 VCEG 和 ISO/IEC 的 MPEG 的联合视频组开发的一个新的数字视频编码标准，实际上是 ISO/IEC 的 MPEG-4 的第十部分。

在相同的重建图像质量下，H.264 能够比 H.263 节约 50%左右的码率，在性能方面比目前根据 MPEG-4 实现的视频格式提高 33%左右，即 H.264 拥有更快的码速，其压缩速度与传输图像、声音及数据的速度更快，更适应多媒体视频监控系统对多媒体信息进行快速、高效处理的需要。

H.264 从设计上把视频的编码与传输分开，采用网络友好的结构和语法，形成视频编码层（VCL）与网络提取层（NAL）。其中，前者提供核心的高质量视频压缩，后者针对具体的网络传输环境把压缩数据进行环境封装，这样更利于封装打包和信息优先级控制，提高了其对不同网络的适应能力，这也是基于网络的视频监控系统将 H.264 标准作为其视频压缩标准的首选原因。

任务 2 认识多媒体监控系统

多媒体监控系统的应用有两种形式。

第一种是视频监控系统经过与多媒体计算机配合，由计算机操作平台开发出图形用户界面（GUI）。该系统为用户提供一个形象化的人机交互界面，还可在计算机操作平台上将视频监控与其他技术系统的各种不同的数据处理和控制功能进行集成。其结构为网络化分布式，即所谓前端控制功能（主要是图像信号的分配、切换和前端设备的控制）。

第二种形式的特点是直接输入模拟视频信号，数字化后进行图像压缩，然后进行存储、传输及相关的处理，即所谓中心端处理。其实质为数字视频记录（DVR）和远程监控设备。DVR 具有图像识别与特征提取能力，通过图像分析实现运动物体的探测和报警；控制相关的机构，使视频监控更智能化。这种形式是以图像的中心端处理为主的形式。已成为未来视频监控系统控制器的主要工作模式。

1．认识外挂多媒体监控系统

如图 5-9 所示，外挂多媒体监控系统是将原来的系统主机的控制键盘部分省去，并保留系统主控制器及视频/音频矩阵切换器，由外接的计算机来控制系统主控制器、音频矩阵切换器，并为传统的矩阵切换器/系统主机增加 RS-232C 串行通信端口，使其与计算机的 RS-232C 端口相连。

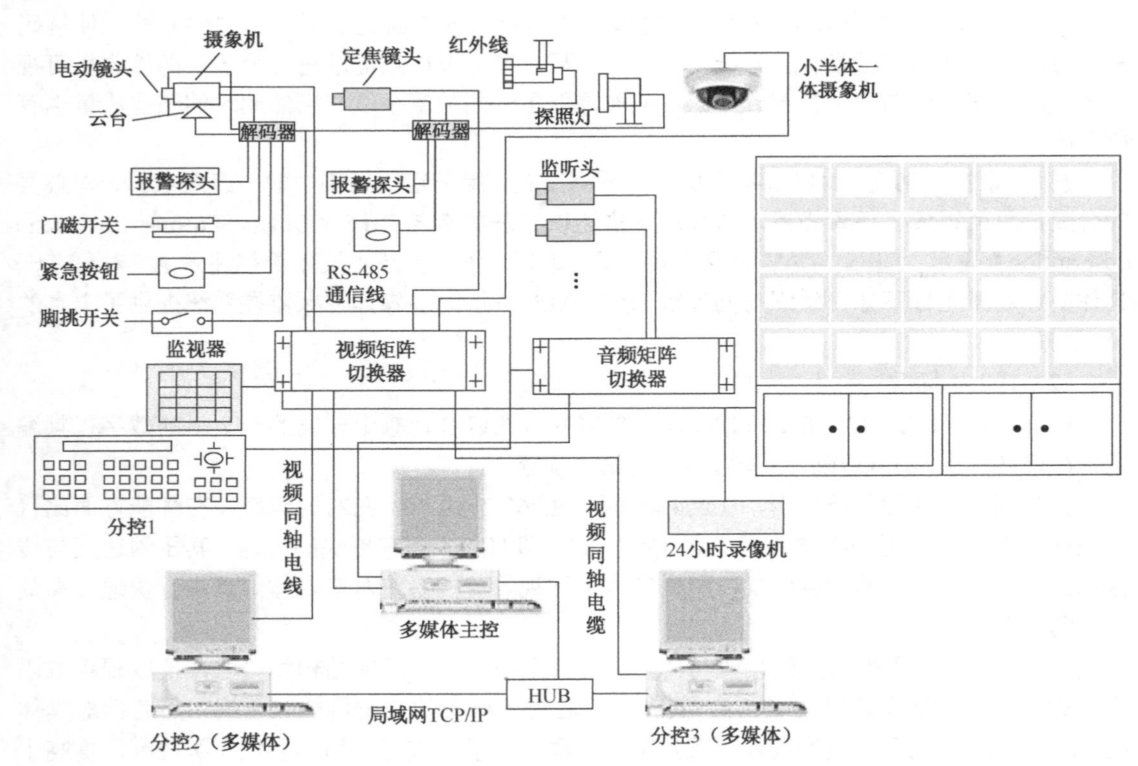

图 5-9 外挂多媒体监控系统

运行于计算机的视频监控系统软件，通常具有与原来矩阵切换器/系统主机的控制键盘类似的图形界面，各屏幕按钮的功能也与控制键盘上对应按钮的功能完全相同。这样，当用鼠标单击各屏幕按钮时，控制指令便通过 RS-232C 通信端口传送到矩阵切换器/系统主机，使其完成指定的功能。由于计算机充当了控制键盘的角色，所以这种系统属于早期改造传统视频监控系统的一种形式。这种形式的多媒体监控系统的主画面通常不具备多画面开窗功能，也不能支持网络操作分控制器，仍然采用常规的分控键盘，所以这种系统不能称为真正的多媒体监控系统。

改进的系统在计算机中增加一块图像采集卡和声卡，图像采集卡和声卡可分别接收由视、音频矩阵切换主机第一路输出端口传来的视/音频信号，采用画中画形式在屏幕上显示视频画面，并通过与声卡连接的外接式音箱放出监听的声音。这样，通过操作鼠标，就可以在计算机屏幕上打开视频窗口，通过选择摄像机通道号再单击控制按钮，就可以对照视频窗口，对远端摄像机的云台及电动镜头进行全方位控制。但整个系统的前端解码器仍是通过 RS-485 总线与系统主控制器直接连接。

2. 认识标准多媒体监控系统

1）标准多媒体监控系统的结构

如图 5-10 所示，标准多媒体监控系统采用模块式结构，包括主机和前端解码器。其主机部分由视频矩阵切换卡、音频矩阵切换卡、通信控制卡、图像采集卡、声卡、网络通信卡及内置式调制解调器（又称为 Modem 卡，如图 5-11 所示）等构成，并统一装置在工控机的机箱里。各功能模块间建立了必要的内在联系，故各功能模块间的冲突得以消除，所以系统的集成度、稳定性都有很大的提高，功能也更加完善。现在的标准多媒体监控系统，在控制方式上采用的是包含数字压缩图像传输的 TCP/IP 网络分控（有关 TCP/IP 网络分控内容在后面章节中具体介绍）。

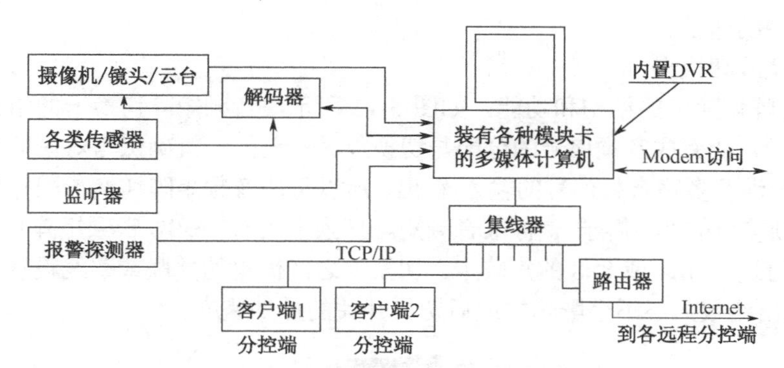

图 5-10　标准多媒体监控系统的结构

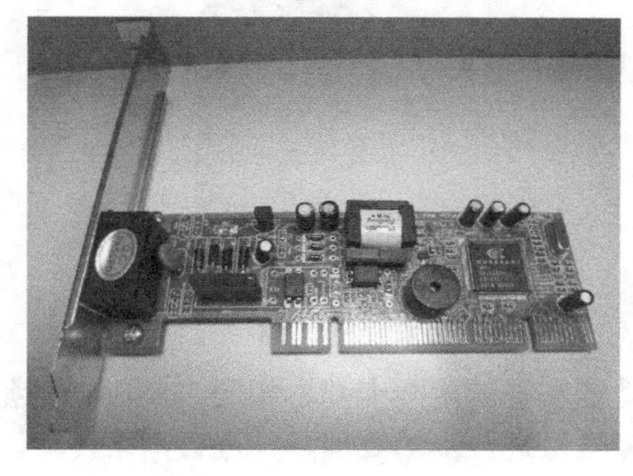

图 5-11　Modem 卡

> 关于媒体监控系统中的图像数字记录设备，即数字硬盘录像机（DVR）的内容，我们在本项目后面专门进行详细讲解，这里就不再重复介绍。
>
> 温馨提示

（1）视频矩阵切换卡

视频矩阵切换卡如图 5-12 所示。其基本功能与普通视频矩阵切换器相同，也由多路模拟开关集成电路构成，可将任一输入端口的视频信号切换到任一视频输出端口，实现了视频的分配及切换放大。由于该卡要实现对多路信号的切换，而插卡后面板的有限面积上不能提供过多的视频输入/输出接口，因此，该插卡的后面板上只有一个多针脚的“female”型 D 型连接器，并由外接的“male”型 D 型连接器引出多根视频电缆并配接视频 BNC 座。每个视频矩阵切换卡各配有这种具有 16 个视频输入/输出接口的视频 BNC 座。

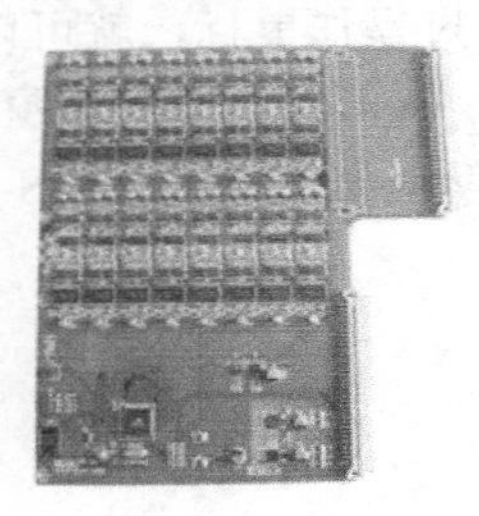

图 5-12　视频矩阵切换卡

与普通视频切换器不同的是，视频矩阵切换卡具有计算机 ISA 总线接口并直接接受计算机指令的控制，其控制速度达到了 10^{-7} s。

此外，视频矩阵切换卡上的电路部分采用视频差分放大，使视频干扰降低到一定程度。标准视频矩阵切换卡含有 16×16 视频矩阵和扩展接口，小型系统也可选用 4×4 或 8×8 的矩阵卡。切换卡之间简单的并联或跳线设置，可方便地扩展视频输入/输出路数，还不会影响扩展后切换开关的控制速度。

（2）音频矩阵切换卡

① 音频矩阵切换卡的结构和功能。如图 5-13 所示，音频矩阵切换卡的结构与视频矩阵切换卡基本相同，能完成音频信号的分配与切换放大，还能一直确保与对应的视频图像进行同步切换。由于涉及多路音频信号的输入/输出，所以每块音频矩阵切换卡同样配有两把具有 16 路 RCA 音频接口的“小辫子”。标准音频矩阵切换卡含有 16×16 音频矩阵和扩展接口，小型系统同样也可选用 4×4 或 8×8 的矩阵卡。切换卡之间简单的并联或跳线设置，可方便地扩展音频输入/输出路数，还不会影响扩展后切换开关的控制速度。

图 5-13　音频矩阵切换卡

音频矩阵切换卡的功能和视频矩阵卡基本相同，也不对音频信号进行数字化处理。因此，若要使音频信号进入计算机做进一步的处理，并进行网络传输，需将由音频矩阵卡切出的音频信号再通过声卡返送回计算机。

② 音频矩阵切换卡的设置。原则上，网络分控有多少路声音就需设置多少块声卡，也有的利用其左、右声道各传送一路音频信号，从而使声卡的数量减少了 50%。然而在实际工程中，有的监视点只观察图像，有的监视点只监听声音，所以系统中摄像机的数量与监听头的数量并不要求完全一致，需结合实情相应设置。

③ 矩阵日常故障的处置。对于矩阵的日常故障，应该先从编程方面入手，再检查矩阵本身的问题，不至于因对故障方位的错误判断而耽误系统正常的运转。

检查编程是否正确，有无遗漏之处：

① 使用分控键盘时，检查对监视器的分配和授权的编程是否正确。

② 设置报警监控和录像时，检查是否正确连接报警设备；检查编程是否合理（相关设备的数据冲突）。

③ 连接外部受控设备（如快球、解码器、报警设备）时，要注意说明书所提供的数据端口，正确连接，必要时应重新编程。

对矩阵本身故障的检查：

① 开机无显示，请查看保险丝。

② 32 路以上矩阵箱开机无显示时，查看插板发光二极管的工作是否正常。不正常时，重插该板。

③ 某路无输出时，可调换一路正常的画面，以便查看是矩阵问题还是其他问题。

④ 控制失效时，查看是否接对控制端口，受控器是否有编码；或者更换另一端口试一试。

（3）通信控制卡的功能

通信控制卡提供 RS-485 通信接口，同时也是 ISA 总线插卡，主要用于与前端解码器进行半双工通信。RS-485 通信的传输方式为平衡差分输入/输出，其通信速度与抗干扰性均较高。RS—485 在总线上只用于控制指令的传输，所以其对线路没有太高的要求。

此外，通信卡上还设有硬件发送和接收缓冲区，提高了通信线路中数据的可靠性。

（4）图像采集卡的功能

图像采集卡接收视频矩阵切换卡输出的视频信号，并实时对其数字化处理，再交由计算机后期处理。这样，通过软件就可以实现对视频图像的显示、静态存储、实时捕捉和报警等功能。在系统中，把切换卡的输出交由视频卡处理，使其拥有对每路视频输入的图像激活、显示、存储、捕捉和视频报警等能力。

摄像机的图像可经视频采集卡在显示器上开窗显示，还能省去传统的监视器。此外，一台计算机可以插入多块图像采集卡，因而可以同时对多路图像进行采集处理，使系统拥有多画面同屏实时显示的能力。

（5）声卡的功能与应用

① 声卡的功能。声卡的功能是指对声音信号的采集与输出。在多媒体监控系统的主机上，声卡的采集功能与图像采集卡的功能基本相同，即接受从音频矩阵切换卡输出的音频信号，然而，它却多出一个输出功能来。声卡用于接收音频矩阵切换器输出的来自摄像机现场的声音信号，并经过外接的扬声器发出音响。

② 声卡的应用。实际应用时，声卡的线路输出信号可作为另一块音频矩阵切换卡的输入源，以实现双向对讲功能。由于新型多媒体系统主机支持多块声卡并行工作，故可实现多路声音信号的网上传输。因此，利用声卡的线路输出并与音频矩阵切换卡配合，即拥有主控与前端、主控与分控、前端与分控的多路交叉、双向对讲的功能。

（6）解码器

解码器属于前端设备（图 5-14），但与多媒体系统主机连接的解码器比传统矩阵解码器具有较多的功能，因此它也是最小单元的系统。

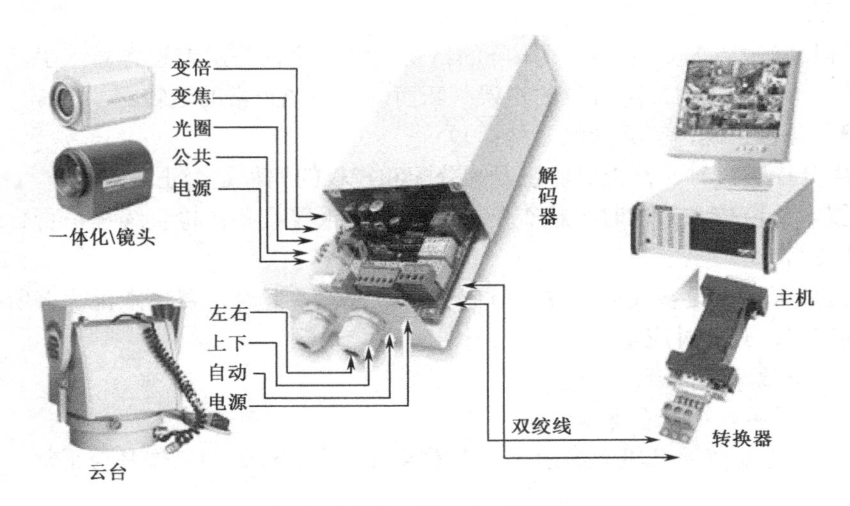

图 5-14　与多媒体系统主机连接的解码器

2）基于网络的多媒体分控

通过硬件接口及软件设置，多媒体视频监控系统可适用于多种网络环境。例如，在以太网环境下，通过 TCP/IP 通信协议即可实现网络多级分控，网络上的任何授权客户端都可以通过系统主机来调看任意监视现场的图像，并向前端解码器发布指令，对云台镜头进行控制。多个监视现场的图像可以在同一网络分控端的屏幕上同时显示出来。在 SDH 环网上，经由 2 Mbps 的 E1 信道传输还可以实现远程多媒体视频监控，这种系统在控制中心可以监视数十千米外的现场图像，并监听该现场的声音，并对前端的解码器进行各种控制，还可以接收远端的报警信号，使无人值守的远程视频监控成为可能。另外，在光纤主干、ISDN、DDN、ADSL 卫星接入、无线网桥等网络环境下的远程多媒体视频监控也相继获得成功。通过软件设置，多媒体视频监控系统还具有多种与外设的通信方式及接口，以快速方便地实现不同的通信控制要求，如通过 RS-485 或 RS-232 通信及控制。当然，如果本系统的多媒体计算机没有联网，通过 RS-485 总线仍可实现分控功能。

标准多媒体监控系统，采用以分布式结构、高性能多媒体工控机为核心的中心控制设备，完全代替了传统视频监控系统的中心控制端设备。和外挂多媒体监控系统相比，一是具有友好的人机交互界面；二是具有基于网络的多级分控能力，每一级都有自我管理和控制的功能，并可接受上一级的控制。

任务 3　多媒体监控系统软件的设置

多媒体监控系统是软件、硬件结合的统一体。从理论上讲，在保证硬件系统物理连接的基础上，通过正确的软件设置，它拥有以下功能。

1．认识控制软件的功能

（1）基本记录功能

多媒体监控系统所监视的图像、声音、报警数据都能实时、有效地记录在计算机的硬盘上，供将来以多种检索方式来检索事件发生的时间、地点及内容，并且有清晰的图像与可辨的声音。

此外，多媒体监控系统还提供完整的值班记录、布（撤）防记录、报警记录、动（静）态视频图像记录，并可由系统的打印机打印成书面资料，为管理者在将来处理事件时提供多方面、第一手的信息。

（2）分级授权控制功能

为防止系统被非法使用，提高系统的安全保密性能，多媒体监控系统对安装者、系统管理员及各级操作员可分别授予不同的权限，进行分权限控制与管理。其授权安装者可以使用系统软件对整个系统进行任意设置，如安排各监控区域图层，布置摄像机、报警器的位置，以及对整个系统的初始化设置等。其编程窗口拥有非常强的系统编程设置能力，可把本机设置为系统的主控制器或某个级别的分控制器，设置警卫联动、分控制器的控制范围、系统规模、系统运行的特性参数等。

（3）电子地图功能

软件还可生成电子地图，又称为监控区域图，用来显示被监控区域的地形全貌和现场摄像机、监听器、报警器的图标，并使系统的布局更加合理、直观，最大限度地避免疏漏。电子地图最主要的优势还在于操作者利用鼠标能任意选择需要监控的对象。

① 双击监听器图标则自动切换到该监听器所处位置的画面，还能监听监听器拾取的现场声音；

② 双击报警器图标则能够反映该报警器的当前状态，并同时弹出关联的图像，形象直观，操作简便；

③ 双击摄像机图标，就自动切换到该图标对应摄像机的视频图像。

（4）实时多画面显示功能

多媒体监控系统在显示器屏幕上可同时打开 16 个视频窗口，并在每个窗口叠加上汉字标识。在屏幕的右侧有一排输入编号按钮，可选择分割画面中的视频编号。单击任意一个视频窗口，便打开该视频窗口，若双击该窗口，该窗口便放大为满屏显示。系统定时切换的时间间隔可任意设定。当选定的视频信号源少于 16 路时，整个屏幕还能软分割，使选定的所有画面整齐叠放而满屏；当输入的视频信号源多于 16 路时，还能多屏显示。

对于配有实时多画面卡的系统，这 16 个画面可同时省去。否则，每时刻只有 1 个视频窗口为活动窗口，在定时切换条件下，各窗口会自动依次打开，其余窗口则被冻结，当其间隔时间选择较短时，各窗口的刷新时间也相应设置得较短。

（5）视/音频信号动态录制功能

多媒体控制软件还拥有视/音频信号动态录制功能。报警发生时，系统便可自动录制自定时间长短的录像至硬盘，图像大小可达 325×288 像素，速率可达 25 帧/秒。每段录像均拥有对应的文件名与时间信息，所以在将来需要时，可按照对应的录像文件名与时间信息调阅当时的音像资料。

（6）视频报警功能

① 传统报警功能。为满足用户对安全防护的需求，多媒体控制软件一般都具有视频报警功能。当设定区域内的画面内容发生变化时，可自动触发报警器报警，摄像机自动切换到该报警现场，摄取现场图像内容，并传输至中心控制端的监视器上，同时启动 24 小时录像机或 DVR 等设备记录事件发生时现场的图像、声音及时间数据等多媒体信息。

② 报警前录像功能。此外，为更进一步了解突发事件的“前因后果”，需要系统最好能提供突发事件前段时间的多媒体信息（主要是图像与时间信息）。对此，最新的多媒体监控软件还能提供报警前录像功能，即在系统发生报警后，能将报警前段时间的图像“记录在案”。实际上是把报警发生前十几分钟的图像进行缓存（暂存于大的帧缓冲存储器里面），且不断循环刷新，供需要时从帧缓冲存储器中连续地读出与记录数据，实现报警前的录像功能。

（7）视频冻结功能

多媒体监控软件的视频冻结功能可使当前暂时不需要的视频图像静止，以便更好地观察、传输与选用存储图像信息。

2．系统控制软件的设置

由于采用的硬件板卡不同，所以监控系统的软件是兼容的，因此，需要将多媒体监控系统的软、硬件结合起来，才能构成一个完整的系统。若得不到硬件的支持，想仅通过复制系统软件来控制系统正常运行是不行的。

（1）认识系统控制软件的功能

多媒体监控系统软件可以对各摄像机传来的图像进行各种控制处理，包括图像放大、图像局域放大、调试调节、色度调节、对比度调节、图像柔化、图像轮廓增强等。

直接通过扫描仪对实际区域图进行扫描或者借助计算机人工绘制监控区域图，再将监控区域的平面图输入计算机，就可以形成“电子地图”。这样，在计算机的显示器上便以该电子地图为桌面，以小图标形式标明各摄像机、监听头、报警探头的位置。小图标相当于屏幕按钮，关联着一段特定功能的应用子程序。单击这些小图标时，就会弹出对应图标的响应。如单击某摄像机图标，则该摄像机所摄取的画面便经视频矩阵切换在计算机屏幕上的图像窗口中显示出来，可满屏显示，也可小窗口显示。如果右击该图标，则可进入该摄像机的参数设定界面（如设置图像的亮度、对比度、饱和度及色调），还可以设定该摄像机的地理位置标识信息及其他报警联动相关参数。

（2）主界面的设置与操作

图 5-15 所示为 JETCOM 网络多媒体监控系统的主界面。现在以 JETCOM 网络多媒体监控系统为例，学习多媒体监控系统的基本界面的设置与操作。

① 操作界面。

a．主界面。在图 5-15 中，系统的所有功能都在界面右边列出，包括报警信息、定时切换、图像存储、视频捕捉、浏览存档、锁定、退出等，共 16 项。在界面的下边则是各路输入摄像机的编号。该系统最多可以同屏显示 16 个画面。

图 5-15　JETCOM 网络多媒体监控系统的主界面

b．主界面的设置。当用鼠标在任何一个小画面上双击时，都可以使该画面放大到全屏幕显示，再次双击则恢复到原来的显示方式。

主界面的设置步骤如表 5-2 所示。

表 5-2　主界面的设置步骤

第一步	单击“报警信息”按钮时，系统会弹出报警信息列表
第二步	单击定时切换按钮，则各输入的摄像机图像以一定的时间间隔轮换显示；视频捕捉分别用于对图像的单帧采集及存档；浏览存档则对已经存档的各单帧图像进行检索
第三步	数字录像可以对选定的摄像机图像进行压缩存储
第四步	遥控开关可以对任一前端解码器的 8 个继电器开关进行控制
第五步	单击“云台控制”按钮时，会在屏幕中心出现一个用于“指点方向”的手形图案，当鼠标向上、下、左、右及 4 个对角斜线方向滑动时，手形图案会相应变成与鼠标滑向相同的手指图案，该手指的指向即为云台的运动方向。与此同时，屏幕上显示的摄像机画面也相应向该方向移动。当分别单击“光圈”、“聚焦”和“景深”按钮时，则会在屏幕上显示出一个小的圆环，此时若左右移动鼠标，该圆环内便会显示出“+”与“−”号，分别表示该控制量的增加或减小；与此同时，屏幕上显示的摄像机画面会相应地得到调整
第六步	单击“电子地图”按钮，可以在电子地图上设定各监视点的位置
第七步	单击“监视墙”按钮，可从多个输入的摄像机图像中选定输出到监视墙的信号
第八步	单击“探头控制”按钮可以对各报警探头进行布防或撤防
第九步	当单击“锁定”按钮时，所有的设置按钮均被锁定，只有输入密码后才能重新激活各按钮，以防止非授权管理人员任意改动多媒体监控系统的设置

② 分界面的设置。图 5-16 所示为 JETCOM 网络多媒体监控系统的分控界面。其中，通过网络选定的摄像机画面在界面的右上角显示出来。

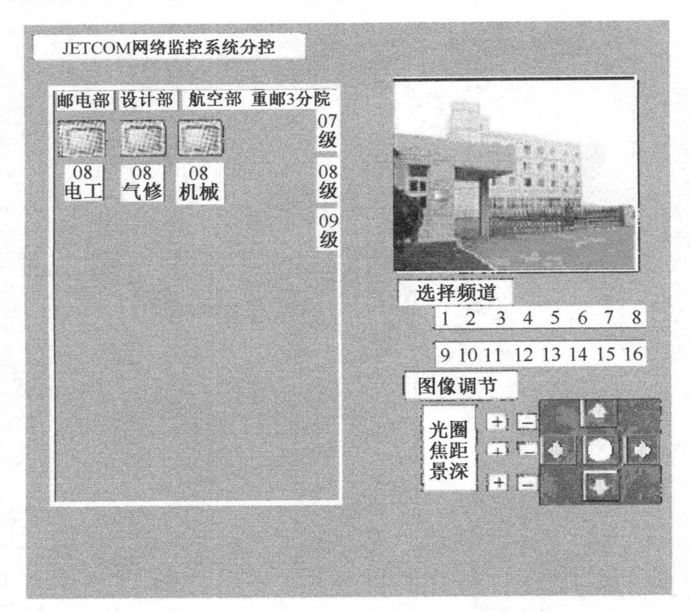

图 5-16　JETCOM 网络多媒体监控系统的分控界面

若用鼠标在该画面上双击时，可使该画面放大到全屏幕显示，再次双击则恢复到原来的显示方式。若在画面上单击鼠标右键，则会弹出图像格式设置菜单，可以从给出的多种画面格式中选定一种格式，如 352×288 或 176×144 像素，其主要目的是为了使画面的大小适应传输网络的带宽。例如，若该分控端是通过本地局域网连接的分控，就可以选定较高的图像分辨率，而若是通过广域网，或是通过 Modem 直接经由普通 PSTN 电话连接，则一般选择较小的画面格式，否则受网络带宽的限制，画面的连续性将受到影响。

界面的左半边为“活页夹”的形式。在“活页夹”的右边是主标签，标出了整个监控系统的一级控制子系统；在“活页夹”的上边是副标签，标出了二级控制子系统；在“活页夹”的内页中便列出了某学校的全部子监控点。用鼠标单击内页中任一分控点图标，系统便会通过网络自动连接到该变电站处的多媒体监控系统主机上，成为该主机的一个网络分控。

③ 分界面的操作。一旦选定监控系统主机，分控界面的右下角外便会显示出该监控主机的地址标识、与该系统主机联机的时间、系统运行状态、磁盘空间大小、网络用户的数量及此时的网络传输速度。

在分控界面右上角的图像窗口的下部是 16 个摄像机的按钮，单击任一按钮即选择了该按钮对应的摄像机。除了观看画面外，还可以通过其下方的控制按钮对该摄像机处的云台及电动镜头进行全方位的控制。

若该监控点具有监听头和音箱，那么分控端的操作人员可用本机的话筒和音箱与该监控点的人员进行双向通话。

在实际应用中，多媒体监控系统还能做到某分控端调看某一监控现场的图像并与该现场人员进行双向对讲的功能，即与图像监视同步进行的双向“交叉”对话功能。若在网络上同时进行，可建立多个任意交叉的“单向图像通道”及“双向话音通道”，这是多媒体视频监控系统独有的优势。

任务4　硬盘录像机操作与维护

4.1　了解硬盘录像的特点

DVR是英文Digital Video Recorder的中文译名，意思是数字视频录像技术。在这里并没有说明是以硬盘还是以磁带为存储介质。因其在图像存储、检索、传输等方面拥有无与伦比的优势，并集画面分割、切换、云/镜控制、录像、网络传输、与字符叠加、视频报警与报警联动等多功能于一体。目前已成为以数字视频技术进行图像记录、以硬盘作为存储介质、并应用于视频监控领域的硬盘录像的专用名称（图5-17为基于数字硬盘录像机监控系统拓扑图）。相对于传统的监控系统，硬盘录像系统具有以下特点。

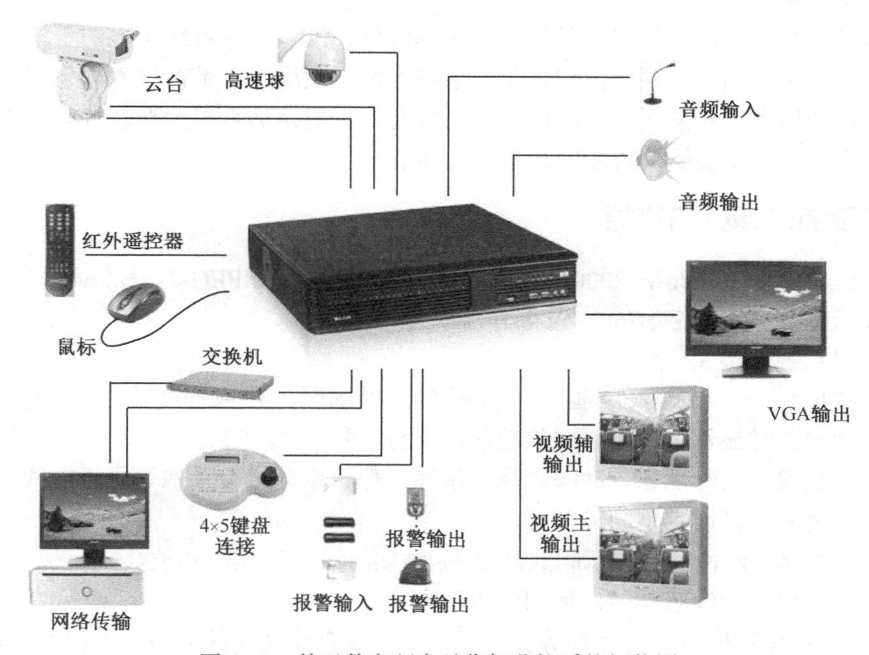

图5-17　基于数字硬盘录像机监控系统拓扑图

（1）功能高度集成

功能高度集成是硬盘录像系统的一大特点。以IDIS硬盘录像主机为例，一套硬盘录像主机即可实现全双工1、4、9、16路画面分割，多达16路云/镜控制，16路画面任意切换，16路录像速度任意设定等功能。同时还可实现视频移动报警，16路传感器与摄像机、报警器任意联动。传统监控系统需要集合十几个设备才能完成的功能，硬盘录像系统只需一个主机即可完成。大大节省了系统空间的占用，简化操作，更加方便系统的保养与维护。与传统监控系统相比，硬盘录像系统还具有一个显著的特点，即组网简单，可方便实现网络监控及分控。

（2）操作简便

硬盘录像系统的设置都在显示界面上直观进行。以IDIS硬盘录像主机为例，其界面完全为中文界面，形象化操作指导菜单设计，操作及设置人员完全不必具备计算机知识，即可在10分钟内学会熟练操作该系统。相对于传统监控系统需熟悉大量的、不同设备的使用说明及功能上的复杂组合，硬盘录像系统要节省将近80%的工作量。

（3）维护方便

硬盘录像系统一般不需要维护。整个系统功能主要由一块多频道画面捕捉卡及一套软件完成。软件在主机中有备份，必要时重新装载即可。而多频道画面捕捉卡的性能非常稳定。在使用过程中，因为存储空间可根据需要进行配置，完全满足录像资料的保存周期，因此免去了在使用录像机录像时，烦琐的录像带更换、保管及查询检索工作。这也是硬盘录像系统将取代传统录像监控系统的最重要的原因。

（4）网络监控

使用硬盘录像系统使得网络远程监控及控制成为容易之举。硬盘录像系统不仅可以使用一般的以太网、光纤网等进行完美的图像传输及各项功能控制操作，甚至使用电话线也可以实现远程监控。

（5）性价比高

随着包括硬盘在内的计算机产品的价格大幅降低，硬盘录像系统主机的价格也降低了一个数量级。以实现普通 16 路录像视频监控系统为例，采用硬盘录像技术与采用传统录像技术在总体建设费用上已相差无几，然而前者所拥有的性能是后者望尘莫及的，再考虑维护方面的成本因素——硬盘录像机的性价比是相当高的。

4.2 认识硬盘录像机的功能

（1）操作系统为 Windows 2000，压缩方式为 MPEG-4、MPEG-1、H.264。

（2）显示分辨率为 1024×768，录像分辨率为 352×288。

（3）一套系统支持 32 路。

（4）支持单画面、4 画面、9 画面、16 画面、25 画面、32 画面显示，可多级放大。

（5）多画面实时显示、录像、回放功能，支持多种云/镜控制。

（6）连续录像、定时录像、动态录像、事件录像、联动报警录像等录像方式。

（7）每个镜头可以设定不同的名称。

（8）NTSC/PAL 两种视频显示制式，25 帧/秒实时录像，实时回放。

（9）视频图像属性调节功能，使图像更清晰。

（10）视频录像图像质量有多种等级可调，以改变存储文件的大小，方便不同场合应用。

（11）视频移动报警录像功能，报警录像灵敏度、延迟时间可调。

（12）智能检索，可按摄像镜头（年、月、日）查找任意通道的录像和回放，也可连续播放。自动检索报警录像，能区分录像事件。

（13）回放时可选不同的回放速度（快进、快退），画面可单帧前进、后退。回放时可进行图片抓拍并保存打印。

（14）可进行远程监控，远程控制云/镜、灯光等工作，远程设置，远程录像。

（15）支持现今最大容量的硬盘，并支持安装多个大容量的硬盘。

（16）可以通过对最大使用硬盘和硬盘最小预留空间的设置，使硬盘能够得到充分、合理的使用。

（17）自动创建日志文件，便于查询操作记录。

（18）系统可任意设置定时关机、定时重启功能，保证系统运行的高稳定性。

（19）可设定是否开机自动运行监控软件、断电自动关闭程序、来电自动重启、自动恢复录像。

（20）系统经过严格的拷机试验，稳定可靠，无硬件问题，系统软件绝对不死机。
（21）系统硬件配置要求低，32 路同时录像显示时，CPU 的占用率不到 20%。
（22）该系统能有效防止用户多次重复运行监控系统而导致的系统崩溃的情况。
（23）即时抓图，看图时可无级放大图像，即时打印图片。
（24）调用系统软键盘，无须外接键盘工作。
（25）电子地图功能，有报警触发时自动跳出电子地图，并有语音提示报警位置。
（26）远程双向语音对讲。
（27）16 路一对一报警输入/输出。
（28）设置并控制高速球预定初始位。
（29）兼容多种监控设备的数据管理，如控制矩阵、云台、镜头、防盗信号等。

4.3 掌握硬盘录像机的参数

1. 硬盘录像机的硬件参数

以 Geutebruck 公司的 MultiScope-Ⅱ为例，其硬件参数如表 5-3 所示。

表 5-3 MultiScope-Ⅱ的录像机硬件参数

视 频	视频标准	演播室质量（取样频率 13.5 MHz），PAL 或 N1M
	分辨率	704（H）×288（V）像素，场，亮度 8bit，色度 8bit 704（H）×576（V）像素，帧（整帧格式记录）
	压缩方式	Motion-JPEG，对于每路输入视频信号，压缩比在 13 级内可调
	图像格式	CIF 及 QCIF
	每帧字节数	最小：2 KB　中等：20～35 KB（标准彩色图像） 最大：70 KB（具有最高对比度图像的理论值）
	输入	8、16 或 32 路复合视频（BNC 座），lVss/75Ω；或者 4、8 或 16 路 s_Video（每路各 2 个 BNC 座），Y=lVss/75Ω，C=0.3V/75Ω，带环出
	输出	1 路记录图像的 VGA 输出（多画面显示） 3 路复合输出（BNC 座），1Vss/75Ω（含有叠加字符） 可单/多路选择
	多路记录时的总帧率	同步摄像机：50 帧/秒（PAL）或 60 帧/秒（NTSC） 非同步摄像机：最小 25 帧/秒（PAL）或 30 帧/秒（NTSC），平均约 35 帧/秒
	同步信号监视	每路输入可独立调整
处理硬件	处理器	最低要求 600 MHz PentiumⅢMMX
	内存	8 路：64 MB 16；32 路：128MB 可扩展
存储媒介	直接记录	最多 4 块 IDE 硬盘或 15 块 SCSI 硬盘 （需有 SCSI 控制器）或 RAID 系统
	内置	最多 4 块 IDE 硬盘或 1 块 SCSI 硬盘（其中含 1 块内置 IDE 硬盘，用于系统数据）
	外置	最多 14 或 15 块 SCSI 硬盘（取决于内部设置）或 RAID 系统（两种配置都需要 1 块内置 1DE 硬盘，用于系统数据）
	数据备份	软盘，LS—120，CD—R（内置或外置），DLT（仅用于顺序备份所有内容）
接 口	串口	2 个 RS—232 用附加插卡，可扩展至 4 个
	并口	1 个
	ISDN	SO 接口（附加插卡）

续表

接　口	网络	10/100Mbps 以太网或令牌环网（附加插卡），使用 TCP/IP 协议
	报警输入	8、16 或 32 路控制输入，有 1kΩ上拉电阻至+5 V，有防破坏报警功能
	控制输出	3 个继电器输出，DC24 V，1 A；可自由定义功能（输出 1，常用于报告系统错误）
	PC 键盘，鼠标	后面板上 PS/2 接口
	LED 指示灯	
	电源灯	On=连接到服务器 闪烁=未连接到服务器（如服务器没有打开） Off=关掉记录模式
	记录灯	闪烁=记录 Off=停止记录
	错误灯	系统出错时亮
	报警灯	On=至少有一报警事件并开始录像
其　他	电源	AC230V/50Hz±10%；AC110V/60Hz；可切换
	功耗	50～200W（根据配置不同）
	工作温度	0～40℃
	尺寸	
	19 in 机架型	4HU×437mm（深）
	桌面型	450mm×185mm×437mm（宽×高×深）

2. 硬盘录像机的软件参数

同样以 Geutebruck 公司的 MultiScope-Ⅱ为例，其软件参数如表 5-4 所示。

表 5-4　MultiScope-Ⅱ的录像机软件参数

概　述	软件结构	具有视频数据库服务器的客户，服务器（Client/Server）系统，有记录 client、回放 client（MULTIVIEW/Win）、维护及设置 client（MULTISET）及用于对系列事件进行管理的事件 client（MULTICOM）
	网络协议	TCP/IP
操作系统	回放及设置	Windows 98 and NT4.0
	记录	Windows NT4.0
回放（功能）	多任务	回放与记录同时进行，无论是本地的还是经由网络的(经由网络的回放需要 MMX 处理器）
	多客户端处理	各独立的回放工作站可同时连接到同一台服务器，一台回放工作站也可同时连接到多个服务器
回放（功能）	多图像显示	可以同时显示 1、4、9、16、25 或 36 个视频画面
	解压缩	软解压，帧率约为 20 帧/秒（与回放工作站的性能有关），可以实现多个摄像机的同步回放（时间同步功能）
	访问控制	用户权限、多用户密码、摄像机除外设置等
	图像输出	单帧图像 JPEG 或 BMP 文件。可以放入 Windows 剪贴板，或可以由 Windows AVI 播放器播放的视频剪贴板 AWI 文件，或可以在 MultiView 软件中回放的 MBF 文件
	打印	任何 Windows 并口打印机
	检索	日期/时间、事件编号、特殊数据（如账号等）
	过滤	日期/时间（从何时开始，到何时结束）、事件类型、特殊数据（如账号等）

续表

ATM（访问控制接口）	接口	两个标准接口、两个硬件扩充接口
	GAA 协议	NCR、IBM、SNI 视频接口、SNI-PC-COM 接口
	ZKS 协议	GARNY、KEBA、INFORM（含控制单元）、GEUTEBRUCK 协议
	VS—40	事件触发报警录像接口，如摄像机通道、报警防区、巡检周期
	MscSSP	GEUTEBRUCK 特殊标准协议，用于外接设备（如电子出纳系统）的连接，可在事件发生时启动录像控制
系统设置	一般访问	直接本地访问或经由网络访问
	中央访问	网络内所有设备的中央维护及设置
录　像	录像方式	连续录像或事件触发录像
	主要参数	帧率、图像质量（压缩率可由事件控制）、事件录像时间（秒或图像帧数）
	文件块	可调整，最多 8 个循环周期

4.4　认识各类型硬盘录像机

目前，数字硬盘录像机暂时还没有统一的标准，所以其种类也不尽一致。这里依据架构、实现方式的不同，大致将应用于视频监控系统中的数字硬盘录像机分为以下两大类型。

1. 嵌入式硬盘录像机

嵌入式硬盘录像机直接使用嵌入式 CPU 及 RAM，在底层进行板卡级产品的开发设计。依据其实现方式的不同，嵌入式硬盘录像机又可以分为三种架构。

① 硬件方式：CPU＋硬压缩芯片，如 IDT 的 79RC32438+Intime。

② 软件方式：CPU＋DSP，如 AMD+Trimedia。

③ 软件方式：多媒体 CPU 单独完成，如 Trimedia+Trimedia。

对于第一种架构，例如，使用 IDT 的 79RC32438+Intime 芯片来实现 DVR，缺少软件升级能力的灵活性和标准不统一等原因都制约着这种方案。这也是欧美等芯片大厂没有推出 FULLD1 的 MPEG-4 硬件芯片的原因。并且 MPEG-4 的硬件压缩芯片价格也不具有竞争优势。

由于嵌入式 CPU 的技术已非常成熟，可使用 ARM 系列、POWERPC 系列的控制 CPU，专用 DSP 的运算速度也已能够满足现有一些算法的需求，所以较为流行的实现方式是 CPU+DSP 架构，但它需要分别对 CPU 和 DSP 进行编程，可能针对不同的操作系统完成程序设计。另外，DSP 程序的稳定性需要花费很大的精力。图 5-18 所示为某型嵌入式硬盘录像机实物。

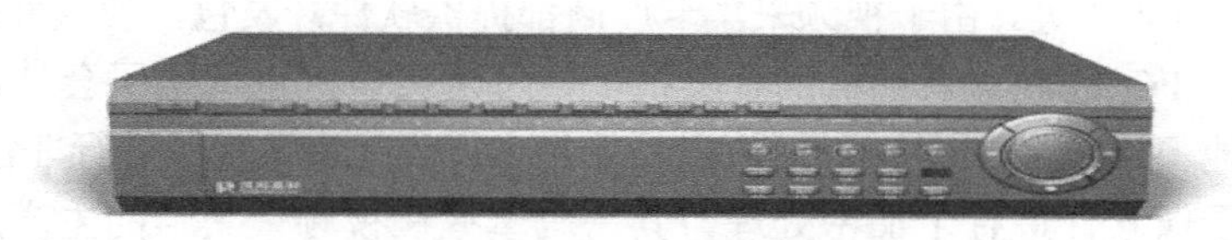

图 5-18　某型嵌入式硬盘录像机实物

使用多媒体 CPU 作为主控 CPU 和视频编/解码 CPU 最大的优点在于统一的开发平台，软、硬件设计相对简单，具有容易开发和高集成、低成本的明显特点。缺点是灵活性差，可选择性差，受芯片厂商的制约。

采用嵌入式操作系统及硬件压缩技术运行固化的硬盘录像应用软件，既可外接计算机的显示器，并以 VGA 方式显示画面，也可外接普通的视频监视器。此类型硬盘录像机无 Windows 操作平台，也不需要鼠标操作，设置及控制是在机器面板上直接操作按钮或使用遥控板来完成，其运行状态信息与其他设置信息既可使用面板上的显示屏进行显示，也可使用外接监视器进行显示。

嵌入式硬盘录像机一般采用传统 VHS 录像机的操作模式，因而更符合传统录像机的操作人员的习惯。此外，因为采用了专用一体化设计，不会出现死机现象，所以，相对于 VHS 录像机而言，嵌入式硬盘录像机无论是从其本身品质上，还是从其稳定性、存储速度、分辨率、画质等方面来看都有很大的优势。所以，嵌入式硬盘录像机非常适于传统视频监控系统改进为外挂多媒体监控系统。

2. 基于 PC 的硬盘录像机

基于 PC 的硬盘录像机多用于网络监控系统中，由于是在计算机内插有多块视频采集卡，因此又称计算机插卡型。按照硬、软件实现方式的不同，基于 PC 的硬盘录像机又进一步细分为单卡单路型、多卡多路型和单卡多路型等。图 5-19 所示为某种 DVR 卡的外形。

图 5-19　某种 DVR 卡的外形

基于 PC 的硬盘录像机以轮换、同时的方式采集从前端若干台摄像机送来的视/音频信号。其操作平台基本上都为 Windows 平台；其压缩方式既可是在卡上硬件压缩，也可进行软件压缩，压缩后的视频图像存储在硬盘上。压缩标准则是常见的 M-JPEG、MPEG-1、MPEG-2、MPEG-4、H.261、H.263 等。由于视频采集卡厂商都提供软件开发包，使软件的二次开发很容易实现，所以基于 PC 的硬盘录像机的种类很多，可购买整机也可购买套件自行设计安装。为防止用户从其他渠道购买到同样型号的视频采集卡，以对录像软件进行非法复制，基于 PC 的硬盘录像机的录像软件进行了加密处理，其密码掌握在视频采集卡的生产厂家手中。

还有另一种计算机插卡式的变形，是把计算机板卡与视频采集板卡装在厂商自己生产的机壳中，用于固定各视频输入/输出端子，同时还可以接 VGA 显示器或普通监视器。实际上它是一种准嵌入式机型，又称为计算机改装式。与计算机插卡式相比，改装式更适应工业环境应用，其适应性和可行性都较高，但其成本比较高，基本功能和压缩方式与计算机插卡式大体一致。图 5-20 所示为某计算机改装式硬盘录像机的实物图。

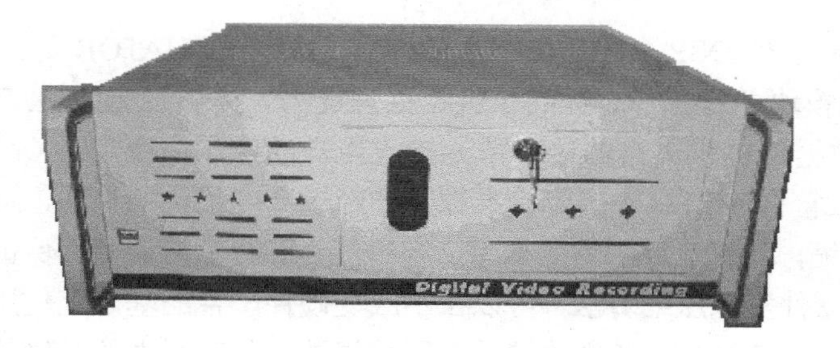

图 5-20　某计算机改装式硬盘录像机实物图

4.5　认识嵌入式硬盘录像机的架构

嵌入式硬盘录像机主要包括前面板、AV 板、后面板模块。前面板用于用户输入；AV 板完成音/视频的压缩、解压和存储；后面板包括报警、备份等接口。

AV 板是 DVR 的主要组成部分，分为模拟视频解码、视频压缩、系统控制、视频编码与接口等模块。

1. 模拟视频解码模块

模拟视频解码主要完成模拟视频的数字化。视频解码器对最终压缩效果起着很重要的作用，干净的数字信号可以降低压缩算法的输出码流，提高清晰度。一些设计方案在视频解码芯片后增加降噪芯片来降低视频解码器的噪声。目前比较常用的有 Philips 的 SAA 系列、TI 的 TVP 系列、Rockwell 的 BT 系列等。是否带有梳妆滤波器是选择视频解码器的一个重要参考指标。

2. 视频压缩模块

视频压缩模块是 AV 板的核心，根据产品的应用场合，完成不同标准的压缩算法，如 MPEG-1、MPEG-2，MPEG-4、H.263、H.264、MotionJPEG 等。不同的 DVR 方案的主要区别就是看采用什么样的视频压缩模块来实现视频压缩。

对采用最新的 MPEG-4 算法的 DVR 而言，主要分为硬压缩和软压缩。硬压缩是指采用专用 MPEG-4 编/解码芯片来完成视频压缩，现在国内常见的 D1 压缩芯片有 WISGO7007、INTIMEIME6400 和 VWEBVW2010 等，它们的共同特点是：输入分辨率从 64×64、以 16 像素为间隔，最高可达 720×576；最大帧率在 full-D1 分辨率下为 25 fps（PAL），在 CIF 分辨率下可达 100 fps。

硬压缩芯片集成了 MIPS 和 DSP，DSP 主要完成音频的编/解码，MIPS 主要完成控制及一些简单的配置。使用专用 ASIC 模块提供快速运算完成视频压缩算法，能够完成输入分辨率为 FULLD1 的视频信号的实时压缩，有较高的可靠性。缺点是 MPEG-4 标准只提供了标准的框架，所以造成彼此的码流格式不兼容。另外，由于 MPEG-4 的硬压缩芯片算法保密，对于开发 DVR 产品，设计解码器时必定受到制约，同时用户在算法操控上完全取决于供应商对内部资源的开放程度上，不能保证设计出完全符合产品定义时的 DVR，并且 DVR 压缩算法不能改进以适应新的压缩技术。

软压缩方案采用高速 DSP 来实现 MPEG-4 算法。由于很多组织已经公开了自己的 MPEG-4 源码，并且可以用 PC 验证算法的优劣，使算法的可实现性得以保证。ASIC 技术的发展使高速 DSP 已经可以完成 MPEG-4 的 FULLD1 的运算。目前国内采用的方案主要有 ADI

的 DSP、TI 的 64X 系列 DSP、TRIMEDIA 的 TM 系列、EQUATOR 等，这些芯片的共同特点是多个运算单元模块并行工作，提高了数据处理能力，提供音/视频接口，可以方便地直接接收数字音/视频数据，提供丰富的接口单元接收用户的控制命令。

在 DSP 上完成符合 MPEG-4 国际标准框架和经过高度优化的算法，可实现高、中、低和极低码率的视频压缩，具有良好的编码效率、容错能力和自适应码流，保证完美持续的视频质量。同时由于采用软件实现压缩算法，可以在不改变硬件平台的基础上使用不同的算法来完成视频压缩，如 H.263、H.264 或者微软的最新压缩算法，具有强大的升级能力。缺点是软件开发周期过长，针对不同的操作系统和 CPU，算法优化比较复杂，可靠性和稳定性很难保证。

3. 主控 CPU 模块

主控 CPU 模块主要完成系统的控制、数据存储和传输，如果系统不提供解码芯片，主控 CPU 还要完成压缩视频流的解码。是否具备网络、USB、IDE、232、485、PCI 扩展总线等接口是选用主控 CPU 的主要考虑因素。另外，主控 CPU 可以运行何种嵌入式操作系统（RTOS）也非常重要，目前常用的有 AMD、ARM9 系列、PowerPC 系列、IDT 等。它们都有各自的优、缺点，可以根据掌握的资源来选用不同的 CPU。例如，Trimedia 的 TM1300 提供 PCI 总线、数字音/视频接口等，并且运算速度较快，可以完成视频解码，但是不提供网络接口和 IDE 接口，用户需要完成 PCI 扩展。IDT 的 79RC32438 提供了强大的运算能力和网络与 PCI 接口，但是用户必须扩展音/视频接口。

RTOS 在国内主要有 Vxworks、pSOS、linux、QNX、WinCE 等，Vxworks 最好，pSOS 也非常成熟，但是不再发展，QNX 和 WinCE 都似乎更注重于 GUI 图形界面方面。选用哪种 RTOS，除了本身 OS 核心的性能要好之外，还有开发工具的好坏、编译器、调试器等要考虑的因素，因为还要完成 TCP/IP 等诸多协议和 USB 等诸多驱动程序设计。所以，在程序设计时，最好在应用层的程序和 RTOS 之间用一个虚拟接口接起来，以后无论移植到哪个 RTOS 都会很方便，而且软件可以先在虚拟的接口上调试。

4. 接口模块

相对于基于 PC 的硬盘录像机来说，嵌入式硬盘录像机在接口方面存在劣势。随着用户需求的增加，硬盘录像机应该提供网络、USB、报警等相应接口。由于嵌入式硬盘录像机一般采用嵌入式 CPU 和 RTOS 操作系统，这样系统设计者必须自己完成不同 RTOS 系统的驱动程序设计。另外嵌入式系统为保证系统的可靠性，很少采用插卡的形式来进行接口扩展，使得每增加一种接口，系统硬件必须重新设计。所以对嵌入式硬盘录像机来说，完善的系统设计方案至关重要。

（1）可靠性的硬件保证

可靠性是嵌入式硬盘录像机的一大优势。嵌入式硬盘录像机采用嵌入式实时多任务操作系统，视频压缩、解压和传输功能集中到一个体积很小的设备内，即插即用，系统的实时性、稳定性、可靠性大大提高，能够做到无人值守。为发挥嵌入式硬盘录像机的这些优势，必须保证硬件设计的可靠性。

（2）抗干扰能力保证

在设计采用嵌入式硬盘录像机的视频监控系统时，应该考虑系统的抗干扰能力，尽量减少由于外界环境变化而造成的不稳定因素。例如，电源模块不会因为市电的波动而造成输出电流不稳；系统应该增加静电防护，不会因为静电、雷击等环境，电压和电流变化而死机；进行良好的散热设计以保证在恶劣的通风环境下工作；在器件选择时，应该尽量选择工业级芯片，可靠的复位设计和断电保护机制。总之，嵌入式硬盘录像机的设计目标就是在无人职班的情况下，可以正常连续工作三个月。

任务 5　硬盘录像机的安装与操作

这里以深圳市澳视智能电子有限公司生产的 TMI 系列数字硬盘录像机为例，让大家认识数字硬盘录像机的安装、主界面及系统设置（只介绍服务器的设置，有关客户端的设置放在教学资料中）。

在正式使用之前，一般都对设备的软、硬件有严格的要求。

1．硬件要求

（1）压缩板卡：DS-400xM MPEG-4；DS-400xH MPEG-4 视/音频压缩板卡。

（2）显卡：支持 OVERPLAY 功能的显卡。在 Windows 2000 下经过测试可以使用的显卡如表 5-5 所示。

表 5-5　在 Windows 2000 下经过测试可以使用的显卡列表

显卡型号	显　存	是否支持颜色转换	是否支持缩小	是否支持放大
ATI Rage128	32	是	是	是
ATI Radeon LE	32	是	是	是
ATI Radeon 7200	64	是	是	是
nVidia TNT2 Model64	32/16	是	是	是
nVidia TNT2 Pro	32	是	是	是
Geforce2Mx/Mx200/Mx400	32	是	是	是
Geforce2 Mx440	32	是	是	是

注　意

NVIDIA 公司的显卡需要更新最新的驱动。老的驱动可能不支持缩小功能。CPU: Intel Pentium IV 以上，最好不要使用赛扬系列。

2．软件要求

（1）主机

① OS：Windows 2000 系列。

② 程序空间：8 MB。

③ 空间：此外还需预留额外空间以保存日志和录制的文件。

（2）客户端

① OS：Windows 98/2000/XP；IE5.0 以上。

② 程序空间：8 MB。

③ 空间：此外还需预留额外空间以保存日志和录制的文件。

5.1 安装和初始化

1. 驱动程序的安装

把板卡插在主板的 PCI 插槽上，启动操作系统，登录后（系统的登录密码一般为空），系统会提示找到新硬件，按照提示安装硬件的驱动，驱动安装后需重新启动系统。

2. 应用程序的安装

（1）RAR 方式：直接解压，释放全部文件。请将应用程序安装在系统盘上。

（2）软件目录包括的执行文件：

VideoCenter.exe：录像机主程序；

OmniClient.exe：录像机客户端程序；

OmniMultiPlayer.exe：MPEG-4 多通道播放器；

OmniPlayer.exe ：MPEG-4 单通道播放器；

DiskCleaner.exe：磁盘清理程序。

3. 初始化

如果是以 RAR 方式安装，请运行安装目录下的“VideoCenter.exe”程序（程序的初始化时间稍长，请耐心等待，这和板卡的状态、CPU、指标等参数有关）。

程序启动后自动播放全部有效通道的图像，但所有操作按钮都被屏蔽。要进行界面操作，请先登录，单击功能选择区的“登录”按钮，默认登录名“admin”，密码为空。

5.2 主界面及系统设置

1. 主界面

本系统的软件操作界面如图 5-21 所示，可分为四个主要区域：占据画面大部分的视频显示区、界面右上角的通道选择控制区、界面右下角的操作控制区（包括视频源选择区、组合控制区、云台/镜头控制区）、界面下方的功能选择区。

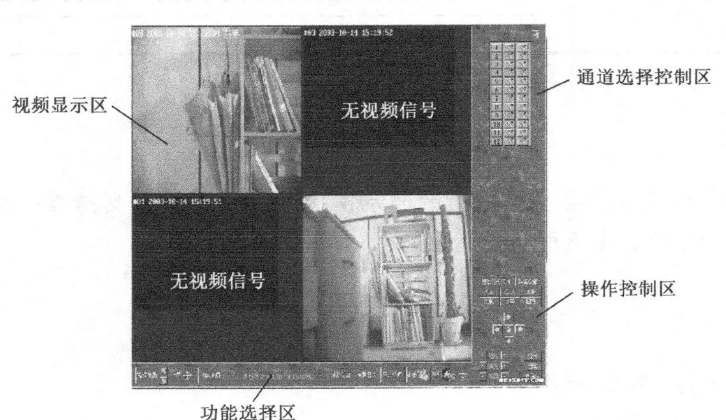

图 5-21　主界面

2. 视频显示区的操作

当启动程序后，可将根据当前通道数量，以最接近的方式，按 16 画面、9 画面、4 画面、1 画面方式排列全部通道。此时用鼠标双击选定通道，可使通道画面放大至整个视频显示区，再双击返回。最后，在视频显示区右击，显示区布满全屏，再右击返回。

3．通道选择控制区

图 5-22　通道选择控制区

在图 5-22 的图块上按当前的通道数量，以每行一个通道的方式列出全部通道。

第一个按钮是通道选择；第二个按钮是录像；第三个按钮是报警。

选定某一通道时，相对应的第一个按钮会出现绿色标志；按下第二个按钮，开始单独录制该通道的视/音频信号；按下第三个按钮，开始自动报警监测。

4．操作控制区

（1）启动任务安排。按“系统设置”中的“任务安排”，自动执行录像和报警工作。

（2）系统设置。进入“系统设置”界面。

（3）抓图。如果此时没有选择通道，将弹出通道选择框。在选定通道之后，自动保存当前的画面到 RecRoot\#通道号\年份-月份\日期\image 目录下。

（4）抓帧。保存当前通道的预览的图像的即时帧。

（5）全录。快捷地把全部通道定义为录像状态。

（6）全警。快捷地把全部通道定义为报警状态。

（7）全关。快捷地关闭全部通道的录像、报警功能。

（8）回放。将录像文件用播放器播放。

（9）云台控制盘。图 5-23 所示为云台控制盘，中间为控制锁，选择控制锁后，所有的云台操作都被禁止；四个箭头分别控制云台四个方向的运动，负责对云台的控制管理。

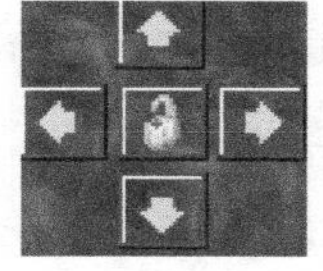
图 5-23　云台控制盘

此外，云台控制盘还有如下功能。

① 缩放：控制镜头的缩放。

② 焦距：调整镜头的焦距大小。

③ 光圈：调整镜头的光圈大小。

④ 灯光：打开或关闭镜头的灯光。

⑤ 自动：使云台按预先设置的预置位自动转动。

⑥ 雨刷：打开雨刷。

5．功能选择区

图 5-24 所示为功能选择区。

图 5-24　功能区选择区

（1）系统信息：显示主机的内存、运行版本、板卡、网络与连接状态等信息。

（2）广播对讲：与广播或对讲设备联动。

（3）查看日志：查看日志类型、时间、操作和使用者信息。

（4）用户管理：添加、删除用户，设定用户权限等用户管理功能。

（5）监听：切换是否对当前通道进行实时声音监听。有红色暂停符号时不进行监听。

（6）注销：退出当前登录，锁定用户界面，任何界面操作都无法执行。只有重新登录，输入口令后，才能正常操作用户界面。

图 5-25　视频显示选择区

（7）启动/停止网络服务：专门为客户端设置，只有启动网络服务，客户端才能登录到服务器端。用鼠标双击后，会出现图 5-25 所示的图块。

① 视频布局：视频默认按 1、4、9、16 通道数/每屏的最接近方案显示预览图像。单击该按钮可强制切换到需要的显示组合。

② 全屏：把当前预览的画面放大至全屏。右击或者按“Esc”键返回正常状态。

③ 自动翻屏：无论当前显示方案如何，自动翻屏采用每次一个通道的显示方式，以一定的时间间隔自动轮换，时间间隔在“系统设置”→“其他”里设置。

6. 用户管理

在功能选择区，单击主界面上的“用户管理”按钮，进入用户管理界面，如图 5-26 所示。用户管理主要是对现有用户的管理（用户权限、名称的修改，用户密码的变更等）和授权新的用户等。

系统管理员名称为“admin”，拥有除远程控制外的所有权力，密码默认为空，建议安装完成后立刻更改密码。单击“修改管理员口令”按钮，在出现的界面中修改默认密码。完成后单击“保存”按钮退出。

（1）添加用户

单击图 5-26 中的“添加”按钮，进入编辑用户信息界面，如图 5-27 所示。输入用户名、密码，设定用户权限（开录像、关录像、关报警、开报警、系统设置、回放录像、查看日志，启动网络服务、关闭网络服务、关闭系统、远程访问、远程控制等）。

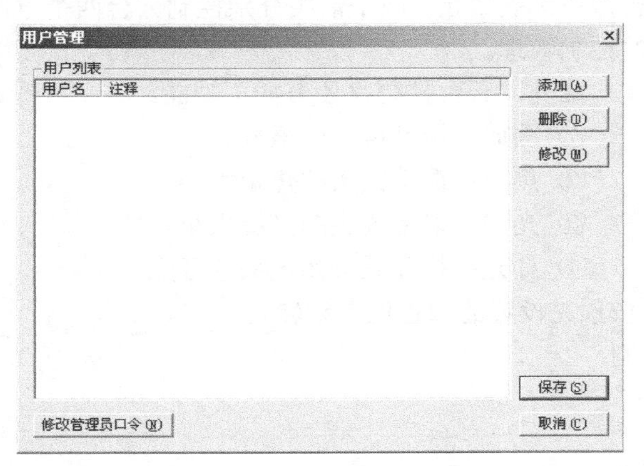

图 5-26　用户管理界面

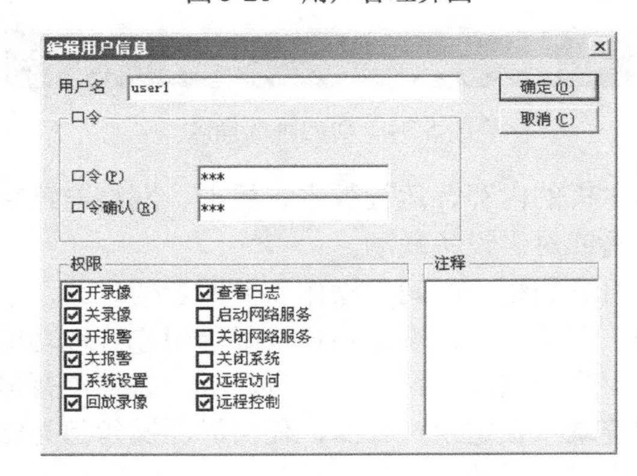

图 5-27　编辑用户信息界面

（2）删除用户

在图 5-26 中，在左边的用户列表中选择要删除的用户名，单击“删除”按钮，确认后单击“保存”按钮退出。

（3）修改用户

在图 5-27 中，在左边的用户列表中选择要删除的用户名，单击“编辑”按钮，确认后单击“保存”按钮退出。

7．系统设置

只有具备“系统设置”权限的用户，才能使用“系统设置”功能。单击主界面上的“系统设置”按钮，进入系统设置界面，如图 5-28 所示，如果界面处于锁定状态，需先登录。

在设置界面，按页面分为多种具体设置，每一项设置完成后，单击“保存”按钮，以保存设置的更改。

图 5-28 中，左侧区域显示可设置项目：通道显示，视频质量，录像设置，任务安排，报警设置，云台控制，网络选项，联动控制，磁盘清理，报警盒，其他。在通道显示、视频质量、录像设置、任务安排、报警设置几个页面里，使用者必须选定需要设置的通道名称，以相应地设置该通道的参数。

（1）通道显示

① 当前通道：在以下的设置中，都必须选定当前设置应用的通道。当前设置只对选择的通道生效；如果需要当前设置对其他通道也有效，可单击“当前配置应用到所有通道”按钮快速设置其他通道的参数。

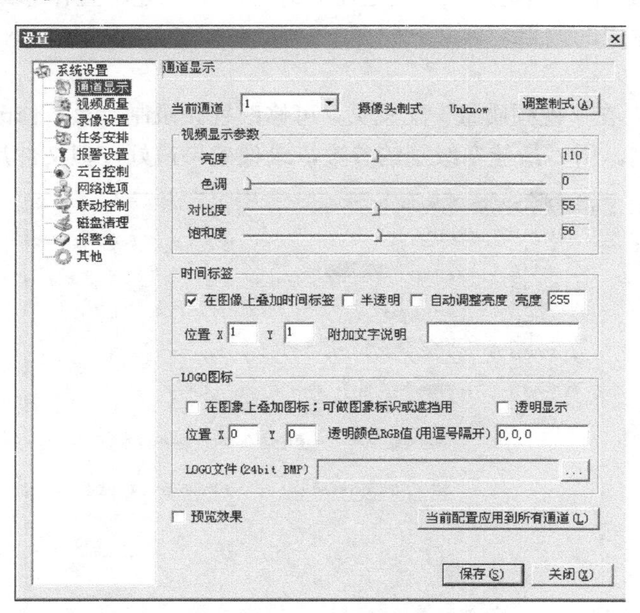

图 5-28　系统设置界面

② 摄像头制式：某些摄像头必须使用兼容的制式才能正确显示图像，不能混用。单击“调整制式”按钮，从“Unknown”、“NTSC”、“PAL”制式中选择。

③ 视频显示参数：通过对滚动条的调整，可以设置亮度、色调、对比度、饱和度四项参数。

④ 时间标签：

a．在图像上叠加时间标签：在预览的通道图像上叠加显示当前时间，这是默认选项。

b．半透明：叠加的时间以半透明方式显示。

c．位置：时间显示在通道屏幕上的坐标位置。

d．附加文字说明：在时间显示后面跟用户自定义的文字说明，如标示当前监控点的位置信息。

⑤ LOGO 图标：

a．“在图像上叠加图标；可做图像标识或遮挡用：”用户可以自由定制图案并叠加到通道预览画面上，既可作为符号标志，也可以遮挡部分画面，保护隐私。

b．透明显示：叠加的图片做半透明处理。

c．位置：设定图片在通道图像上的位置原点。

d．透明颜色 RGB 值：叠加的半透明处理所使用的颜色设定。

f．LOGO 文件：浏览硬盘，选择要使用的覆盖图片文件。该图片格式必须是 24 位位图的 BMP 文件，而且尺寸必须是 8 的整数倍像素，如 64×32 px。

⑥ 遮盖图标：对没有信号的通道，可以自定义 LOGO 图案，以代替系统默认的“无视频信号”画面。只需在程序路径下增加 res 目录，在该目录下放置命名为“blankboard.bmp”的 BMP 文件即可。

⑦ 标题图标：可在系统主界面的右上角放置一个自定义 LOGO 的图案。只需在程序路径下增加一个 res 目录，在该目录下放置一命名为“logo.bmp”的 BMP 文件即可。

⑧ 预览效果：选中“预览效果”复选框，才能在对上述配置作修改时，实时地在视频界面上看到修改后生成的效果。

（2）视频质量

如图 5-29 所示，在“视频质量”配置页，可修改视频录制参数，修改参数后将对视频录像的品质有直接影响。用“最佳”级别的参数，录像效果最好，但文件尺寸也最大。

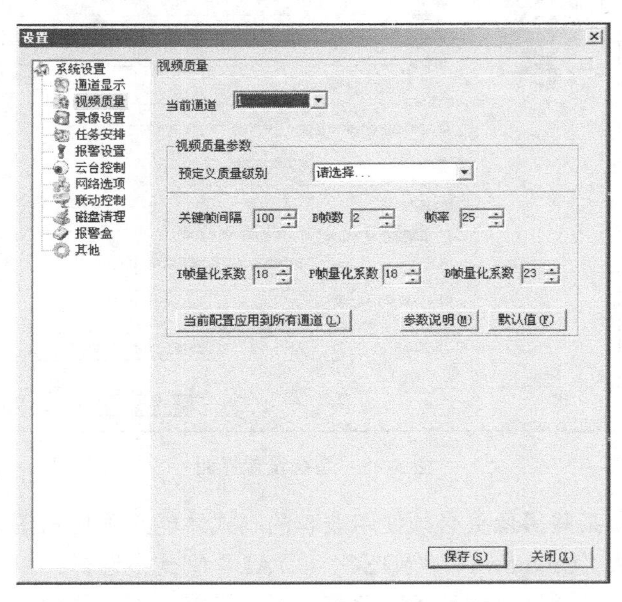

图 5-29　视频质量界面

在选择好通道后，配置以下参数：

① 预定义质量级别：程序预设了从“最佳”、“一级”、“二级”到“十级”的视频质量参数组合，“最佳”方式的录制效果最好、最清晰，但文件比一级大近 3 倍，不建议采用这种质量级别，推荐使用的质量级别为一级、二级，图像质量可以接受而且节省空间。

② 默认值：恢复程序预置值。

（3）录像设置

如图 5-30 所示，在界面中设置录像使用的选项，主要是完成对录像文件位置、录像码率的设置。

选择当前通道后进行各项配置。

① 同时录制声音：默认录制只录视频不录声音，选择该项，则录像时同时录制视频与音频信号。

② 特殊时段使用特殊码率：默认录制帧率为 25，在一些对视频质量要求不太高的时段，可以选择低视频帧率，以减少对空间的需求；时间段设置如设置为 23:00:00 到 5:00:00，表示从当天夜里 11 点到第二天凌晨 5 点使用特殊时段帧率。

③ 录像文件最大长度：设定录像文件保存的最大尺寸，若超过设定文件大小，自动转存为新文件。

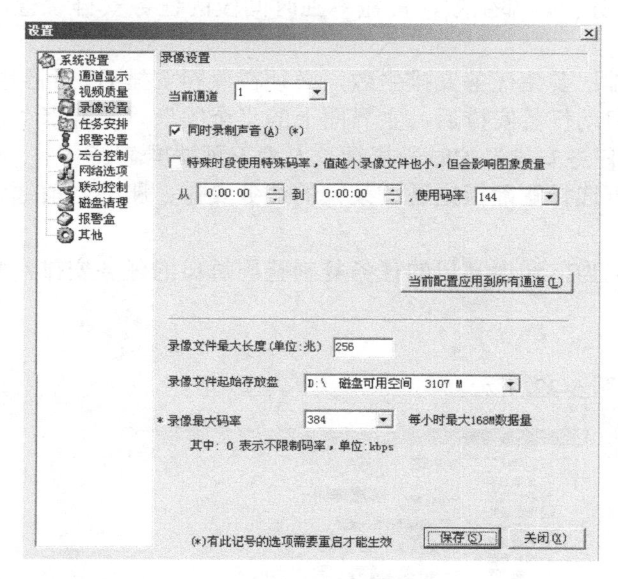

图 5-30　录像设置界面

④ 录像文件起始存放盘：程序自动从非系统盘开始保存录像文件，目录结构为：盘符\RecRoot\#通道号\年份-月份\日期\record\。保存下来的文件为 MPEG-4 视频文件格式，需配合 MPEG-4 媒体播放器播放。

⑤ 录像最大码率：码率的设置可以控制每小时最大的数据量。设置完成后需重新启动系统。

（4）任务安排

如图 5-31 所示，在“任务安排”设置中，管理员可以精确设置每一个通道的录像和报警安排。

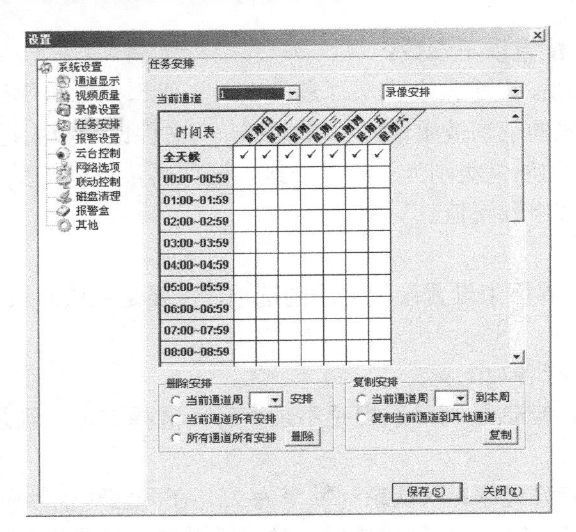

图 5-31　任务安排界面

① 设置方法：选择通道后，从“录像安排”和“报警安排”两种任务中选择需要设置的任务。在时间表中把需要自动执行的时间段选中，第一行有“全天候”选项，选择后，对应这天的全部时段任务安排都生效，覆盖单独时间段的任务安排设置。配置完成后，单击“保存”按钮。

② 启动任务安排：要使任务安排生效，必须在保存安排后，回到主界面，单击“启动任务安排”（注意：启动任务安排后，主界面上的“全关”、“全开”、“全录”开关被禁止，录像和报警都根据“任务安排”的时段执行，人为干预被屏蔽）。

③ 删除安排：可选择删除指定通道某天的任务安排；删除当前通道的全部任务；删除全部通道的全部任务。

④ 复制安排：把当前通道某日的任务复制整周每日的任务安排；复制当前通道整周任务到全部其他通道。

（5）报警设置

报警设置界面如图 5-32 所示。

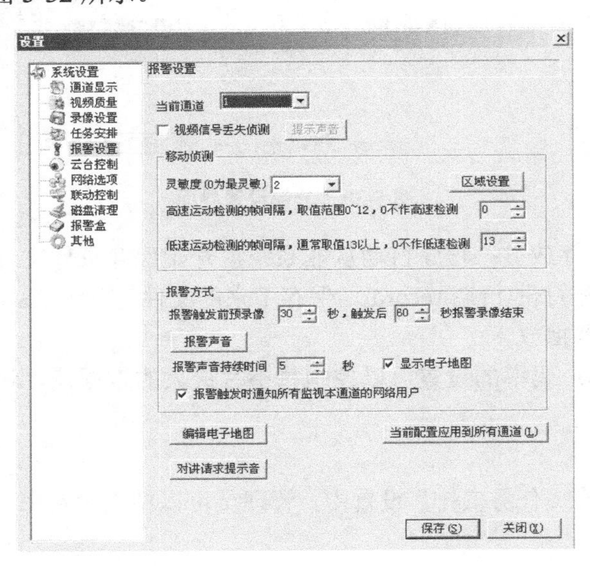

图 5-32　报警设置界面

① 视频信号丢失侦测：通道视频信号从有到无的丢失被认为是异常状况，需发出警报信息。

② 移动侦测：自动检测通道画面上移动物体的移动幅度超出允许范围，则判定为异常并报警。

③ 报警方式：目前，报警有三种表现形式，即声音报警、电子地图报警、突现报警通道。声音报警自动播放一段预定的声音文件；电子地图报警在有报警时，相应报警点的地图自动弹出，标示点变红并不断闪烁；突现报警在环绕突现模式下自动把报警通道切换到最大显示框内。

④ 报警触发前预录像：预录报警前指定时间段内的信号，允许最大预录范围为 10 分钟（注意：该数值设置过高容易引起内存消耗太大而影响效率，建议在 3 分钟之内）。

⑤ 报警触发后录像结束时间：在报警信号停止以后，继续录制的时间长度。最大允许范围 10 分钟，建议也不超过 3 分钟范围内。

⑥ 报警声音：单击“报警声音”→“选择声音文件”，浏览并选择需要播放的 WAV 文件。出现报警信号时，自动播放这段声音。每个通道可有独立的报警声音设置。要取消声音报警，可选择“报警声音”→“无声”。

⑦ 报警声音持续时间：报警声音在播放时延续的时间。

⑧ 显示电子地图：在出现报警信号时，弹出该通道对应的电子地图。

⑨ 单击相应号数的摄像头，并拖动到期望的位置即可；需要删除该摄像头时，右击摄像头，选择“删除摄像头”；需要快速删除当前地图上的全部摄像头时，右击地图画面，选择“删除所有部件”，确定删除，如图 5-33 所示。

注意：上述操作之后，都必须单击“保存”按钮。

图 5-33 “地图编辑功能”选项界面

⑩ 对讲请求提示音：单击“对讲请求提示音”按钮后，就会出现下面的图块。同时，服务器在收到联动对讲请求后，会播放一段特定的录音，提示管理员该通道上有网络对讲请求，单击“对讲请求提示音”→“选择声音文件”，如图 5-34 所示。浏览硬盘，选择希望播放的 WAV 提示音文件。

图 5-34 选择声音文件

（6）云台控制

在系统设置界面单击“云台控制”，如图 5-35 所示。双击需要配置的通道号，设置该通道的云台使用的端口号和设备地址。

（7）网络选项

① 如图 5-36 所示，在系统设置界面单击“网络选项”，出现网络选项设置的 IP 验证，设定允许哪些 IP 连接到该服务器。如果撤销“对网络用户进行 IP 验证”，则允许任何 IP 的客户端访问服务器。需要使用 IP 验证时，选择“对网络用户进行 IP 验证”，单击“编辑”按钮，添加有效的 IP 列表。

② 用户名口令验证：需要客户端用用户名验证时选择“对网络用户进行用户名口令验证”，用户名必须已在用户管理里被赋予“远程访问”的权限。

③ 通道限制：评比特定通道的远程访问功能。例如，若禁止 1、3、7、8 的远程访问，则输入“1；3；7；8”。

④ 网络服务：选择“程序启动时，开启网络服务”，则无须每次启动程序后，手工从主界面启动网络服务（注意：这一项必须开通，否则客户端就访问不到服务端！）。

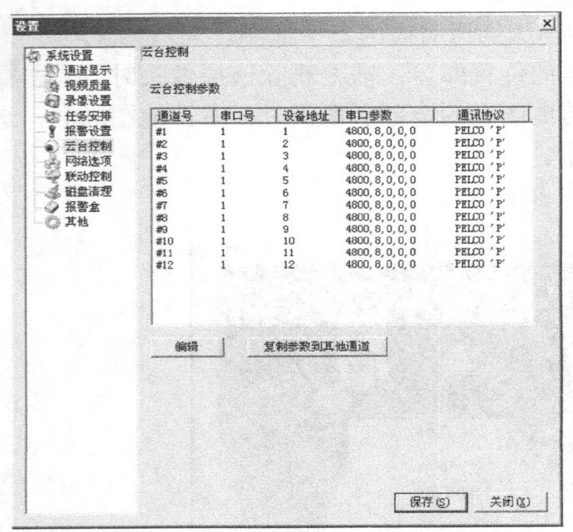

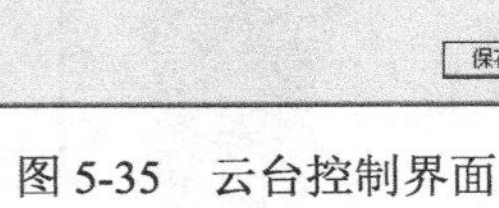

图 5-35　云台控制界面

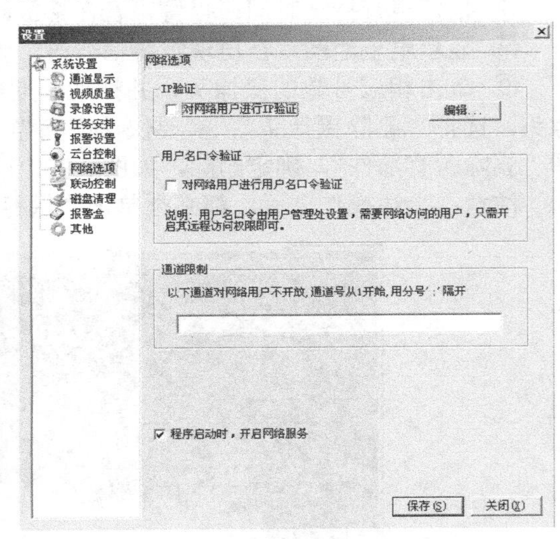

图 5-36　网络选项界面

（8）联动控制

系统通过 SOAP 协议访问远程 Web 服务器，以启动各项报警和对讲处理，如图 5-37 所示。

启动 Web 服务器激活方式先选择联动服务类型，包括“摄像机联动激活”、“联动报警正常处理”、“联动报警转移到中心”、“联动对讲正常处理”和“联动对讲请求到中心”五种类别。选择了联动服务类型后，根据实际情况输入“Web 服务访问路径”、“SoapAction”、“名字空间”等信息。如果不清楚具体配置，请与相应的网络服务管理员联系。

如果需要用联动控制身份校验，则填写用户名、口令和工作站 IP 地址。

如果主机端联动报警超时未处理该报警，则把警告转发给指定客户端，选择“如果联动报警在规定的时间内未处理，则转发给远程主控制台处理”，并把客户端地址填入“远程主控制台 IP 地址”中。

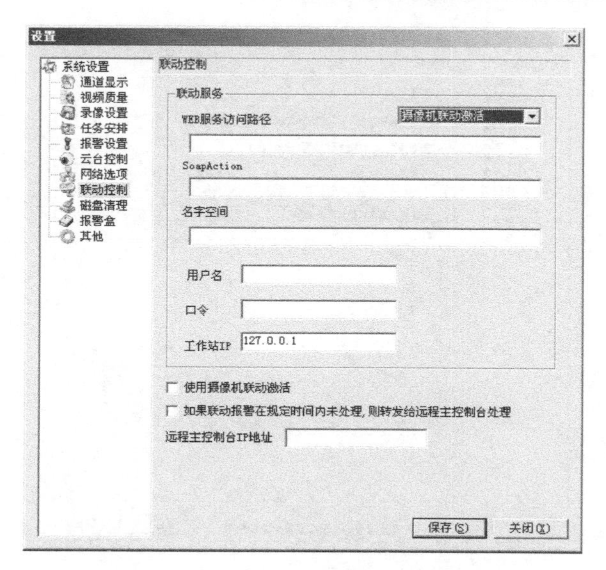

图 5-37　联动控制界面

（9）磁盘清理

磁盘清理界面如图 5-38 所示。系统默认从第一个非系统盘开始存放录制的文件。目录结构为：根目录\RecRoot\#通道号\年份-月份\日期\。

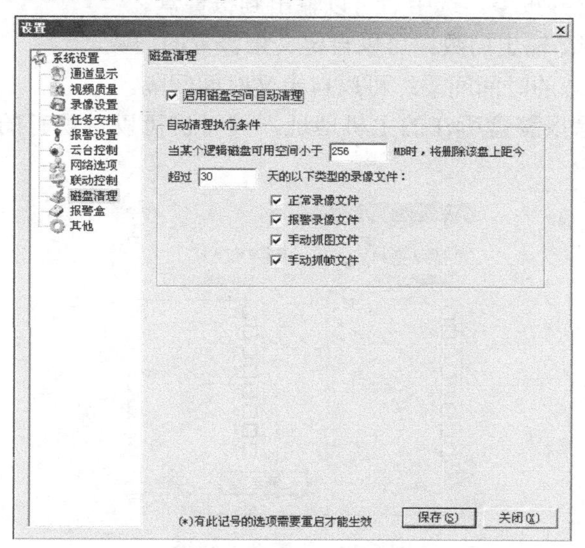

图 5-38　磁盘清理界面

虽然使用 MPEG-4 的压缩技术，但是长年累月地保存这些录制文件，也可能使硬盘空间占满，可使用自动磁盘清理功能，保持硬盘空间的必要容量。启用自动磁盘清理功能后，一旦磁盘剩余空间达到临界值，程序自动查找日期最老的录制文件，如超过设定日期间隔，则自动删除。

① 启动磁盘空间自动清理：启动或关闭自动清理功能。

② 填入逻辑磁盘可允许的剩余空间，以及超过指定天数允许自动删除的文件类型。

（10）报警盒

报警盒界面如图 5-39 所示。图中的所有设置，最后要“保存”才能设置生效。

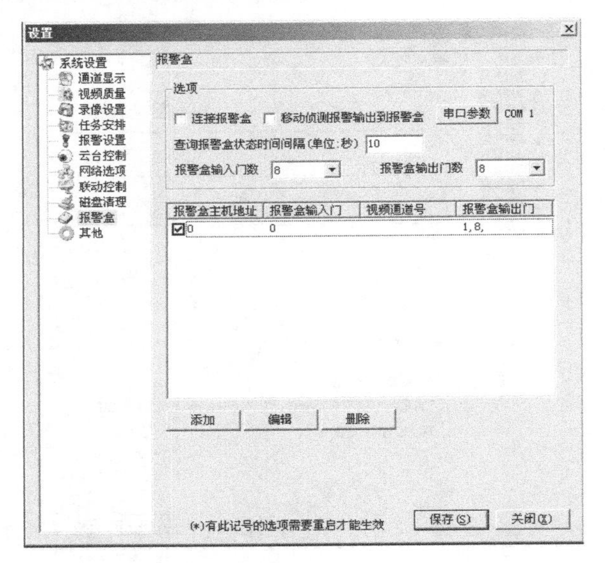

图 5-39　报警盒界面

① 连接报警盒：选中该复选框后，可以连接到报警盒上。

② 移动侦测报警输出到报警盒：自动检测通道画面上移动物体的移动幅度，超出允许范围内，则判定为异常并报警。选中后可以输出到报警盒。

③ 报警盒输入门数/输出门数：可以自定义报警盒的门数。

④ 查询报警盒状态的时间间隔：可以自定义时间间隔。

⑤ 可以添加/删除报警盒所在的主机地址，同时也可以对现有的报警盒进行编辑，如图 5-40 所示。

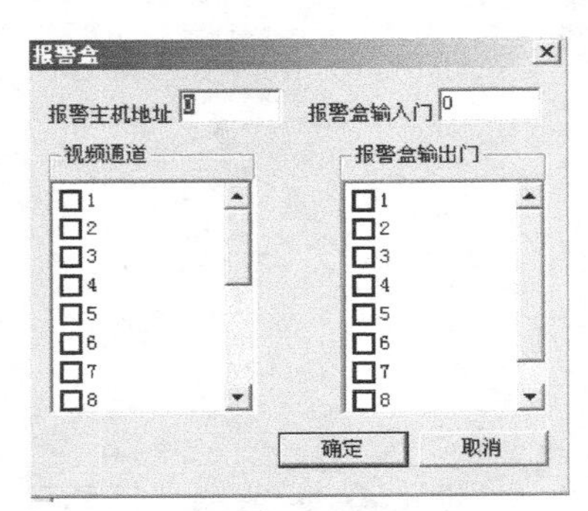

图 5-40　报警盒的编辑

（11）其他

“其他”的界面如图 5-41 所示。

① 自动翻页：设置主界面自动翻页的时间间隔、每页预览通道数。

② 本地服务：作为服务器时的监听端口。

③ 显示工具提示信息：是否显示各按钮的“tools tip”提示信息。

④ 随 Windows 系统一起启动：Windows 启动时自动启动本程序。

⑤ 退出系统时，请提示我：关闭系统时提示。

⑥ 退出系统后，随即关闭计算机：关闭程序的同时关闭计算机。

⑦ 系统启动时执行任务安排：选中该复选框则系统每次启动时自动按计划进行录像或

移动侦测。

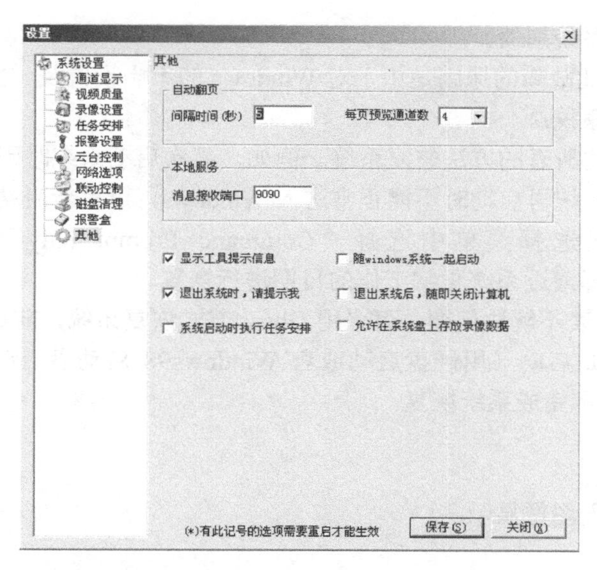

图 5-41 “其他”界面

⑧ 允许在系统盘上存放录像数据：选中该复选框则可以在系统盘中存放录像数据。建议不选中该复选框，以免将系统盘空间完全占用。

5.3 硬盘录像机的常见故障及排除

基于 PC 的硬盘录像机在日常使用过程中，由于使用中不按照操作规范进行处理，或安装非法盗版软件，经常会产生一些非 DVR 质量所引起的故障。我们应该认真观察故障现象，并结合所学的理论知识加以分析，从中发现产生故障的原因，最后予以排除。对由于嵌入式硬盘录像机出现的故障，应该直接请相关厂商的专业维修人员来排除。

1. 故障 1

（1）故障现象：开机无显示。

（2）故障原因与排除：

① 机体在搬运过程的震动造成内部板卡配件松动所导致的。

② 先确认机箱、显示器是否已正确连接；电源是否已连接并打开。开机前应该打开机箱，确认各部件接插紧密后再通电。开机时若主板自检正常（表现为键盘指示 LED 闪烁一次，主机蜂鸣器发出“嘀”的一声），关闭电源，检查 CPU 板及显卡是否插入完全稳固，可将板卡取下重新插上。若按下电源开关后 CPU 风扇不转动且面板电源指示灯不亮，检查电源是否连接正确。

2. 故障 2

（1）故障现象：进入录像系统，界面显示不正常。

（2）原因与排除：此故障的产生是由于 Windows 桌面设置不当所致。排除方法是将桌面设置为 1 024×768/32 位增强色。

3．故障 3

（1）故障现象：系统崩溃。

（2）原因与排除：此故障的原因是由于对 Windows 的不当设置及一些软件故障所引起的，可采用下列方法恢复系统：

① 用 Windows 注册表的方法修复系统。例如，某次启动系统时因未打开监视器或监视器连接不正常，导致系统再启动时不能正常进入 Windows，可重新启动，在启动过程中按住 F8 键，在启动方式选择菜单中选择“Command Prompt only”，启动完毕后输入“scanreg/restore”，选择最近系统正常工作的日期进行恢复。

② 若用恢复注册表不解决问题，可采用 Ghost 方式恢复系统，前提是已经使用了 Ghost 备份系统。使用方法是启动（用硬盘启动或者 Windows98 启动盘启动）到 DOS 状态，运行 Ghost.exe，按照提示完成系统恢复。

4．故障 4

（1）故障现象：无图像显示。

（2）原因与排除：

① 此故障主要是由于图像卡不兼容造成的，可以通过 Direct Draw 测试，如果测试能通过，则不是此原因。

② PCI 接口接触不良好，可以换一个 PCI 插槽测试。

③ 板卡是否有损坏，可以换一张板卡测试。

5．故障 5

（1）故障现象：计算机找不到卡。

（2）原因与排除：

① 计算机电源不是 ATX 电源，使用 ATX 电源。

② 计算机 PCI 插槽损坏，换一个插槽测试。

③ 板卡损坏，换卡测试。

6．故障 6

（1）故障现象：实时监视的图像不清晰。

（2）原因与排除：可以通过调整视频的亮度、色度、对比度及饱和度的值以达到满意的效果。

7．故障 7

（1）故障现象：程序不能启动或初始化失败。

（2）原因与排除：

① 快捷方式错误，无法钩挂应用程序，快捷方式不能启动。排除方法是删除快捷方式，重新创建或重新安装程序。

② 没有安装 DirectX8.0 以上版本的加速软件。

③ 板卡接触不良，重新安装板卡。

④ 有坏卡，需要对每一张卡进行可用性确认。

⑤ PCI 插槽有损坏，换插槽使用。

8. 故障 8

（1）故障现象：图像静止不动。

（2）原因与排除：

① 此故障可能是音/视频卡已死机，或者由于音/视频卡和计算机的 PCI 插槽接触不良，可考虑重新启动计算机。

② 若出现较为频繁的死卡现象，可以考虑换卡。

③ 若不是很频繁的情况，可能是因为系统工作时间太长，可设定系统每天定时重启以缓解系统的工作压力和释放内存；

④ 还可考虑给计算机安装防死机卡，以达到自动恢复系统的目的。

9. 故障 9

（1）故障现象：前端控制不灵活。

（2）原因与排除：造成此故障的原因可能是解码器与云台等连接不良好、通信线缆过长。排除方法是就近安装解码器和云台，即解码器一般安装在云台附近。

10. 故障 10

（1）故障现象：视频干扰严重。

（2）原因与排除：

① 可能是由于视频电缆接口处接触不良，仔细检查排除。

② 可能是视频电缆受到强电干扰。避免视频电缆与强电线路一同布线，若已布线必须重新更改布线。

③ 可能是摄像机接地，或在整个系统中采用多点接地，而引起共模干扰。解决的方法是采用中心机单点接地。

11. 故障 11

（1）故障现象：系统定时死机。

（2）原因与排除：

① 此故障发生时间较固定，例如，每天中午 11:30 左右定时死机。而一般在工厂出现，其原因为工厂的强电冲击视频线缆，使视频卡不能正常工作，致使系统死机。

② 解决的方法改善电源供电方式，隔离数字硬盘录像系统等。

12. 故障 12

（1）故障现象：移动报警不准确。

（2）原因与排除：

① 此故障可能是摄像机的灵敏度失调，因为移动检测报警的准确性与摄像机有关。

② 解决方法是通过移动检测，对每一台摄像机进行灵敏度功能测试，找出能够准确检测的灵敏度值，并加以调整。

13. 故障 13

（1）故障现象：没有检测到报警。

（2）原因与排除：

① 未开启报警检测时间开关。
② 未开启报警控制器电源。
③ 移动报警区域未设定、灵敏度过低。

14．故障 14

（1）故障现象：误报警。
（2）原因与排除：
① 移动报警灵敏度过高，可通过测试，选择合适的灵敏度值。
② 报警探头与报警控制器连接有误，请按说明书正确连接。

15．故障 15

（1）故障现象：系统速度很慢且图像跳动。
（2）原因与排除：
① 系统速度慢的原因可能有：使用了非 Intel 芯片组的主板，CPU 速度较低。
② 硬盘数据线没有使用 ATA66/ATA100 等高速数据线。
③ 数据线反接，如彩色头连接在主板 IDE 座上。
④ 硬盘的 DMA 方式没有打开。

16．故障 16

（1）故障现象：图像回放有丢帧现象。
（2）原因与排除：
① 退出监控程序，可以从其他方面查看系统的工作状况，检查 CPU 速度、内存工作状况等。
② 如果上述部分都没有问题，则说明故障原因与故障 15 的原因相同。

17．故障 17

（1）故障现象：扩展 IDE 接口不能正常使用。
（2）原因与排除：
① 可能是主板驱动程序安装错误，重新正确安装。
② 也有可能是 IDE 卡的驱动程序安装错误，重新正确安装。

18．故障 18

（1）故障现象：频繁出现蓝屏现象。
（2）原因与排除：
① 其原因可能是内存工作不正常，更换内存进行测试。
② 也有可能是操作系统出现失误、致使病毒入侵等原因，排除方法是查杀病毒后恢复系统。

19．故障 19

（1）故障现象：系统不能录像。
（2）原因与排除：
① 可能是未设置录像，包括定时录像、移动录像、报警录像等功能，重新加以设置即

可排除。

② 磁盘空间不够，磁盘出错导致系统统计磁盘空间不准，扫描磁盘后即可恢复。

20．故障20

（1）故障现象：不能自动覆盖。

（2）原因与排除：原因可能在于磁盘出现逻辑错误；排除方法是扫描磁盘，一般在扫描磁盘后即恢复正常

想一想、练一练5

通过项目的学习，认识、理解视频信号的数字化的方法及具体的步骤，掌握数字视频信号的标准及传输方法。在此基础上认识外挂式及标准式多媒体视频监控系统的架构与控制方法，区别两者在应用层次上的差异。并且掌握数字视频录像设备相关知识与操作维护的技能。另外，通过实际的例子进一步掌握多媒体视频监控系统的具体应用手段，真正会对其进行操作和维护。

1．视频信号的数字化处理需要哪几个步骤？

2．什么是预测编码？

3．什么是熵编码？

4．什么是变换编码？

5．什么是ITU-R601标准？

6．MPEG-2与MPEG-4视频压缩的主要差别是什么？

7．MPEG-4的主要特点是什么？

8．H.264与MPEG-4有什么关系？其主要特点是什么？

9．多媒体视频监控系统有哪两种类型？

10．请分别画出外挂式多媒体与标准多媒体两种视频监控系统的基本架构图，并分析其在架构及应用多媒体技术层次上的差异。

11．标准多媒体视频监控系统的中心控制端由哪几部分构成？是如何进行控制的？

项目 6

网络视频监控系统的操作与维护

知识目标

1. 认识网络摄像机。
2. 认识各类型网络传输设备。
3. 认识局域网。
4. 掌握网络视频监控系统的构成与运行方式。

技能目标

1. 能准确画出网络视频监控系统拓扑图。
2. 能正确安装、操作各类型网络传输设备并进行日常维护。
3. 能正确安装、操作网络视频监控系统并进行日常维护。

场景描述

网络视频监控系统就是在第 2 代标准多媒体监控系统的基础上逐渐发展、演变而来的。它们内部的架构大同小异，只是在信号的传输形式上，网络视频监控系统借助于网络，更先进、灵活。拥有全新的概念与最新的架构，代表当今监控系统的潮流方向。它利用计算机网络进行视频监控系统的音、像与数据信号的控制、传输，以实现通过网络中任意一台计算机由其音/视频采集卡来进行音像与数据信号的采集、压缩、传输与存储；或利用网络摄像机内置的接口（符合网络传输协议），将图像、声音信号以媒体流的形式直接传输到网络中，用户只需借助互联网 PC，即能随意调看、监听从网络传来的任意一台摄像机摄取的画面与其内置监听头采集的现场声音；若有需要，还能对摄像机的云台与电动变焦镜头进行调控。除此之外，拥有门禁/报警、消防自动喷淋等功能的网络视频监控系统，还能传输门禁刷卡数据、报警信号与红外/烟雾传感器在其监控范围中采集的模拟量数据等。

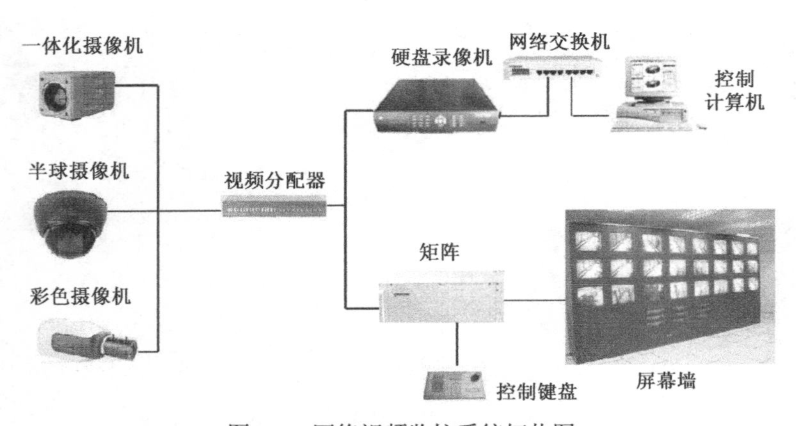

图 6-1　网络视频监控系统拓扑图

图 6-1 所示为网络视频监控系统拓扑图。

任务 1　网络摄像机

网络摄像机的应用，使图像监控技术有了一个质的飞跃。

（1）网络的综合布线代替了传统的视频模拟布线，实现了真正的三网（视频、音频、数据）合一。

（2）网络摄像机即插即用，工程实施简便，系统扩充方便。

（3）跨区域远程监控成为可能，特别是利用因特网，图像监控已经没有距离限制，而且图像清晰，稳定可靠；

（4）图像的存储、检索十分安全、方便，可异地存储、多机备份存储及快速非线性查找等。

1.1 认识网络摄像机

网络摄像机一般由镜头、图像传感器、声音传感器、A/D 转换器、图像编码器、声音编码器、控制器、网络服务器、外部报警、控制接口等部分组成（图 6-2 为各类型网络摄像机）。网络摄像机不仅可基于计算机局域网用于区域监控（如住宅小区监控，办公楼、银行、商场等传统监控），而且也能通过 Internet 用于新型、跨区域远程监控及网上展示，如远程看护、无人值守的通信机房监控、旅游景点网上演播、产品网上展览等。

图 6-2　各类型网络摄像机

1．镜头

镜头作为网络摄像机的前端部件，有固定光圈、自动光圈、自动变焦、自动变倍等种类，与模拟摄像机相同，如图 6-3 所示。

图 6-3　网络摄像机镜头

2．图像、声音传感器

图像传感器有 CMOS 和 CCD 两种模式。CMOS 即互补性金属氧化物半导体，由硅和锗两种元素组成，通过 CMOS 上带负电和带正电的晶体管来实现基本的功能。这两个互补效应所产生的电流即可被处理芯片记录，解读成影像。CMOS 相对于 CCD 最主要的优势就是非常省电。其耗电量只有普通 CCD 的 1/3 左右。CMOS 在处理快速变换的影像时，由于电流变换过于频繁而过热。暗电流抑制得好就问题不大，如果抑制得不好就十分容易出现杂点。

CMOS 图像传感器框图与实物图分别如图 6-4 和图 6-5 所示。

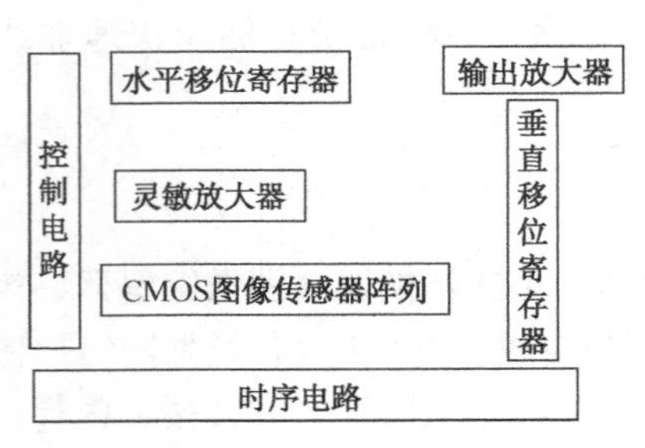

图 6-4　CMOS 图像传感器框图

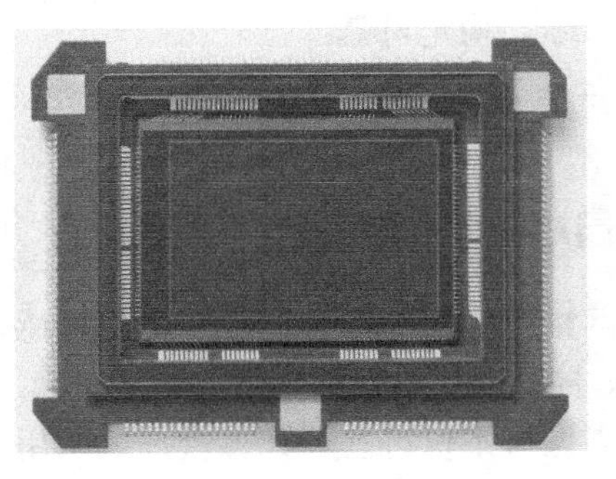

图 6-5　CMOS 图像传感器实物图

CCD 图像传感器由在单晶硅基片上呈二维排列的光电二极管及其传输电路构成（图 6-6）。光电二极管把光转化成电荷，再经转化电路传送和输出（图 6-7）。

图 6-6　在单晶硅基片上呈二维排列的光电二极管

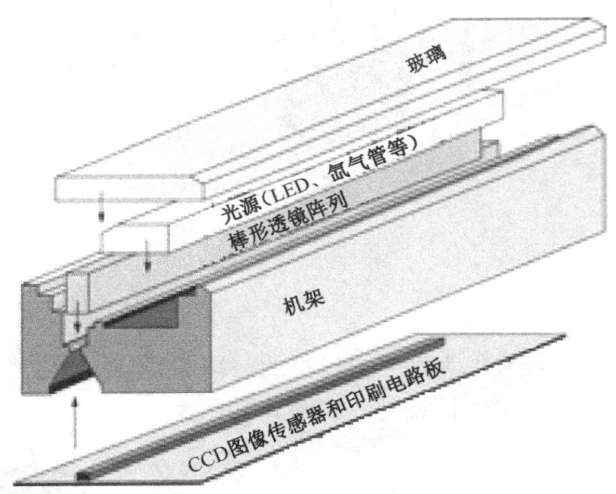

图 6-7　CCD 图像传感器光-电转换示意图

通常，传送优良图像质量的设备都采用 CCD 图像传感器，而注重功耗和成本的产品则选择 CMOS 图像传感器。但新的技术正在克服每种元件固有的弱点，同时保留适合于特定用途的某些特性。

声音传感器即拾声器（或麦克风），与传统的话筒的原理一样。

3．A/D 转换器

A/D 转换器的功能是将图像和声音等模拟信号转换成数字信号，如图 6-8 所示。

基于 CMOS 模式的图像传感器模块有直接数字信号输出的接口，无须 A/D 转换器；而基于 CCD 模式的图像传感器模块也有直接数字输出的接口，也须 A/D 转换器，但由于此模块主要针对模拟摄像机设计，只有模拟输出接口，故需要进行 A/D 转换。

图 6-8　A/D 转换模型

4. 图像、声音编码器

经 A/D 转换后的图像、声音数字信号，按一定的格式或标准进行编码压缩。编码压缩的目的是为了便于实现音/视频信号与多媒体信号的数字化，便于在计算机系统、局域网络及互联网上不失真地传输信号。

目前，图像编码压缩技术有两种：一种是硬件编码压缩，即将编码压缩算法固化在芯片上；另一种是基于 DSP 的软件编码压缩，即软件运行在 DSP 上进行图像的编码压缩。同样，声音的压缩亦可采用硬件编码压缩和软件编码压缩，其编码标准有 MP3 等格式。

5. 中央处理器控制单元

中央处理器控制单元是网络摄像机的心脏，肩负着网络摄像机的管理和控制工作，如图 6-9 所示。如果是硬件压缩编码，控制器是一个独立部件；如果是软件编码压缩，控制器是运行编码压缩软件的 DSP，即两者合二为一。

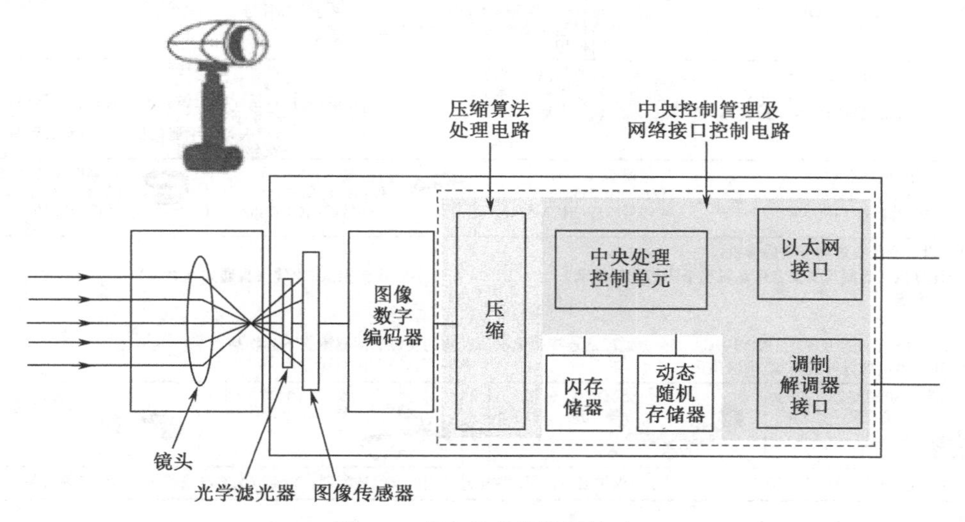

图 6-9　中央处理器控制单元

6. 网络服务器

网络服务器提供网络摄像机的网络功能，采用 RTP/RTCP、UDP、HTTP、TCP/IP 等相关网络协议，允许用户从自己的 PC 上使用标准的浏览器，根据网络摄像机的 IP 地址对网络摄像机进行访问，观看实时图像，以及控制摄像机的镜头和云台。

7. 外部报警、控制接口

网络摄像机为工程应用提供了实用的外部接口，如控制云台的485接口、用于报警信号输入/输出的I/O口。例如，红外探头发现有目标出现时，发报警信号给网络摄像机，网络摄像机自动调整镜头方向并实时录像；另一方面，当网络摄像机侦测到有移动目标出现时，亦可向外发出报警信号。

1.2 认识网络摄像机的基本原理

图像信号经过镜头输入、声音信号经过麦克风输入后，由图像传感器的声音传感器转化为电信号，A/D转换器将模拟电信号转换为数字电信号，再经过编码器按一定的编码标准进行编码压缩，在控制器的控制下，由网络服务器按一定的网络协议送入局域网或Internet。控制器还可以接收报警信号及向外发送报警信号，且按要求发出控制信号。

1.3 网络摄像机安装

下面以BB-HCM531网络摄像机安装为例，进行演示，具体安装过程如图6-10和图6-11所示。

1. 确认本摄像机包装中附带下列物品。

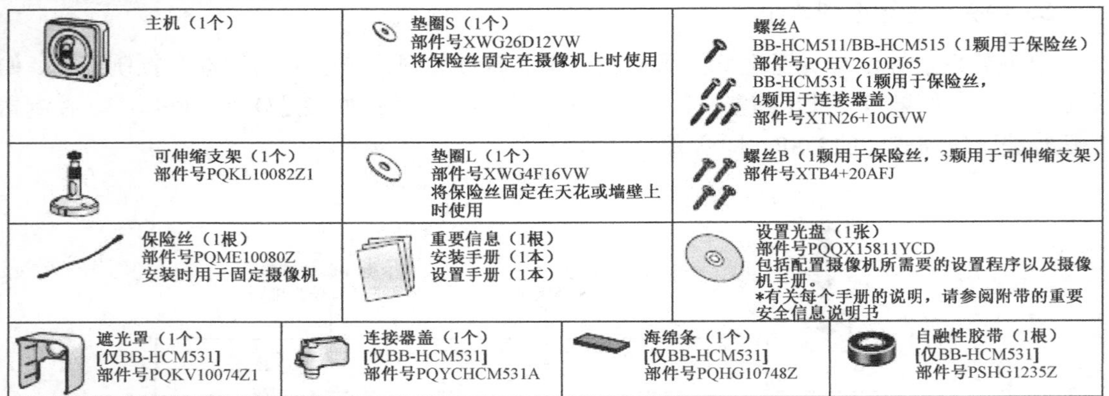

主机（1个）	垫圈S（1个） 部件号XWG26D12VW 将保险丝固定在摄像机上时使用	螺丝A BB-HCM511/BB-HCM515（1颗用于保险丝） 部件号PQHV2610PJ65 BB-HCM531（1颗用于保险丝，4颗用于连接器盖） 部件号XTN26+10GVW
可伸缩支架（1个） 部件号PQKL10082Z1	垫圈L（1个） 部件号XWG4F16VW 将保险丝固定在天花或墙壁上时使用	螺丝B（1颗用于保险丝，3颗用于可伸缩支架） 部件号XTB4+20AFJ
保险丝（1根） 部件号PQME10080Z 安装时用于固定摄像机	重要信息（1根） 安装手册（1本） 设置手册（1本）	设置光盘（1张） 部件号PQQX15811YCD 包括配置摄像机所需要的设置程序以及摄像机手册。 *有关每个手册的说明，请参阅附带的重要安全信息说明书

遮光罩（1个） [仅BB-HCM531] 部件号PQKV10074Z1	连接器盖（1个） [仅BB-HCM531] 部件号PQYCHCM531A	海绵条（1个） [仅BB-HCM531] 部件号PQHG10748Z	自融性胶带（1根） [仅BB-HCM531] 部件号PSHG1235Z

2. 需要以下附带物品安装和配置摄像机。

一台计算机（参阅重要安全信息说明书中的系统要求）　　一根LAN电缆（直通式五类线）

一个路由器

选项

可以使用选购的松下BB-HCA3CE或BB-HCA3E交流适配器连接摄像机，选购的交流适配器附带下列物品。

BB-HCA3CE：供英国以外的国家/地区使用　　BB-HCA3E：供英国使用

 交流适配器（1个） 导线长度：约3m	 交流电线（1根） 导线长度：约1.8m	 交流适配器（1个） 导线长度：约3m	 交流电线（1根） 导线长度：约1.8m

• 交流适配器、交流适配器电线和交流电线均不防水，仅供室内使用。供室外使用的交流适配器、交流适配器电线和交流电线必须具备防水功能。

摄像机图

前视图

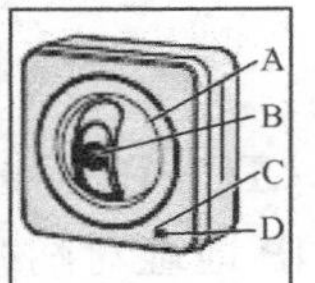

A 镜头盖
B 镜头
C 麦克风
D 指示灯

侧视图和仰视图

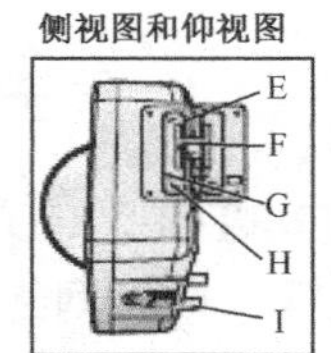

E FACTORY DEFAULT RESET按钮
F SD存储卡插槽
G RESTART按钮
H FUNCTION按钮/指示灯
I 标准/三角架安装孔

后视图

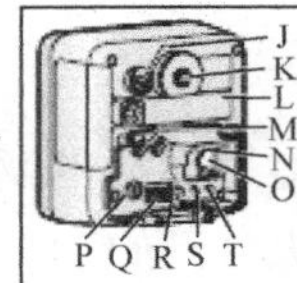

J 保险丝孔
K 标准安装孔
L 序列号和MAC地址标签
M 交流适配器电线/视频电缆挂钩
N 扬声器/麦克风电缆挂钩
O LAN端口
P DC IN插孔
Q 外部I/O接口
R 视频输出端口
S 音频输出端口
T MIC端口

*1有关指示灯的含义，请参阅光盘上的故障排除手册中1.1了解摄像机指示灯。

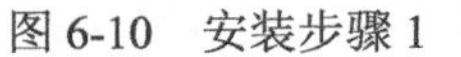

图6-10 安装步骤1

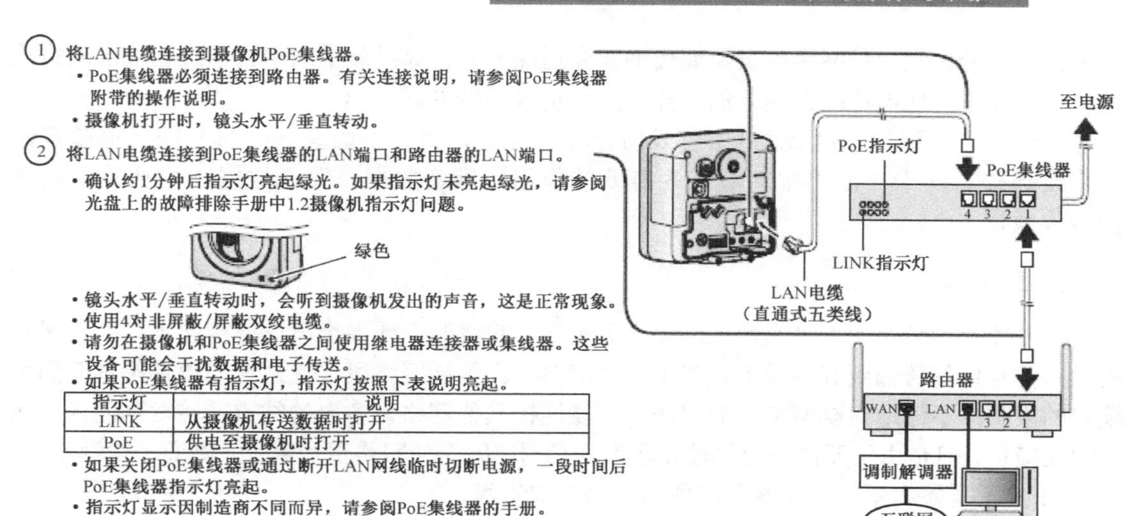

指示灯	说明
LINK	从摄像机传送数据时打开
PoE	供电至摄像机时打开

使用BB-HCA3CE或BB-HCA3E交流适配器（选购）连接摄像机

按照以下说明，将摄像机连接到路由器和电源插座。

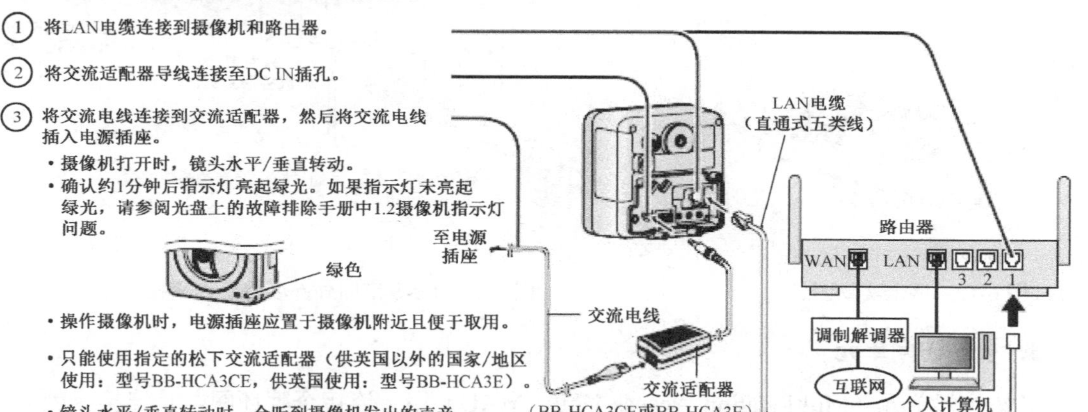

图 6-11　安装步骤 2

任务 2　认识网络传输设备

计算机网络都是通过各种网络传输设备连接起来的。这些设备被称为连通硬件。其中，局域网（LAN）中的传输设备主要有网卡、转发器、多站访问单元、集线器、路由器、桥式路由器、转换器；广域网（WAN）主要包括多路器、信道组、专用网、调制解调器、访问服务器和路由器。只有了解了这些网络设备的基本功能，才能较好地配置网络，从而建立网络视频监控系统或是实现基于网络的分控。

2.1　认识各种网络传输设备

1．网卡

网卡（图 6-12），全称为网络接口卡（Network Interface Card），是用于连接计算机与传输媒介的物理板卡，通常安装于计算机的扩充槽中，有些则直接集成在计算机主板上。从性质上说，网卡也是一种网络收发器或传输媒介适配器。计算机装上网卡再通过相应的网络连线，才可以与其他同样配上网卡的计算机共同构成局域网。

网卡一方面通过 ISA 或 PCI 总线与计算机连接，另一方面又同时与光纤或电缆等通信介质连接。网卡在网络中起着极为重要的作用：准备数据、发送数据、控制数据流量和接收数据。

2. 转发器

转发器是网络上的域名系统（DNS）服务器。它将两个或多个电缆连接起来，并将所有的输入信号重新传输到其他段上。其主要功能包括：扩展网络段，使结点的数目不再受到电缆短的限制；不停地检测网络上的问题，并能连接其他网络设备上的结点。转发器的优点在于它很廉价，但是由于要向所有的输出段发送信号，因而使网络更加繁忙，降低了传输效率。图 6-13 显示了如何使用转发器定向外部名称查询流程。

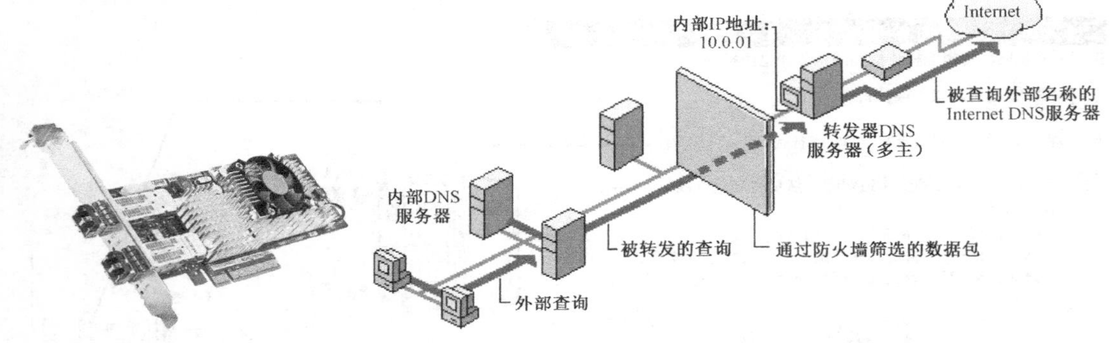

图 6-12　网卡实物图　　　图 6-13　DNS 定向外部名称查询流程

3. 多站访问单元

多站访问单元（Multi-station Access Unit，MAU）用于连接令牌环网，是连接令牌环网的核心设备，它工作在 OSI 参考模型的物理层和数据链路层，在令牌环路上将数据帧从一个结点向环中下一个结点传送。最常用的 MAU 为 IBM8228，可连接 8 个工作站，MAU 的两个末端端口分别称为 RI（入环）和 RO（出环）端口，不能用来连接工作站，而是用于 MAU 的互联，如图 6-14 所示。在使用屏蔽双绞线条件下的一个网络上可连接 260 个工作站。

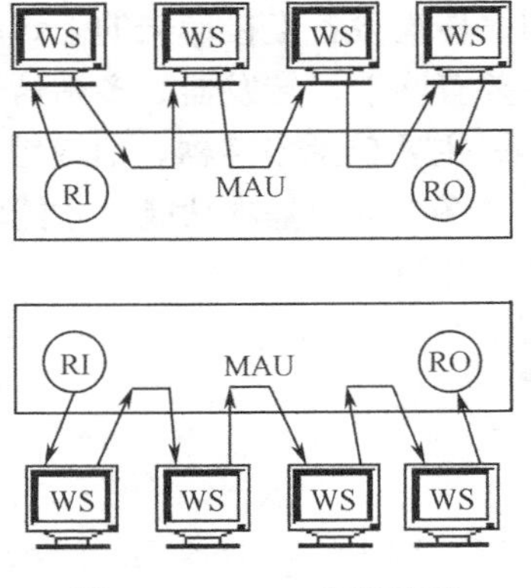

图 6-14　MAU 作用实例

4. 调制解调器

如果用户没有局域网环境（例如，只有一两台计算机，也没有其他局域网接入设备），仅仅通过电话线也是可以与其他异地计算机联成网络的。在这种情况下，计算机需通过调制解调器（Modem，即 Modulator 和 Demodulator 的组合词）并借助电话网（PSTN）或综合业务数字网（ISDN）接入网络，即计算机信息在发送时先经模拟或数字调制，在接收端再经过与发送端相反的解调过程，即可形成计算机能识别的数字信号。这样，如果在某个孤立的站点安装有多媒体视频监控系统或支持拨号访问的硬盘录像系统，在远端通过电话拨号，就可以在自己的计算机上看到该站点监控的现场画面了。图 6-15 所示为两种调制解调器外观图。

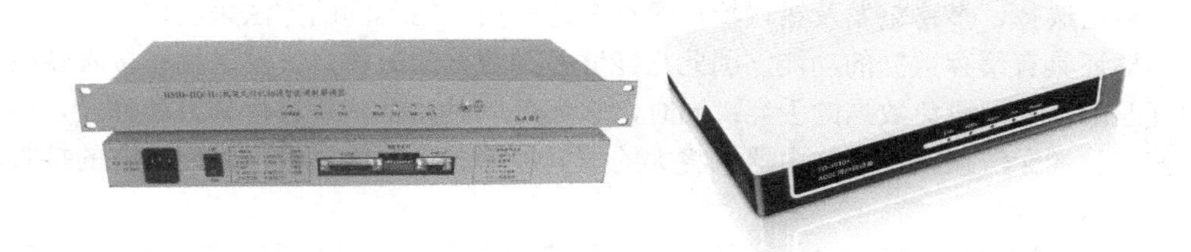

图 6-15　调制解调器外观图

Modem 具有内置式和外置式两种。其中，内置式又分为插卡式和主板集成式。插卡式 Modem 可插于计算机主板的 ISA 或 PCI 插槽上，主板集成式则直接放于计算机的主板上。它们都是通过板卡上的 RJ-11 接口与外来电话线相连接，同时还有一个环出 RJ-11 接口用于连接电话机；外置 Modem 通过 RS-232 接口及连接电缆与计算机的 RS-232 接口（即“串口”）相连接，另外，除了 RS-232 口和两个 RJ-11 电话线接口外，外置 Modem 还有一个外接电源接口，因为它需要通过外接电源来供电。

5. 中继器

中继器（Repeater）工作在 OSI 参考模型的物理层。当信号在媒介上经长距离传输而变得越来越弱时，就要使用中继器。它可以对数据脉冲进行放大和整形，以消除衰减和失真。由于中继器在物理层提供了大的驱动电流，因此适合于长距离联网，但它对网络流量没有控制功能，在使用中应注意不能形成环路，要遵守 MAC 协议的定时特性，不能用中继器将电缆无限连接。

6. 集线器

集线器（HUB）是一种特殊的中继器，有多个输入和输出端口，用来在媒介段间的中央点进行连接，以星型拓扑结构连接网络结点。常见的集线器有 4 口（即具有 4 个 RJ-45 接口）、8 口、16 口和 32 口型。根据适用网络传输速度的不同，集线器又可分为 10 M、10/100 M 自适应和 1 000 M 自适应型。通过把两个或两个以上的集线器级联，可以扩充网络中的 RJ-45 接口数量，从而增加联网计算机的数量。

7. 网桥

网桥（Bridge）工作在 OSI 参考模型的第 2 层（即数据链路层），是一种在该层实现网络互联的存储转发设备。大多数网络（尤其是局域网）在结构上的差异体现在数据链路层的介质访问协议（MAC）中，因而网桥被广泛地用于局域网的扩展项目中。网桥从一个网段接收完整的数据帧，进行必要的比较和验证，然后决定是丢弃还是发送给另外的网段。和中继器比较起来，网桥能完成更多的工作。

8．路由器

路由器（Router）与网桥的最大差别在于网桥实现网络互联发生在数据链路层，而路由器发生在网络层，它主要用于连接不同的网络。路由器通过访问网络地址（Network Address）（或者说是 IP 地址）对网络层上的数据和路由数据帧进行交换，而不像网桥那样是利用物理地址（或者说是 MAC 地址）来交换数据。因此，在网络层上实现网络互联需要相对复杂的功能，如路由选择、多路重发及错误检测等均在这一层上用不同的方法来实现。

路由器还具有缓存数据的功能，因此它能够控制数据的流量，使发送端和接收端的速度保证相互匹配，从而避免数据的丢弃；同时，它还可以对数据重新进行分组和分段，当数据过大而使接收端无法接收时，路由器就将大的数据帧分成小的数据帧，以便对方的接收，避免了重复发送。

路由器是局域网和广域网之间进行互联的关键设备，一般来说，路由器大都支持多协议，提供多种不同的电子线路接口，从而使不同厂家、不同规格的网络产品之间，以及不同的网络之间进行非常有效的网络互联。

2.2 网络视频传输实例

如图 6-16 所示，以 Pelco 公司产品 NET04 系列为例，先将摄像机与发射器相连接，再将发射器与接收器通过网络连接，然后通过使用标准终端程序或标准 Web 浏览器设置设备的 IP 地址，这样就可以在与接收器相连的监视器上观看摄像机图像。也可以在接收端使用 Internet 浏览器以在 PC 上显示视频图像，浏览器上还可进行云台镜头控制。该产品可用的网络协议包括 IP、TCP、UDP、ARP、HTTP、FTP，视频编码采用 H.261、H.323，视频速率可达每秒 30 帧。数据通信及遥控采用 H.224 协议。最新推出的采用 MPEG-4 标准的 VIP4000 网络视频传输系统，可传输一路实时视频图像和一路全双工音频。

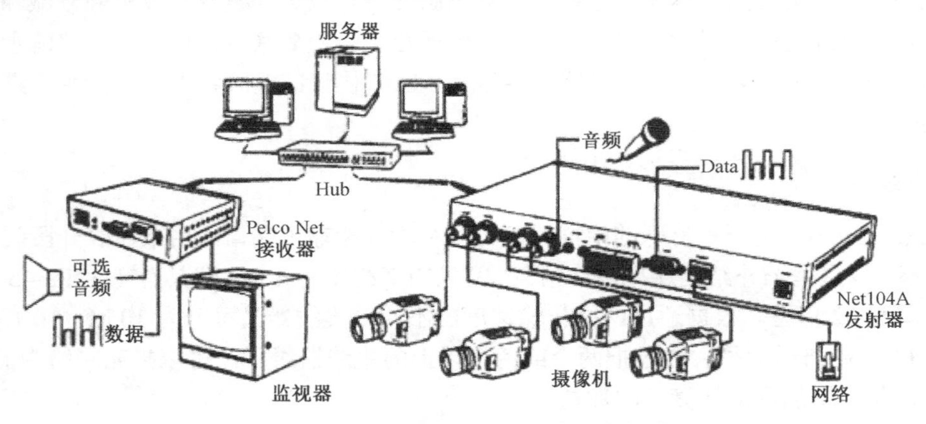

图 6-16　网络多媒体信号传送流程图

任务 3　网络视/音频传输与控制

任务场景

数字视/音频压缩技术的发展使得视/音频信号经由网络传输成为可能，网络也不再单一用于计算机数据通信，视频监控、防盗报警、出入口控制、电子巡更及其他数据接入服务等都可以借助于计算机网络来实现。甚至有些智能化的彩电、冰箱、洗衣机、微波炉等家用电器也都配置了网络接口，并具备了上网功能，它们可以通过网络下载家用电器的优化工作程序，还可以由用户在远程通过网络遥控启动某些家用电器的预定的工作程序。

3.1　认识网络视/音频传输

从物理结构看，计算机网络已经将所有的计算机通过网络接入设备及有线或无线介质连接在一起，因此，从理论上说，视频监控系统中的所有设备通过适当的网络接入设备都已连接到计算机网络上，并且借助于该网络进行视、音频信号的传输及设备状态的控制。项目 5 介绍的多媒体监控系统的各分控端已经借助于计算机网络实现了分控功能，而同样在项目 5 介绍的数字硬盘录像系统（DVR）也实现了网络分控功能。

在目前的视频监控系统中，视频网关已不再是一个青涩的概念而成为通用采输设备。它们以独立设备的形式，不经过计算机便可以直接接入网络，而网络上的任何一台计算机都可以通过专用的或通用的软件来查看画面、监听声音或进行各种控制操作。

与网络摄像机相比，视频网关自身不带摄像机，因此它具有一对视频输入/输出端口，可以接收由普通摄像机送来的视频信号，并通过其内部数字处理，输出符合 TCP/IP 传输协议的数字视频流到网络上，其视频输出端口用于外模拟监视器，其报警、通信接口与前述的网络摄像机功能完全一样。有些视频网关可以连接多路摄像机。图 6-17 所示为 JETCOM 单路视频网关 JC-D750 的外观，图 6-18 所示为 JETCOM4 路视频网关 JC-GW234A 的外观。

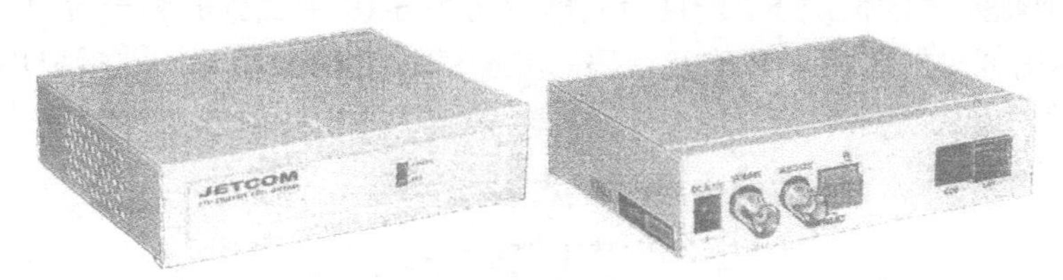

图 6-17　JETCOM 单路视频网关 JC-D750 的外观

图 6-18　JETCOM4 路视频网关 JC-GW234A 的外观

3.2　视频网关的使用与操作

无论是网络摄像机还是视频网关，在接入网络后都会有自己的 IP 地址，因而网络上的任何授权用户都可以通过联网计算机找到任何一台摄像机监看画面，并对其云台/镜头进行控制，这就完全打破了传统监控系统传输距离的限制，也大大减少了线材成本及施工费用。

在进行系统连接时，首先应将视频网关通过具有RJ-45接头的5类网线接入计算机网络，然后再接入摄像机、解码器及报警探测器，最后接通电源，就可以进行软件设置了。

图6-19所示为在启动JC-D750网络摄像机/视频网关管理软件Ethercam Administrator后的系统界面。当按下“Search Camera”按钮后，系统可以自动查找连接到网络上的摄像机或视频网关，并将它们一一列出。

图6-19中，New及New2即为找到的联网摄像机或视频网关的名称，其中，第一行为New网络摄像机，其IP地址为192.168.10.123，MAC地址（物理地址）为 00-d0-89-00-02-41；第二行为New2网络摄像机，其IP地址为192.168.40.36，MAC地址为00-89-00-02-26。这两台网络摄像机处于不同的两个子网段。

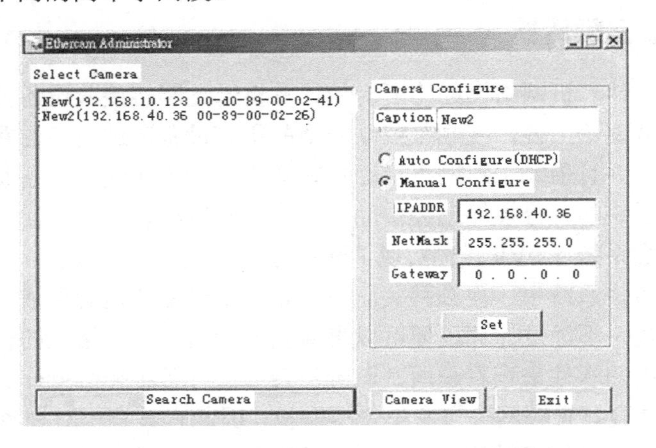

图6-19　Ethercam Administrator软件的界面

系统连接无误后，但是在上述界面中却找不到网络摄像机/视频网关，则可根据产品出厂时设定的网络摄像机IP地址，在命令行输入“ping x.x.x.x”，以确定网络是否有问题。在找到网络摄像机/视频网关的情况下，一旦用鼠标双击图6-19中找到的某一台摄像机的名称（如New2），就会弹出要求输入用户名称及密码的界面，如图6-20所示。非授权用户是无法看到该摄像机画面并对其进行控制的。

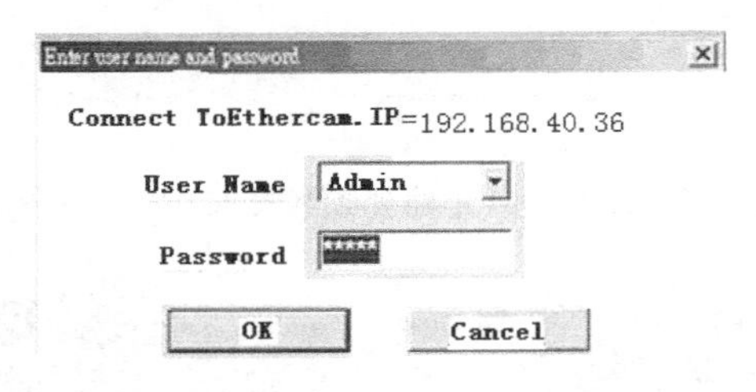

图6-20　要求输入用户名称及密码的界面

当用户名及密码输入正确并单击“OK”按钮时，就可弹出该摄像机的画面图，如图6-21所示。图中左上部为该摄像机的名称New2及IP地址192.168.10.101，MAC地址00-d0-89-00-02-26，左中部为该路摄像机画面的帧率及比特率，帧率为11.2 fps，左下部是修改密码及控制选项按钮，右上部为云台/镜头控制按钮。当在图像窗口中双击时，显示的图像可以扩大到全屏幕显示。单击图中的“Controls”按钮则会弹出图6-22所示的界面。

由图6-22可知，在控制选项“Digital”界面中可以对数字化图像的格式、比特率、I帧的帧率和量化级数进行设定。除此之外，在控制选项“LENS＆CCD”界面中可以对自动光圈镜头、背光补偿、消除闪烁和自动白平衡进行设定；在控制选项“Video Input”界面中可以对图像的对比度、亮度、饱和度和色调进行设定；在控制选项“Digital I/O”界面中可以对报警输入/输出接口的性质进行设定；在控制选项“UART”界面中可以对 RS-232/RS-485 通信方式进行设定。

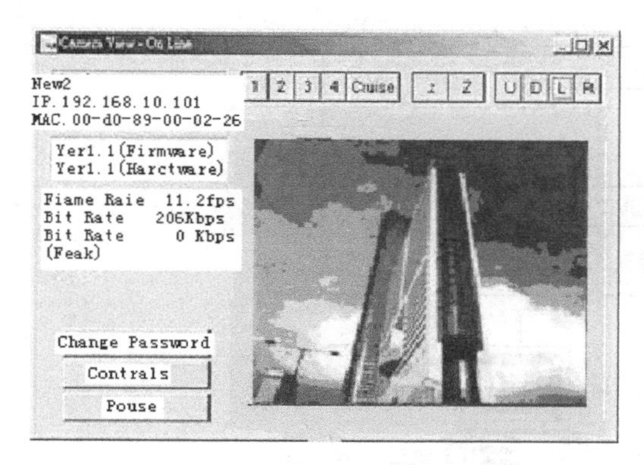

图 6-21　摄像机画面图

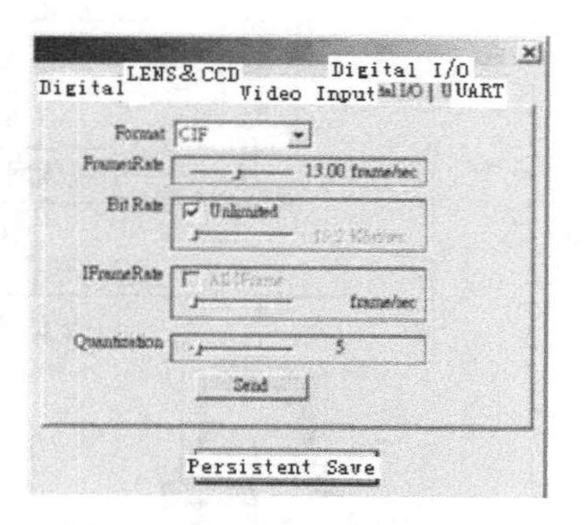

图 6-22　控制选项设定界面

3.3　网络控制方法

这里介绍的网络控制仅指基于网络的通信控制。在综合型的安全监控系统中不仅仅传输视/音频信号，还传输多种控制信号，而这些控制信号原来大都是按 RS-232/485 通信协议来传输的，因此，有些厂家专门开发了可以将 RS-232/485 通信协议与 TCP/IP 协议进行双向转换的通用转换盒。这样，视频监控系统中的前端解码器与系统主机的通信、出/入口控制系统中各门口读卡器与系统主机的通信就都可以借助该转换盒并通过网络实现“透明”传输。其他具有 RS-232 或 RS-485 通信接口的设备也可以通过该转换盒直接接入网络，通过网络对这些设备进行控制。需要说明的是，由于前述的网络摄像机或视频网关已经内置了这种转换盒的功能，因此视频监控系统中的前端解码器可通过网络摄像机或视频网关的内置 RS-232 或 RS-485 通信接口直接接入网络。

如图 6-23 所示为仅用单路视频网关及一台 16 画面分割器实现 16 路视频信号经网络传输的原理图。这显然是最经济的多画面网络接入方式。任何一台联网并安装了监控软件的计算机都可以显示经视频网关传来的 16 画面分割器输出的视频画面，并可以对前端的一个解码器进行控制。而其中对于画面的选择控制则是经由 TCP/IP 转换盒将控制指令转换为 RS-232 通信格式后，通过对 16 画面分割器的 RS-232 接口进行控制来实现的。这里 TCP/IP 转换盒不仅可以控制 16 画面，还可以接入具有 RS-232 接口的水、电、气“三表”传来的数据信息。

另外需要说明的是，本节所介绍的网络视/音频接入设备的应用程序界面一般有两种形式：一是普通的 Windows 应用界面，通常是用 Visual C++或 Visual Basic 语言编写而成，因此未安装网络视频监控应用程序的用户不能通过网络看到网络摄像机/视频网关传来的图像，当然也不能对其进行控制；另一种是通用 Internet 浏览器界面，用 HTML 语言编写而成，用户不需要安装专用的网络视频监控应用程序，用 IE 浏览器即可以看到上述网络监控设备传来的监控画面，此时，只有通过使用密码验证才能限制非授权用户接入本监控系统。

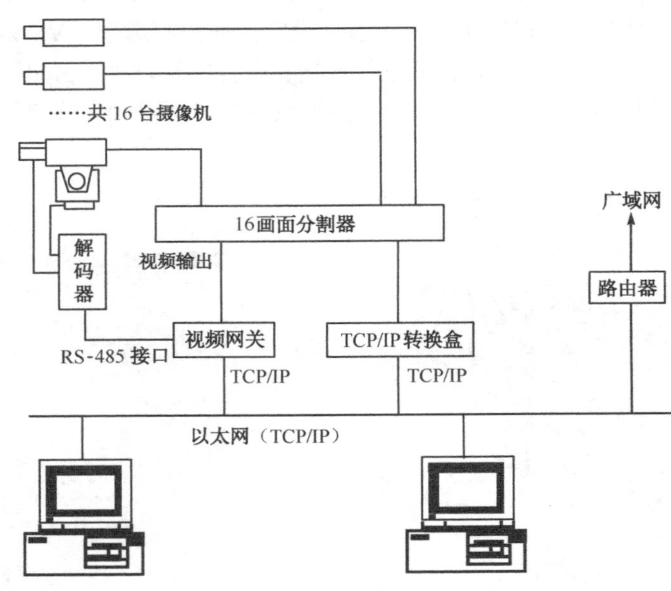

图 6-23 视频信号经网络传输的原理图

任务 4 网络视频监控系统维护总体

任务场景

家庭电视机的遥控器不灵了，电池没电了，保险丝断了，小动物破坏了电视，电器放置在潮湿的地方很容易坏等情况发生时，您能自己解决吗？本任务将介绍常见设备故障的正确判断与简单的维修。

4.1 视频监控系统的日常维护与保养

维护与保养空间环境的总体原则如下。

系统工作环境包括环境的温度、湿度、振动、粉尘、空气的盐碱度、鼠害等。系统的设备会受这些外部使用环境参数的变化而严重影响其使用年限。所以，在实际的使用中，保持一个良好的设备使用环境，才能够延长设备的使用寿命。

（1）温度

通常要求计算机房的环境温度在 24 ℃左右。一般来说，过高的温度会给设备带来运行不稳定的结果，容易加速设备的老化过程。因此，要经常开空调来保证设备的环境。有时，因停电空调关闭后，往往导致环境温度过高而产生超温报警。

（2）湿度

若设备环境湿度太大，容易使电子设备内的电路绝缘性能下降，导致电路工作不正常。例如，显示器的高压电路对环境湿度十分敏感。对于质量较差的显示器，就有可能在春天天气反潮十分严重的情况下，不正常亮起或亮度变暗，无法调亮。因此，对于一些要求相对较高的机房，需装备去湿机。

（3）振动

设备环境经常性地受到振动，很容易让机械接触性的电路连接产生接触不良的现象。对于计算机设备来说，硬盘是一个怕灰尘又怕振动的部件。所以在电子计算机不是很普及的年代，机房对这方面的要求是相当高的。随着技术的不断改进和发展，现在的硬盘都具有一定的防尘、防振能力，但从延长设备使用寿命来说，十分有必要保持良好的工作环境。因此，在环境要求高的情况下，应当将这些易受振动影响的设备放置在不易长期受振动的位置，或采取一定的隔离保护措施。

（4）粉尘

环境中的大量粉尘会通过设备的散热孔隙或风扇进入设备内部的电路板和电子元器件上，或通过设备的静电将空气中的粉尘吸附在元器件上。由于粉尘吸水性很强，其中也含大量的导电尘土，最容易改变高阻抗电路的输入电阻及高压工作电路的正常工作，严重影响设备运行的稳定性和可靠性。特别是硬盘吸进大量粉尘后会增加微电机旋转的摩擦力及影响磁头与盘面的正常运动关系，导致硬盘提前损坏，严重影响硬盘长期工作的可靠性。还会影响CCTV 系统的摄像镜头及显示器、监视器的屏幕的清晰度。进入机房为什么要求更衣换鞋？大家应当清楚了。

（5）鼠害

老鼠不但会咬断各类电缆，影响监控系统的正常运行；还经常在设备上拉屎、拉尿。由于尿中的盐分具有导电性，很容易导致设备短路而损坏。因此，平常还必须加强鼠害的处理和预防工作。

4.2 维护供电环境的方法

供电环境包括电网电压、频率、电网干扰和波动、线路的容量、自发电的质量等。电源是所有电子设备的动力来源，就像一个人的心脏与血液流动，任何部位失血或血液流动不畅均会导致这部分组织坏死或病变。同样，电子设备的工作也都需要一个稳定、干净、标准的电源供给环境。因此，电工除了随时保障供电外，还必须懂得如何提高监控系统供电的环境。UPS 电源就是为此目的而发明的电子设备。电源系统的维护，就是要经常性地对自发电设备、低压配电柜、电力变压器、电力线路等电力设施进行巡视，发现问题后及时处理。

（1）自发电设备

对站级自发电设备的维护工作，最主要的是定期对发电机进行试发电，检查发电机油料、冷却水、蓄电池等部分是否正常，检查各机械部件的螺丝有无松动等。

（2）电力变压器

主要是检查变压器的油温与油面是否超标，有无漏油现象，运行声音是否正常，接线端子有无虚接、松动、过热现象，外壳和中心点接地是否良好。同时，还要经常观测三相电力是否平衡，有无过载现象，发现问题要及时处理。

（4）供电线路

主要检查所有重要供电线路是否完好，有无鼠害、外界等因素破坏情况，发现问题及时处理。

（5）配电柜和配电箱

主要检查配电柜和配电箱内的空气开关是否良好，有无烧焦和炭化现象发生，发现问题后及时处理。

4.3 维护电子设备的方法

对电子设备的维护主要是依据各类不同设备的使用要求，有针对性地进行维护。

（1）各类电子设备的机架与机壳卫生。如控制台、屏幕墙、计算机等主要设备的外表面。至于设备内部的清洁工作，应当定期用吸尘器进行清洁。

（2）定期给机电设备的易磨损机械部件清洁、上润滑油或更换零件。如票据打印机和电动栏杆保养。

（3）定期给摄像机的镜头进行清洁。如车道与票亭的摄像机的防护壳前的玻璃，还有摄像机内部的镜头和 CCD 元件的表面清洁。

（4）定期给 UPS 电源系统进行充、放电维护工作。就像一个人总是不锻炼身体，体质状况就会下降一样，我们要定期给 UPS 电池放电后再充电，保持其良好的性能。同时，测试其在市电断电的情况下可维持的工作时间，确保市电断电时能正常收费，发现问题及时通知分中心进行更换。

（5）定期对计算机系统进行启动系统扫描维护，避免因长时间运行造成系统性能下降，尤其是 Windows 操作系统。

（6）检查机房的空调设备是否完好。有的机房空调制冷效果极差，有的下水管破裂漏水严重，谨防静电地板下的电缆长期浸泡在水中。

4.4 常用的维修方法

在机电设备出现故障时，迅速、准确地定位故障点，判断故障的类型，对于排除故障至关重要。这里简单介绍几种常见、简单、实用的方法，供大家参考。

1. 观察法

所谓观察法，就是用人的所有感觉器官去判断设备是否异常，包括眼睛看、耳朵听、鼻子闻、用手摸。就是要求我们在设备的维护、维修中，注意观察设备的外观、形状上有无异常。首先是眼看，观察设备是否同故障发生前一致，有无出现弯曲、变形、变色、断裂、松动、磨损、冒烟、漏油、腐蚀、产生火花等情况；其次是鼻子闻，一般轻微的气味是正常的，当人不能忍受时则说明电流太大，应调整或保护；再次是耳听声音、振动音律及音色的异常；最后是用手摸，当然是触摸绝缘的部分，看有无发热或过热，接头有无松动，以确定设备运行状况及发生故障的性质和程度。对故障现象的准确描述，对于迅速排除故障、少走弯路显得非常关键。观察法在日常生活中也最为常用。

2. 复位法

设备经过长时间的不间断运行，难免会出现故障。而有些故障仅仅是由设备内控制单元长时间工作紊乱，或外界环境干扰造成的，其本身并未损坏。此时，仅需要对运行设备进行重新开机、上电复位即可恢复正常。这就是我们所要介绍的复位法。最典型的例子就是：计算机突然死机无法继续工作。这实际是由于计算机运行时间过长，由于各种原因（包括软件运行，环境温度升高等）造成的系统不稳定。此时，很多有经验的用户就会关机，重新开机以恢复正常。此外，有时云台无法转动，往往是控制器控制模块工作紊乱所致，也只要对其进行重新复位，就能够很快恢复正常。

3. 替换法

在发生故障后，如果采用上述的各种方法仍旧无法排除，那么可以初步确定某个工作元件发生了故障，需要更换。如何准确、快速地找到故障点，就需要用到替换法。替换法，顾名思义就是利用同类型（甚至同型号）的元器件对产生怀疑的部件进行更换以确定故障点的方法。在更换了某个部件以后，如果系统恢复正常，那么可以确定故障点就是这个元件，对症下药，很快就能排除故障。因此，替换法在平时的维护工作中，是十分有效、可用的。

4. 对比法

对比法就是将两样相同的东西放在一起进行比较，从而发现问题并排除问题的方法。人们在处理各种事物时经常自觉或不自觉地使用这个方法。当您发现一个未知事件时，如何采用对比方法，关键是在寻找相同或相似的东西，要寻找的东西也可以是回忆。但是，在排除故障时，使用对比法要特别注意设备在系统使用中的参数设置，排除因参数设置不正确引起的设备故障。

上面介绍了几种常见的故障排除方法，当然，各种方法不是独立的，许多场合应做到综合应用才能够发现问题，希望大家在实际工作中认真实践领会。

任务 5　网络监控系统实例

以西南某公安网络监控系统为例。该系统建立在公用数据网（DDN）上，并支持 TCP/IP 网络传输和 PSTN 电话线传输。因此，该系统操作简便、控制灵活、弹性配置、扩充方便，特别是在保密性方面，能满足公安系统的特殊要求。

该系统采取分局、派出所两级控制方式，分局的权限高于派出所的权限。6 个派出所可在本地监看，并控制所辖区域内各监控点位的图像。而当分局需要控制该点位时，派出所则不能控制。该系统的前端按照其技术需求，在辖区内的重点部位建立 80 个全方位监控点位，为满足夜间监控要求，其中一部分监控点位还装备夜视型双镜头 CCD 摄像机，能对每个监控点实施 24 h 的实时监视。为满足现值勤警官处置突发事件与向分局、派出所实施实时报警的需求，还在每个监控现场设置紧急报警按钮，能通过前端解码器接入本系统进行报警。

图 6-24 所示为西南某公安网络监控系统结构图，下面结合该图来进一步认识其架构与功能。

1. 前端设备部分

前端设备由高分辨率彩色摄像机（重点部分的摄像机具备自动跟踪功能）、电动镜头（重点部分采用夜视型双镜头与非球面镜头）、室外全方位云台（重点部分采用数字云台）、室外全天候防护罩、高灵敏监听头、紧急报警按钮、多功能解码器、视频多媒体端机等设备构成。

所有前端设备均按国家标准进行配置，可实现对现场图像、音频信号的采集，还能接受控制中心经解码器送达的控制指令，控制云台/电动镜头做各种旋转及变焦距等伺服动作，以保证摄像机有更大的摄像范围和“锁定目标”的需要。采集的视频信号按 H.264 格式存储在硬盘中，供事后查证。

因为其辖区范围较广，所以各监视站点相对分散，再考虑系统整体先进性问题，本系统基本上以邻近的几个摄像机为一组，同接入一台进口专业级多媒体端机。由于摄像机到多媒体端机之间的距离均小于 1km，故采用视/音频电缆与通信/控制电缆直接接入多媒体端机的方式。而视频多媒体端机以太网卡和普通 Modem 卡，同时支持基于 TCP/IP 的网络传输和基于 PSTN 的电话线传输，还支持多用户访问。

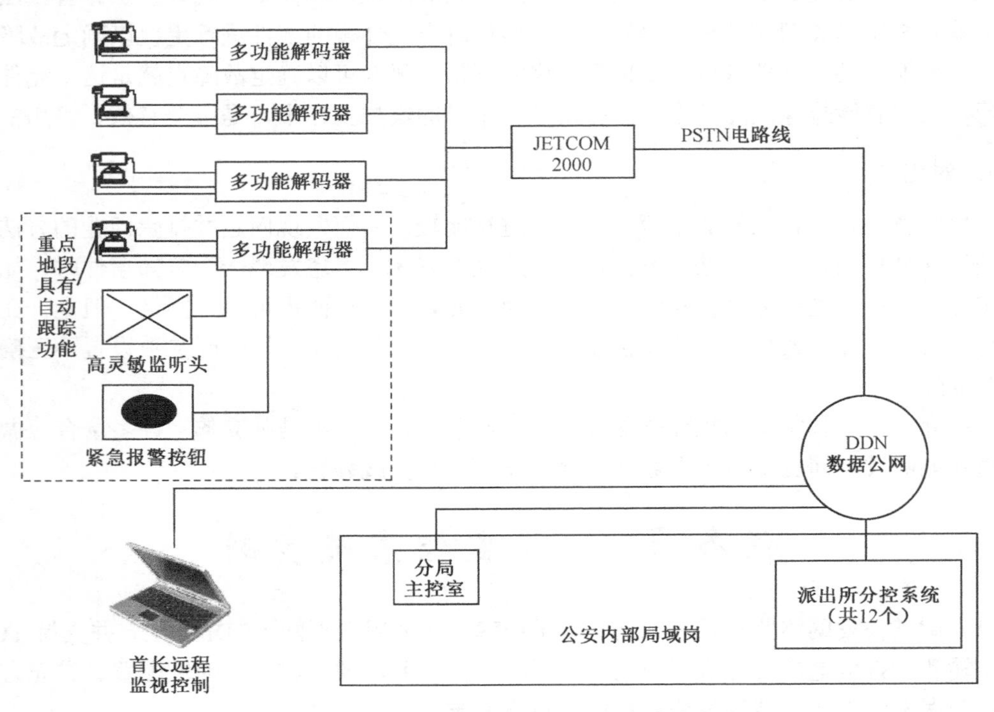

图 6-24　西南某公安网络监控系统结构图

2. 传输部分

系统的传输部分充分利用国家公用数据网（DDN），各多媒体端机通过 DDN 基带 Modem 接入中国电信的 DDN 公用数据网，开通速率为 2.048 Mbps，使整个系统形成广域网的结构。可传输的信号有：

① 各监控点位的图像/声音和报警信号上传到分局中心控制室；

② 各派出所分控系统与分局中心控制室之间有关数据的双向传输，如户口资料数据上传和通缉令的分发等；

③ 控制中心室所分发的控制信号与公共广播信号的传输；

④ 各派出所的分控系统与各监控点位之间的双向传输，如图像/声音和报警信号的上传与控制信号的分发等。

3. 控制中心部分

中心控制系统是建立在分局局域网基础上的，通过 DDN 基带 Modem 接入 DDN 公用数据网，并与各前端多媒体端机组成广域网。

由于采用了分布式结构与分权限管理方式，因此在中心控制系统中，其分局局域网的每台授权 PC 均可充当整个视频监控系统中的一个控制主机，同时也能对前端的云台及电动镜头任意控制。

本系统的控制中心装备多台专业级 LCD 监视器，采用四画面分割器，使每台监视器可同时输出 4 路图像，还装备大屏幕 PDP 作为监控墙，用以同时显示从 80 路图像中任意选出的 20 路重点位的图像。

本系统的数字图像记录设备，采用进口高档专业级 DVR，不仅拥有硬盘录像或重放功能，还能按照时间日期来进行录像检索。

4. 分控系统部分

在 6 个派出所，分控系统也设置相同的工控 PC，同样利用 DDN 基带 Modem 接入 DDN 公用数据网，实现与中心控制主机一样的控制功能，其权限低于主机，当分局中心控制超越派出所选定的监控点位进行控制时，派出所分控将让出控制权。由于已设定了权限，所以各派出所只控制其所辖区域的监控点。

5. 远程监控部分

该系统内的每台多媒体端机均支持远程电话访问，能满足主控警官在离开控制中心的情况下，利用笔记本电脑经电话拨号上网，对选定的摄像机画面实施远程监控，还能对云台及电动镜头进行控制，同时也能满足上一级对本系统实施远程监视与控制的需求。

想一想、练一练 6

请大家先想一想，区别下基于网络视频监控系统与多媒体视频监控系统的异同：前者是在后者的基础上发展起来的，因此它们内部架构大同小异，而基于网络的视频监控系统只不过是在信号的传输形式上，更借助于网络，也更先进与灵活而已。其次还详细介绍了相关的网络基础知识，最后，以实例为基础，进行基于网络视频监控系统的整体架构学习。在技能方面，概要讲解了一般的网络维护方法后，有针对性地介绍了基于网络的视频监控系统的维护及处理日常故障的方法。

1. 网络视频监控系统中常用的两种连接方式有什么不同？
2. 结构网络环境通常需要哪些网络设备？它们的原理是什么？
3. 网络视频监控系统有哪些优势？
4. 网络摄像机是由哪几部分构成的？
5. 你能够正确运用视频网关应用程序系统的控制吗？自己动手试一试，再说出具体操作的步骤。
6. 依据所学知识，自己动手分别设计出一套基于局域网与基于广域网的视频监控系统。
7. 对比多媒体视频监控系统，分析其与网络视频监控系统的相同与不同之处。
8. 请阐述视频监控系统日常的维护与保养方法。
9. 现行硬盘录像机采用了哪些标准的视/音频传输、解码技术，将来的潮流与方向是什么？
10. 嵌入式硬盘录像机与基于 PC 的硬盘录像机在实际应用中，各自有什么区别？
11. 请阐述 TMI 数字式硬盘录像机的主界面内容及具体应用方法。
12. 如何处置数字式硬盘录像机的日常故障？

反侵权盗版声明